Ein Heimatverein für Sylt

Kieler Werkstücke

Reihe A:
Beiträge zur schleswig-holsteinischen und skandinavischen Geschichte

Herausgegeben von Oliver Auge
Begründet von Erich Hoffmann

Band 61

PETER LANG
Lausanne - Berlin - Bruxelles - Chennai - New York - Oxford

Sinje Bogg Brockmann

Ein Heimatverein für Sylt

Die Entstehung der „Söl'ring Foriining" (1905) im Zuge der Heimatbewegung des 19. und frühen 20. Jahrhunderts

PETER LANG
Lausanne - Berlin - Bruxelles - Chennai - New York - Oxford

Bibliografische Information der Deutschen Nationalbibliothek
Die Deutsche Nationalbibliothek verzeichnet diese Publikation in der Deutschen Nationalbibliografie; detaillierte bibliografische Daten sind im Internet über http://dnb.d-nb.de abrufbar.

SÖLRING FORIINING
WIR SIND SYLT

Gedruckt mit freundlicher Unterstützung der Sölring Foriining e. V.

Umschlaggestaltung: Atelier Platen (Olaf Glöckler)

ISSN 0936-4005
ISBN 978-3-631-90398-8 (Print)
E-ISBN 978-3-631-90702-3 (E-PDF)
E-ISBN 978-3-631-90703-0 (EPUB)
DOI 10.3726/b21101

Verlegt durch: Peter Lang GmbH, Berlin, Deutschland

info@peterlang.com http://www.peterlang.com/

Danksagung

An dieser Stelle möchte ich mich bei all jenen bedanken, die durch ihre fachliche und persönliche Unterstützung zum Gelingen dieser Arbeit beigetragen haben.

Zuerst gebührt mein Dank dem Vorstand der „Sölring Foriining“ dafür, dass dieser mir die verantwortungsvolle Aufgabe der Aufarbeitung der Gründungsgeschichte des Vereins anvertraut hat. Namentlich genannt seien an dieser Stelle die Vereinsvorsitzende Maren Jessen, der Geschäftsführer Sven Lappoehn sowie insbesondere der Museumsleiter Alexander Roemer. Danke, dass ich durch Sie meine Heimat Sylt nicht nur besser kennen lernen, sondern auch mehr schätzen und lieben lernen durfte.

Mein herzlichster Dank gilt überdies Prof. Dr. Oliver Auge, der den Kontakt hergestellt und das Forschungsvorhaben umfassend betreut hat. Darüber hinaus möchte ich mich für das stetige Vertrauen bedanken, das dieser im Laufe der Jahre in mich und meine Arbeit gesetzt hat, und welches nun seinen Höhepunkt in dieser Publikation findet.

Ebenso bedanke ich mich bei Jan Ocker für die interessierte Betreuung sowie die zahlreichen anregenden Gespräche, die seinerseits nie ohne Worte der Zuversicht endeten.

Ich danke Prof. Dr. Thomas Steensen für konstruktive wie fachkundige Anmerkungen, die richtungsgebend für die Fragestellung sowie den Aufbau dieser Arbeit waren.

Bei Evelyn Kraßmann sowie Dörte Ahrens bedanke ich mich dafür, dass sie es mir auch unter den erschwerten Bedingungen der Corona-Pandemie ermöglicht haben, häufig auch kurzfristig Einblicke in Archivalien des Sylter Archivs sowie des Museumsberg Flensburg zu erhalten.

Ein besonderer Dank gilt den seinerzeitigen Hilfskräften sowie wissenschaftlichen Mitarbeiterinnen und Mitarbeitern an der Abteilung für Regionalgeschichte der Christian-Albrechts-Universität zu Kiel, die im Laufe des Schreibprozesses immer ein offenes Ohr für mich hatten und mir jederzeit mit Hilfsbereitschaft und ermutigenden Worten zur Seite standen.

Herzlich bedanken möchte ich mich auch bei meinen Freunden Dorothee Küchenmeister und Kai Wittmacher für den emotionalen Rückhalt sowie das Korrekturlesen meiner Arbeit.

Mein größter Dank gilt abschließend meiner Familie. Meinen Eltern und meiner Schwester danke ich für die stete Motivation und die Ablenkung in den richtigen Momenten. Meinem Freund Jonas Baumann danke ich für die bedingungslose Unterstützung und den seelischen Beistand während meiner gesamten Studienzeit und darüber hinaus.

Kiel, Juni 2023
Sinje Bogg Brockmann

Inhaltsverzeichnis

1 Einleitung

Mit mehr als 2.300 Mitgliedern[1] ist die im Jahre 1905 gegründete „Söl'ring Foriining"[2] der größte lokale Heimatverein Schleswig-Holsteins.

Während das Aufgabenfeld der Sylter Vereinigung im Laufe der vergangenen 117 Jahre einigen Veränderungen wie Ergänzungen unterlag, beläuft es sich gegenwärtig auf vielfältige Tätigkeiten in den Bereichen Landschaftsschutz, Denkmalpflege und Kulturarbeit.

Im Rahmen des Landschaftsschutzes wird die „Söl'ring Foriining" beispielsweise beratend hinsichtlich vorbeugender Küstensicherungsmaßnahmen wie Sandvorspülungen tätig.[3] Auch betreut der Verein einige Naturschutz- und Landschaftsschutzgebiete, die zusammengenommen etwa ein Drittel der Gesamtfläche der Insel einnehmen, und führt überdies Aktionen zur Reinigung dieser Flächen sowie zur Heidepflege durch.[4]

Im Kontext des Einsatzfeldes der Denkmalpflege lassen sich unter anderem die Unterstützung bei beabsichtigten Bauvorhaben oder die Beratung von Eigentümern denkmalgeschützter wie schutzwürdiger Gebäude hervorheben.[5] Die Instandhaltung der vier vereinseigenen, historischen Liegenschaften, den sogenannten „Sölring Museen", lässt sich ebenso diesem Tätigkeitsbereich zuzählen, während die Betreibung derselben einen Schwerpunkt in der Kulturarbeit des Vereins darstellt. Mit einer insgesamt über 5.000 Jahre abdeckenden Zeitspanne der Sylter Vergangenheit und zugleich einer jährlichen Besucherzahl von rund 65.000, tragen diese vier Einrichtungen entscheidend dazu bei, dass die „Söl'ring Foriining" gemeinhin als der bedeutendste Kulturträger der Insel gilt.[6]

Das „Altfriesische Haus von 1640", ein am Kliff in Keitum errichtetes Gebäude des uthlandfriesischen Haustypus, erwarb der Verein bereits einige Monate nach seiner Gründung und konnte dieses kurze Zeit später dem interessierten Publikum als urtümliches Sylter Wohnhaus zugänglich machen.

---

1 Angabe nach Sven Lappoehn, derzeitige Geschäftsführung der „Söl'ring Foriining", Stand November 2022.

2 Der vollständige Name lautet „Sölring Foriining e. V."; im Jahr 2019 legte der Verein die neue Schreibweise „Sölring Foriining" ohne Apostroph fest. Da der Untersuchungszeitraum dieser Arbeit im frühen 20. Jahrhundert liegt, wird im Sinne der Einheitlichkeit die ursprüngliche Schreibweise genutzt.

3 Weirup, Küstenschutz, S. 12 f.

4 Klatt, Naturschutz, S. 16–18.

5 Archiv SF, Vereinsgeschichte SF Ordner 3, Manuskript „Söl'ring Foriining e. V.", Bl. 2.

6 Römer, Sölring Museen, S. 30 f.

Zwar wurden im Laufe der Zeit einige grundlegende Modernisierungsmaßnahmen wie eine Elektrifizierung und der Einbau einer Heizungsanlage vorgenommen, die Wohnräume sowie deren Einrichtung stammen jedoch aus der Zeit des 18. Jahrhunderts und dienen den Gästen als authentische Zeugnisse der früheren Sylter Wohnkultur.

In unmittelbarer Nähe steht mit dem „Sylt Museum" ein weiteres Gebäude der „Söl'ring Foriining". Dieses birgt die Kunst- und Kulturgeschichte der Insel und behandelt innerhalb der Dauerausstellung die „wesentlichen Bereiche, die Sylt einst geprägt haben"[7]. So sind es insbesondere Exponate aus Seefahrt und Archäologie sowie Trachten- und Schmuckstücke, welche die Gäste für Besonderheiten der urtümlichen Sylter Lebensart sensibilisieren sollen. Auch werden jährlich drei Sonderausstellungen zu wechselnden Themenbereichen präsentiert.

Das dritte „Sölring Museum", welches der Verein seit 1928 unterhält, ist das „Steinzeitgrab Denghoog" in Wenningstedt.[8] Mit der etwa zwei Meter hohen, fünf Meter langen und drei Meter breiten, begehbaren Grabkammer, einem Alter von 5.000 Jahren sowie einem außergewöhnlich guten Erhaltungszustand gehört das Steinzeitgrab zu den bedeutendsten seiner Art im gesamten nordeuropäischen Raum.[9] Einige der Fundstücke, die beim erstmaligen Öffnen des „Denghoog" 1868 zutage getreten sind, können im „Sylt Museum" besichtigt werden.

Die vierte und damit letzte museale Einrichtung, die derzeit von der „Söl'ring Foriining" betreut wird, ist der „Naturpfad Vogelkoje Kampen". Ursprünglich als Entenfanganlage bis in das Jahr 1921 betrieben, wandelte sich mit der Schließung der Anlage ihre Bedeutung hin zu einer Schutzstation, die bisher nicht allein über 50 Vogelarten, sondern auch Kleintieren, Insekten und Säugetieren einen Lebensraum bieten konnte.[10] Seit 1935 steht das rund zehn Hektar große Gebiet unter Naturschutz. Gäste der Insel können die historische Anlage mithilfe eines Rundgangs samt zwei kleiner Ausstellungshäuser erkunden.[11]

Für den aktuellen Außenauftritt der genannten Liegenschaften wie auch der „Söl'ring Foriining" im Allgemeinen, der neben den Sylterinnen und Syltern vor allem die Urlaubsgäste der Insel ansprechen und über die Tätigkeiten des Vereins informieren soll, ist eine umfassende „Neuausrichtung"[12] aus

---

7 Ebd.

8 Archiv SF, Vereinsgeschichte SF Ordner 3, Manuskript „Söl'ring Foriining e. V.", Bl. 1.

9 Römer, Sölring Museen, S. 32; Kunz/Steensen, Sylt Lexikon, S. 66 f. (Denghoog).

10 Kunz/Steensen, Sylt Lexikon, S. 412 f. (Vogelkoje).

11 Römer, Sölring Museen, S. 32.

12 Sylter Nachrichten, 09.04.2019, „Für Sylt absolut unentbehrlich"; siehe dazu Stitz, Das Fazit.

dem Jahre 2019 verantwortlich. Zuvor hatte die Vermutung, dass die Öffentlichkeit den Verein gar nicht in seinem ganzheitlichen Handeln, sondern vor allem reduziert auf die Museumsarbeit wahrnimmt sowie die Tatsache, dass sich stetig weniger Personen für ein vereinsinternes Engagement interessierten, dafür gesorgt, dass sich dieser neu positionieren wollte und zu diesem Zwecke eine Marketingagentur beauftragte.

Eine professionell durchgeführte Umfrage derselben im Herbst 2018 sprach der „Söl'ring Foriining" im Ergebnis zwar maßgebliche Bedeutung für die Insel zu, bestätigte allerdings auch die zuvor formulierten Befürchtungen.

Insbesondere bei jungen Familien und Jugendlichen verfügte die „Söl'ring Foriining" samt ihrer vielfältigen Tätigkeitsbereiche über einen sehr geringen Bekanntheitsgrad. Darüber hinaus wurden dem Verein Attribute wie „verstaubt" oder „langweilig" zugeschrieben.[13]

Der Vorstand der „Söl'ring Foriining" leitete aus diesen Ergebnissen einen direkten Handlungsbedarf ab. Da es „in erster Linie nicht den Inhalt, sondern das Etikett"[14] zu ändern galt, wurde mithilfe der Marketingagentur ein vollkommen neuer Außenauftritt des Vereins entwickelt.

Neben neuen Logos, einem neuen Internetauftritt – unterteilt in eine eigene Homepage für den Verein sowie eine für die Museen – und der Abschaffung des Apostrophs im Namen, erfolgten ebenso Änderungen hinsichtlich der jeweiligen Bezeichnungen der Museen.[15]

Während die „Vogelkoje Kampen", der „Denghoog" sowie das „Altfriesisches Haus" in diesem Verfahren lediglich namentliche Ergänzungen, mit denen möglichen Verständnisproblemen begegnet werden sollte, erhielten, wurde die ursprüngliche Bezeichnung „Heimatmuseum" für das heutige „Sylt Museum" abgeschafft. Begründet wurde dies damit, dass das Museum „weit über das hinausgewachsen" sei, „was es früher einmal war"[16] und es daher den derzeitigen Ansprüchen des Vereins „nicht mehr gerecht"[17] werde.

Die Assoziationen, die der Vorstand dem Begriff „Heimat" mit dieser Entscheidung einerseits zuschreibt und andererseits abspricht, unterscheiden sich dabei maßgeblich von denen, die ursprünglich mit der Benennung des Museums intendiert waren. Dies begründet sich durch die Tatsache, dass im Jahr 1905, als die „Söl'ring Foriining" gegründet wurde, im Gegensatz zu dem gegenwärtig stark von individuellen Empfindungen geprägten

---

13 Stitz, Das Fazit, S. 68.

14 Ebd.

15 Ebd. S. 70 f.; Sylter Nachrichten, 09.04.2019, „Für Sylt absolut unentbehrlich".

16 Sylter Nachrichten, 09.04.2019, „Für Sylt absolut unentbehrlich".

17 Ingwersen u. a., Heimat, S. 5.

Heimatbegriff ein gänzlich anderes Verständnis von Heimat vorherrschte.[18] Nachdem Heimat bis in das 19. Jahrhundert hinein vor allem im Kontext der Rechtssprache Anwendung fand,[19] wurde der Begriff im Zuge der Industrialisierung und Urbanisierung sukzessive mit emotionaler Bedeutung versehen und als Gegenbild zu vorherrschenden Wandlungsprozessen verstanden.[20] In beinahe allen Regionen des deutschen Kaiserreiches kam es in der Folge zu Zusammenschlüssen von Personen, die dieser Entwicklung entgegentreten wollten, sodass um die Jahrhundertwende eine umfassend organisierte Heimatbewegung entstand.[21]

Für Sylt, eine Insel, die jahrhundertelang abgeschieden von jeglichen fremden Einflüssen lag, sollten sich die vorherrschenden Umbruchprozesse als besonders folgenreich erweisen.

Mit der Gründung des Seebades Westerland im Jahr 1855 hielt der zu diesem Zeitpunkt neu aufkommende Fremdenverkehr – stärker als in irgendeinem anderen Teil Nordfrieslands – Einzug auf der Insel.[22] Die ab diesem Zeitpunkt stetig zunehmenden Gästezahlen bewirkten bald das Schwinden urtümlicher Sylter Sitten, Gewohnheiten und insbesondere des Sölring, der sylterfriesischen Sprache. Dies war der Hintergrund, vor dem die Sylterinnen und Sylter zu Beginn des 19. Jahrhunderts ihr Heimatverständnis ausprägten und im November 1905 in Keitum zusammentraten, um mit der „Söl'ring Foriining" einen Verein für *Heimatkunde und Heimatliebe auf der Insel Sylt*[23] zu gründen. *„Die Not der Heimat ruft uns auf zur Tat"*[24] wurde dabei zu ihrem programmatischen Leitspruch.

1.1 Fragestellung

Diese Arbeit geht den Fragen nach, unter welchen Umständen die „Söl'ring Foriining" im Jahr 1905 entstanden ist, welche Ziele der Verein anschließend anstrebte und inwiefern diese in den ersten Jahren des Vereinsbestehens umgesetzt wurden. Die diesbezüglich zu erlangenden Ergebnisse liefern zudem gleichermaßen eine Antwort auf die Frage, in welcher Form die

18 Egger, Heimat, S. 133.

19 Bartels, Menschliche Territorialität, S. 8; Grimm/Grimm, Wörterbuch, Sp. 864.

20 Bönisch/Runia/Zehschnetzler, Einleitung, S. 3; Zehschnetzler, Dimensionen der Heimat, S. 14.

21 Speitkamp, Die Verwaltung der Geschichte, S. 122; Schmitz, Heimat, S. 35.

22 Steensen, Die friesische Bewegung, S. 83.

23 Archiv SF, Söl'ring Foriining Entwicklungsgeschichte, Satzungen der „Söl'ring Foriining", 26.12.1905, § 1.

24 Archiv SF, Söl'ring Foriining Entwicklungsgeschichte, Manuskript „Sölring Foriining. Rückblick und Ausblick", Riewerts, 11.1908, Bl. 1.

Heimatbewegung des späten 19. und frühen 20. Jahrhunderts Ausdruck auf der Insel Sylt fand.

Überdies leistet diese Arbeit einen ersten Beitrag im Rahmen des längerfristigen Vorhabens einer Aufarbeitung der Vereinsgeschichte der „Söl'ring Foriining".

Als Untersuchungszeitraum erfolgt eine Begrenzung auf die Jahre unmittelbar vor sowie nach der Vereinsgründung bis 1914, da sich parallel mit dem Ausbruch des Ersten Weltkrieges ein vorläufiges Erlahmen der Arbeit der „Söl'ring Foriining" feststellen lässt.[25]

1.2 Quellen

Die Quellen, die für die Beantwortung der Fragen, die dieser Arbeit zugrunde liegen, herangezogen werden, basieren hauptsächlich auf dem archivalischen Bestand des vereinseigenen Archivs der „Söl'ring Foriining" sowie des Sylter Archivs in Westerland. Die Archivalien des Sylter Archivs bestehen dabei einerseits aus einer thematischen Sammlung zur „Söl'ring Foriining" sowie andererseits aus einer Sammlung, die dem ursprünglichen Besitz der „Söl'ring Foriining" entstammt und dem Sylter Archiv vermutlich gegen 1950 übergeben wurde.[26] Da diese Archivalien in ihrer Gesamtheit im März 1950 an das Landesarchiv in Schleswig gingen, um dort gesichtet und sortiert zu werden, wurden sie von einem Großbrand verschont, der noch im selben Jahr große Teile des Archivs vernichtete.[27] Im Jahr 1954 gelangten die Archivalien von Schleswig zurück nach Westerland in das Sylter Archiv, wo sie bis heute verwahrt werden. Im Jahr 2020 fanden erneute Erfassungs- und Erschließungsarbeiten an dem diesbezüglichen Bestand statt, sodass sich weitere Unterteilungen ergeben haben. Für die folgende Untersuchung wurden die Inhalte der Ordner „SF-T001: Sölring Foriining Museum" und „SF-T025: Sölring Foriining Pressesammlung 1905–1989" ausgewertet. Ergänzend konnten drei Ordner[28] der „Sammlung zu Sylter (Friesen-)

---

25 Das Protokollbuch der „Söl'ring Foriining" überliefert regelmäßige Versammlungen der Vereinsmitglieder erst wieder in den 1920er Jahren.

26 Hier und im Folgenden: Sylter Archiv, Sammlung Sölring Foriining, S. 1. Warum zu diesem Zeitpunkt ein Teil der Archivalien von der „Söl'ring Foriining" an das Sylter Archiv in Westerland übergeben wurde, ist an dieser Stelle nicht überliefert.

27 Siehe zum Großbrand im Rathaus: KUNZ/STEENSEN, Sylt Lexikon, S. 212 (Kurhaus Westerland).

28 Es handelt sich dabei um die Ordner „Sylter Verein von 1817", „Acten des Vereins Foriining for Söl'ring Spra'k ön Wiis" und „Sylter Verein Altona gegründet 05.07.1894". Mit dem Ordner „Allgemeiner Sylter Verein gegründet 1860" befindet sich ein weiterer für die folgende Ausarbeitung thematisch geeigneter Ordner. Da dieser jedoch lediglich die Statuten des Vereins aus dem Jahr 1864

Vereinen“ aus dem Besitz des Sylter Archivs für die Aufarbeitung der Vereinsvorläufer der „Söl'ring Foriining“ herangezogen werden.

Einige der Ordner enthalten dabei zusätzliche Unterordner, auch wurde vereinzelt eine Paginierung der Archivalien vorgenommen. Im folgenden Verlauf wird daher nicht gleichartig, dafür jedoch stets so genau wie möglich auf die ausgewerteten Archivalien im Fußnotenapparat verwiesen. Dies gilt gleichermaßen für die Archivalien des Sylter Archivs wie für diejenigen der „Söl'ring Foriining“.

Im Archiv der „Söl'ring Foriining“ wurden nach einer ersten Durchsicht des gesamten vorhandenen Materials zunächst drei Ordner[29] erschlossen, die für eine Auswertung hinsichtlich der Leitfragen dieser Arbeit geeignet erschienen. Im weiteren Verlauf der Bearbeitungszeit konnten zwei zusätzliche Ordner von relevantem Inhalt ausfindig gemacht werden, die noch über keine übergeordnete Beschriftung verfügten. Zum Zwecke der Transparenz dieser Arbeit wurden diese mit der Beschriftung „Vereinsgeschichte SF Ordner 1“ sowie „Vereinsgeschichte SF Ordner 2“ versehen. Überdies konnten wesentliche Archivalien, die noch lose und ungeordnet vorlagen, in einem dritten Ordner – „Vereinsgeschichte SF Ordner 3“ – zusammengefügt werden.

Die Bestände der „Söl'ring Foriining“ wie auch die des Sylter Archivs in Westerland sind hinsichtlich ihres Inhalts derselben Art und umfassen überwiegend handschriftlich verfasste Briefe, Postkarten, Telegramme, Protokolle, Verträge sowie unterschiedliche Formen von Notizen.

Als ein weiterer wesentlicher Quellenbestand, der der folgenden Untersuchung zugrunde liegt, lässt sich zudem der Ordner „Verbände und Vereine II, Söl'ring Foriining II (Sylter Museum)“ aus dem Archiv des Museumsberg Flensburg anführen. Bei diesen Archivalien handelt es sich überwiegend um Briefe und Vertragsentwürfe.

Das methodische Vorgehen belief sich im Umgang mit den genannten Quellen zunächst auf das Sichten und Transkribieren, bevor diese in Hinblick auf ihre Relevanz für die Leitfragen der Arbeit selektiert, ausgewertet und schließlich zusammengeführt werden konnten.

Insgesamt wurden auf diese Weise über 1.500 Blatt Archivmaterial bearbeitet, welche somit die Basis der folgenden Untersuchung bilden. Als diesbezüglich besonders bedeutsam ist das Protokollbuch der „Söl'ring Foriining“

---

beinhaltet und sich im Archiv der „Söl'ring Foriining“ Statuten desselben aus dem Gründungsjahr erhalten haben, findet dieser in der folgenden Ausarbeitung keine Anwendung.

29 Es handelt sich dabei um die Ordner „Korwan Katzenstein 1865–1942 Maler. Ausstellung 1993“, „Schriftwechsel 1900–1929“ und „Söl'ring Foriining Entwicklungsgeschichte“.

hervorzuheben, das dem Bearbeitungszeitraum entsprechend eine Zeitpanne von 1904 bis 1914 abdeckt. Die insgesamt 126 Blatt liegen in eigenständig angefertigter Transkription im Anhang dieser Arbeit bei. Die sprachliche Realisierung innerhalb dieser Transkription sowie in allen Zitaten, die den Quellen entnommen wurden und in der folgenden Ausarbeitung angeführt werden, ist buchstabengetreu und entspricht der orthographischen Form des Originals.

Neben den ungedruckten Quellen konnte für die folgende Untersuchung ebenso eine Vielzahl an gedruckten Quellen, vor allem in Gestalt von lokalen Zeitungen, herangezogen werden. Wesentliche Erkenntnisse sind diesbezüglich insbesondere einzelnen Ausgaben des „Sylter Intelligenz-Blatts" in den Jahren von 1900 bis 1910 zuzuschreiben.

Obwohl der Quellenwert von Zeitungen für die regionalgeschichtliche Forschung im Allgemeinen als hoch gilt, vor allem, da diese Art von Quelle kontinuierlich festhält, wodurch das Leben einer Gesellschaft im Laufe der Zeit geprägt wird,[30] ist im Rahmen dieser Arbeit kritisch anzuführen, dass sich innerhalb des ausgewerteten Materials nur selten Rückschlüsse auf die Verfasser der einzelnen Artikel ausmachen lassen. Folglich kann nicht ausgeschlossen werden, dass die Berichterstattung über die „Söl'ring Foriining" innerhalb der lokalen Presse vereinzelt durch Mitglieder des Vereins beeinflusst wurde oder gar umfassend auf diese zurückzuführen ist. Neben dieser Problematik, die es im Umgang mit den gedruckten Quellen zu beachten gilt, lassen sich hinsichtlich der ungedruckten Quellen noch einige weitere kritische Aspekte anführen.

So ist zunächst hervorzuheben, dass diese teilweise einen suboptimalen Erhaltungszustand aufweisen. So liegen vereinzelt Materialbeschädigungen beispielsweise in Form von Rissen oder Löchern vor, die sich auf eine unsorgfältige Verwahrung im Laufe der Jahre zurückführen lassen. Ebenso bedingt das Alter der Archivalien, dass teilweise Handschriften verblasst sind und sich daher die ursprünglich abgebildeten Inhalte nicht vollumfänglich rekonstruieren lassen. Als besonders hinderlich stellt sich dies in Hinblick auf Datums- und Namenangaben heraus, da diese für eine präzise Zuordnung des Materials notwendig sind.[31]

Ergänzend ist diesbezüglich anzuführen, dass die genannten Angaben innerhalb eines Teils der ausgewerteten Archivalien ebenso fehlen, da diese bereits bei dem ursprünglichen Verfassen der einzelnen Schriftstücke schlicht nicht genannt wurden.

30 Riedel, Tagespresse, S. 9.

31 Dieser Umstand bedingt, dass innerhalb der Fußnotenangaben teilweise die Daten- sowie Namensnennungen gänzlich fehlen oder lediglich in unvollständiger Form vorliegen.

Eine weitere Schwierigkeit ergibt sich dadurch, dass eine Vielzahl des Materials aus schriftlicher Kommunikation besteht. Dies hat zur Folge, dass innerhalb der Bestände naturgemäß jeweils nur eine Seite der Korrespondenzen vorliegt. Die Schriftstücke, die von der „Söl'ring Foriining“ oder deren Mitgliedern verschickt wurden und die zweifellos von großem Wert für die Beantwortung der Leitfragen dieser Arbeit wären, befinden sich somit – vorausgesetzt, dass diese überhaupt noch erhalten sind – verstreut in unterschiedlichen Besitztümern. Der Versuch, diese Schriftstücke aufzuspüren, konnte mit dem Bestand des Archivs im Museumsberg Flensburg zumindest einen Teilerfolg erzielen.

Eine weitere Problematik, die mit Briefen und weiteren Schriftstücken im Sinne der Kommunikation zwangsläufig einhergeht, ist die Authentizität derselben, die es stets zu hinterfragen gilt.[32] Da es sich bei den ausgewerteten Archivalien hauptsächlich um Schriftstücke geschäftlichen und weniger privaten Inhalts handelt, erscheint die Zuschreibung von Authentizität insbesondere vor dem Hintergrund des formulierten Ziels der folgenden Ausarbeitung allerdings als unbedenklich.

Trotz der genannten quellenkritischen Aspekte ist an dieser Stelle zu betonen, dass eine Analyse des Materials zu durchaus anschaulichen Ergebnissen führen kann und sich eine hinreichende Grundlage ergibt, um die Entstehung der „Söl'ring Foriining“ im Zuge der Heimatbewegung aufzuarbeiten und den diesbezüglich genannten Leitfragen nachgehen zu können. Die Tatsache, dass die ausgewählten Archivalien eine Zeitspanne der Sylter Vergangenheit betreffen und offenlegen, für die auf Grund des Rathausbrandes anderweitig kaum Überlieferung vorliegt, legitimiert die folgende Arbeit dabei auf zusätzliche Weise.

1.3 Forschungslage

Hinsichtlich der bestehenden Forschungslage lässt sich zunächst anführen, dass die Anzahl an Publikationen, die im Allgemeinen die Heimatbewegung des späten 19. und frühen 20. Jahrhunderts zum Gegenstand haben, äußerst gering ist. Ein besonderer Verdienst kommt in diesem Kontext Karl Ditt zu, der in seinem Aufsatz „Die deutsche Heimatbewegung 1871–1945“[33] aus dem Jahr 1990 die Ursprünge der Heimatbewegung in Deutschland sowie die Entwicklung derselben bis in die Zeit nach dem Zweiten Weltkrieg darstellt. Als wertvolle Ergänzungen zu diesen grundlegenden Ausführungen und ebenso bedeutsam für die folgende Ausarbeitung lassen sich einerseits

---

32 Siehe dazu z. B. Krausse, Vorbemerkung, S. 14 f.; Budde, Geschichtswissenschaft, S. 67.

33 Ditt, Heimatbewegung.

mehrere Veröffentlichungen von Hermann Bausinger[34], in welchen dieser „Heimat" vor allem aus einer begriffsgeschichtlichen Perspektive betrachtet und zu diesem Zwecke das Aufkommen der Heimatbewegung thematisiert, sowie andererseits eine Monographie Winfried Speitkamps[35] aus dem Jahr 1996, worin unter anderem der Beginn wie auch der sukzessive Prozess der Organisierung des frühen Vereinswesens dargestellt wird, anführen.

Eine ortsgebundene Untersuchung, die sich auf ein geographisch beschränktes Gebiet innerhalb Schleswig-Holsteins bezieht, liegt bisher allein von Thomas Steensen für den Raum Nordfriesland vor. In seiner ursprünglich als Dissertation verfassten Arbeit „Die friesische Bewegung in Nordfriesland im 19. und 20. Jahrhundert (1879–1945)"[36] aus dem Jahr 1985 legt Steensen die Bestrebungen, die im Zuge der Erhaltung und Förderung nordfriesischer Sprache und Kultur sowie der Stärkung eines nationalen friesischen Bewusstseins – insbesondere von friesischen Vereinigungen ausgehend – unternommen worden sind, dar. Der zeitliche Rahmen reicht dabei von der ersten Organisationsbildung im Jahr 1879 bis zum Zweiten Weltkrieg. Im Verlauf der Ausarbeitung zieht Steensen vereinzelt die diesbezüglichen Entwicklungen auf Sylt heran und widmet der Insel mit dem Unterpunkt „Die Insel Sylt als Schwerpunkt"[37] innerhalb des Kapitels „Inselfriesische Bestrebungen"[38] eine eigene komprimierte Betrachtung, der zum Teil Archivalien des Sylter Archivs sowie des Archivs der „Söl'ring Foriining" zugrunde liegen.

Auch in den späteren Veröffentlichungen Steensens „Nordfriesland im 19. und 20. Jahrhundert"[39] sowie „Im Zeichen einer neuen Zeit. Nordfriesland 1800 bis 1918"[40] findet die „friesische Bewegung" samt den entsprechenden Bestrebungen auf der Insel Sylt Erwähnung.

Als Veröffentlichungen, die explizit die „Söl'ring Foriining" zum Gegenstand haben, bei der Darstellung allerdings keinen wissenschaftlichen Anspruch verfolgen, lassen sich an dieser Stelle insbesondere die knapp gehaltenen Jubiläumsschriften „75 Jahre Söl'ring Foriining. Zur Geschichte

---

34 Bausinger, Heimat und Identität, hier insb. S. 13–17; Ders., Heimatverständnis, hier insb. S. 213 f.; Ders., Heimat in einer offenen Gesellschaft, hier insb. S. 82 f.

35 Speitkamp, Die Verwaltung der Geschichte, hier insb. das Kapitel „Vereinswesen und Organisation", S. 114–152.

36 Steensen, Die friesische Bewegung.

37 Ebd., S. 83–86.

38 Ebd., S. 83–97.

39 Ders., Geschichte Nordfrieslands, hier insb. das Kapitel „Die Inselfriesen", S. 301 f.

40 Ders., Im Zeichen einer neuen Zeit, hier insb. das Kapitel „Die Inselfriesen", S. 175 f.

des Sylter Heimatvereins“[41] von Alwin Pflüger, „Quo vadis, Sylt? Quo vadis, Nordfriesland? Ansprache zum 75jährigen Jubiläum der Söl'ring Foriining“[42] von Jakob Tholund sowie „Die Gründung der Söl'ring Foriining und einige Grundzüge ihrer Entwicklung“[43], die Thomas Steensen zum hundertjährigen Bestehen des Vereins verfasste, hervorheben.

Eine umfassende Analyse der Entstehung des Vereins und seiner Entwicklung hat noch nicht stattgefunden, sodass diese Arbeit als Resultat eines regionalen Forschungsbedarfs zu sehen ist.

Aufgrund der Tatsache, dass im Folgenden überwiegend in der Forschung noch gänzlich unerwähntes Quellenmaterial bearbeitet wird, sowie der Umstand, dass die Archivalien materialbedingte Lücken aufweisen können, ist es entscheidend zu betonen, dass mit der nachfolgenden Ausarbeitung kein Anspruch auf Vollständigkeit erhoben wird.

1.4 Vorgehen

Da im Zuge der Analyse die archivalischen Quellen nicht isoliert betrachtet werden können, gilt es zunächst mit dem historischen Kontext die Faktoren zu erläutern, die in besonderem Maße Einfluss auf die Entwicklung des Heimatbewusstseins der Sylter Bevölkerung hatten und in der Folge dazu geführt haben, dass sich die Heimatbewegung gerade auf Sylt in derartiger Weise ausbilden konnte. Anschließend wird das Quellenmaterial zunächst für eine knappe Darstellung der ersten Vereinsgründungen auf der Insel genutzt, da eine Untersuchung der Entstehung der „Söl'ring Foriining“ nur dann als vollständig gelten kann, wenn auch die vorausgehenden Entwicklungsstufen berücksichtigt werden. Es folgt der Hauptteil dieser Arbeit mit einer umfassenden, auf Archivalien basierenden Analyse der Gründungsumstände sowie der verfolgten Bestrebungen innerhalb der ersten Jahre des Bestehens des Sylter Heimatvereins. Zuletzt werden die Erkenntnisse der vorausgegangenen Kapitel in einem Fazit zusammengefasst, um die Fragen zu beantworten, unter welchen Umständen die „Söl'ring Foriining“ im Jahr 1905 entstanden ist, welche Ziele der Verein anschließend anstrebte und inwiefern diese in den folgenden Jahren bis zum Ersten Weltkrieg umgesetzt wurden. Diese Ergebnisse liefern dabei gleichermaßen die Antwort auf die Frage, in welcher Form die Heimatbewegung des späten 19. und frühen 20. Jahrhunderts Ausdruck auf der Insel Sylt fand.

41 Pflüger, 75 Jahre Söl'ring Foriining.
42 Tholund, Ansprache zum 75jährigen Jubiläum.
43 Steensen, Die Gründung der Söl'ring Foriining.

2 Historischer Kontext

2.1 Heimatbewegung im 19. und frühen 20. Jahrhundert

2.1.1 Die Ursprünge der Heimatbewegung

Die Ursprünge der Heimatbewegung lassen sich im ausgehenden 18. und beginnenden 19. Jahrhundert verorten.[44] Zu dieser Zeit wurde Europa „von einer zuvor nicht gekannten Dynamik erfasst“[45], welche ein „nationales Erwachen“ der Völker zur Folge hatte.[46] Als Auslöser dieser Entwicklung können im Wesentlichen zwei Ereignisse angeführt werden: die Französische Revolution sowie die nahezu gleichzeitig einsetzende und von England ausgehende Industrielle Revolution.[47] Hinsichtlich des sich auf diese Weise ergebenden umfassenden politischen, wirtschaftlichen und auch sozialen Wandels stellte der Nationalismus in Europa zunehmend ein Konzept dar, das einen Großteil der Bevölkerung zu integrieren und somit gleichermaßen zu mobilisieren vermochte.[48] Im Zuge der nationalen Identitätsbildung wurde neben dem Kriterium der Sprache vor allem Geschichte als identitätsstiftendes Merkmal erkannt.[49]

2.1.2 Die Heimatbewegung im Deutschen Kaiserreich

Auch in Deutschland standen die Folgen der Französischen Revolution und dabei insbesondere die Erfahrungen der napoleonischen Herrschaftszeit am Beginn eines wachsenden Nationalbewusstseins, das Ausdruck in einem neu aufkommenden Interesse an der deutschen und auch an der regionalen Vergangenheit und Kultur fand.[50] In diesem Zusammenhang wurde „erstmals intensiv über Heimat nachgedacht“[51] und der ursprüngliche Rechtsbegriff, der zuvor primär das Gebiet bezeichnete, durch den ein Individuum mit Rechten und Pflichten verbunden war, sukzessive durch ein von Emotionalität getragenes Heimatverständnis überschrieben.[52]

---

44 Klueting, Heimatschutz, S. 47.

45 Engelbrecht, Romantik und Revolution, S. 19.

46 Alter, Nationalismus, S. 123.

47 Engelbrecht, Romantik und Revolution, S. 19; Alter, Nationalismus, S. 124.

48 Alter, Nationalismus, S. 125.

49 Steigerwald, Denkmalschutz, S. 34 f.

50 Zehschnetzler, Dimensionen der Heimat, S. 18; Bosl, Heimatschutzbewegung, S. 3.

51 Costadura/Ries, Heimat, S. 11.

52 Grimm/Grimm, Wörterbuch, Sp. 864; Schmoll, Orte und Zeiten, S. 35.

Mit der Revolution im März 1848 und den mit dieser einhergehenden Bestrebungen nach Einheit und Unabhängigkeit bildete sich allmählich eine Bewegung heraus, die „Heimatschutz" als Maßnahme der Stärkung von regionaler sowie nationaler Identität verfolgte.[53] Auf eine breitere Basis innerhalb der Bevölkerung stieß diese schließlich im letzten Drittel des 19. Jahrhunderts, ausgelöst durch eine zunehmende Unzufriedenheit, die sich infolge der nun auch in Deutschland eintretenden industriellen Revolution und der Gründung des deutschen Reiches im Jahr 1871 ergab.[54]

So bedingte beispielsweise die Professionalisierung der Landwirtschaft für viele Menschen den Verlust des Arbeitsplatzes und zwang diese gleichermaßen dazu, ihren Wohnort aus Gründen der Existenzsicherung zu verlassen.[55] Dass dies mit einem bevölkerungs- und flächenmäßigen starken Anwachsen der städtischen Zentren einherging, sorgte wiederum für die Befürchtung, dass sich der städtische Einfluss auf den ländlichen Lebensstil auswirken würde.[56] So sah ein Großteil der Bevölkerung ihre Lebensgewohnheiten und Traditionen dem „verderblichen und zersetzenden Einfluß der Großstadt und der Industrie"[57] ausgesetzt. Diese empfundene Bedrohung wurde durch den parallel mit der Industrialisierung und der Verstädterung einhergehenden Ausbau des Verkehrsnetzes verstärkt, der neben dem schnelleren und kostengünstigeren Transport von Waren auch einen gänzlich neuen Wirtschaftszweig erschloss: den Fremdenverkehr.[58] Während sich diesbezüglich der Vorwurf ergab, dass die touristisch Reisenden städtische Verhaltensweisen auf das Land transportieren würden, bestand der Hauptkritikpunkt vor allem in der Zerstörung der Natur.[59] So wuchs das Eisenbahnnetz in Deutschland von etwa 19.000 Kilometern Länge im Jahr 1871 bis 1914 auf 62.000 Kilometer Länge an und war somit eines der dichtesten Netze in Europa.[60] Da die notwendigerweise geradlinige Streckenführung weder Rücksicht auf natürliche noch auf bauliche Gegebenheiten nehmen konnte, wurde vielerorts das Landschafts- und Ortsbild dauerhaft verändert.[61]

Vor diesem Hintergrund, der Erfahrung des Verlusts, wurde „Heimat" gegen Ende des 19. Jahrhunderts immer häufiger als Gegenbegriff zu den

---

53 ZEHSCHNETZLER, Dimensionen der Heimat, S. 19.
54 BOSL, Heimatschutzbewegung, S. 4.
55 NEUMEYER, Heimat, S. 12; BAUSINGER, Heimat und Identität, S. 14.
56 SPEITKAMP, Die Verwaltung der Geschichte, S. 32.
57 BERGMANN, Agrarromantik, S. 126.
58 JÄGER, Das vernetzte Kaiserreich, S. 162; siehe dazu VOSGERAU/LUBOWITZ, Zwischen Dänemark und Preußen, S. 302 f.
59 RUDORFF, Ueber das Verhältniß, S. 267; KNAUT, Ernst Rudorff, S. 30.
60 JÄGER, Das vernetzte Kaiserreich, S. 74–76.
61 SPEITKAMP, Die Verwaltung der Geschichte, S. 33.

beschriebenen Zuständen, „als Lösung der kritisierten Probleme“[62] verstanden. Auf diese Weise entstand ein idealisiertes Wunschbild, das, verknüpft mit Vorstellungen des ländlichen, idyllischen Lebens, die Sehnsucht nach einer vertrauten, verloren geglaubten Umgebung veranschaulichte.[63] Auch die „auffallende Konjunktur des Wortes Heimat in jener Zeit“[64] verdeutlicht, dass mit dem Begriff Assoziationen weit über den rechtlichen Rahmen oder einer direkten Ortsbezogenheit hinaus verknüpft wurden. So kam beispielsweise der „Heimatroman“ auf, in den Schulen bildete sich „Heimatkunde“ als eigenständiges Unterrichtsfach heraus, „Heimatkunst“ sowie der „Heimatfilm“ verbreiteten sich.[65] Als besonders programmatisch sollten sich jedoch die Vereinigungen herausstellen, die sich vielerorts gründeten, und „Heimatschutz“ sowie „Heimatpflege“ als Reaktion auf Industrialisierung und Modernisierung propagierten und zunehmend organisiert betrieben.[66] Diese sogenannten „Heimatvereine“ wurden zum wesentlichen Träger der Heimatbewegung, die sich seit den 1870er Jahren fortlaufend formiert hatte und auf diese Weise schließlich um die Jahrhundertwende ihren „Durchbruch“[67] erreichte.

Wie bei den Geschichts- und Altertumsvereinen, die sich bereits seit Beginn des 19. Jahrhunderts im Zuge des aufkommenden Interesses für die deutsche Geschichte insbesondere in den größeren Städten gebildet hatten, stammten die Gründer und treibenden Kräfte der Heimatvereine vorwiegend aus den bildungsbürgerlichen Kreisen und ließen sich häufig den Berufsgruppen der Pastoren, Lehrkräfte, Professoren, Museumsdirektoren, Architekten, Anwälte sowie der höheren Verwaltungsbeamten zuordnen.[68] Ein wesentlicher Unterschied zu den fachwissenschaftlichen Vereinen bestand jedoch darin, dass diese nicht allein den bildungsbürgerlichen Kreisen vorbehalten waren, sondern sich in ihrer Mitgliederstruktur eine „Mischung aus Akademikern und interessierten Laien“[69] wiederfand. Dass die Heimatvereine einen besonders starken Zulauf verzeichneten und sich in beinahe allen deutschen Regionen durchsetzen konnten, erklärte sich neben der Möglichkeit

---

62 Neumeyer, Heimat, S. 19.

63 Bönisch/Runia/Zehschnetzler, Einleitung, S. 3.

64 Bausinger, Heimat in einer offenen Gesellschaft, S. 82.

65 Bausinger, Heimatverständnis, S. 213; Neumeyer, Heimat, S. 22; Gollwitzer, Der kulturgeschichtliche Ort, S. 12; Schmoll, Orte und Zeiten, S. 37.

66 Hahm, Heimatschutz, S. 88.

67 Gollwitzer, Der kulturgeschichtliche Ort, S. 12.

68 Ditt, Heimatbewegung, S. 136 f.; Speitkamp, Die Verwaltung der Geschichte, S. 123. Zur Definition des „Bildungsbürgertums“ siehe Vondung, Zur Lage der Gebildeten, S. 25 f.

69 Korfkamp, Die Erfindung der Heimat, S. 45.

zur Teilhabe breiter Bevölkerungsschichten ebenso dadurch, dass sie „aktiver und attraktiver als die Geschichtsvereine waren, anfangs weniger etatistisch ausgerichtet schienen und lokalen und regionalen Traditionen mehr Raum gaben“[70]. So lag der wesentliche Unterschied vor allem in den Arbeitsfeldern der Heimatvereine, die trotz der Beschränkung auf einen lokalen Rahmen keinen Widerspruch zum aufkommenden Nationalbewusstsein darstellten, sondern ihre Arbeit im Gegenteil „als Beitrag zur Erhaltung der Kultur der deutschen Nation“[71] verstanden.

Als erster wesentlicher Schwerpunkt innerhalb des Tätigkeitsbereichs der Heimatvereine lässt sich die Vertiefung des Interesses an und Vertrautheit mit der engeren räumlichen Umgebung durch die „Erfassung, Untersuchung und Bewahrung der Zeugnisse aus Kultur und Natur“[72] anführen. Die behandelten Themen reichten diesbezüglich von Naturkunde, Geschichte und Archäologie über Numismatik und Kunstgeschichte bis zur Volkskunde und Sprachforschung. Gewonnene Erkenntnisse wurden in veranstalteten Vorträgen, Zeitungsbeilagen oder eigens zu diesem Zwecke publizierten Zeitschriften veröffentlicht.[73] Auf diese Weise wurde zwar Forschung betrieben und gefördert, war dabei jedoch kein eigenständiges Ziel, sondern diente „lediglich als Voraussetzung und Mittel der praktischen Tätigkeit“[74].

Ein weiteres Arbeitsfeld stellte das Sammeln und Bewahren von Überresten aus Kultur und Natur dar.[75] Dies wurde vor allem dadurch unterstützt, dass die Urbanisierung und die damit einhergehenden Siedlungsausdehnungen dazu geführt haben, dass eine Vielzahl an natur- sowie vor- und frühgeschichtlichen Zeugnissen zutage getreten ist. Mitglieder von Heimatvereinen wurden in solchen Fällen häufig als Sachkundige angefragt und konnten infolgedessen vielfach die Zerstörung oder den Weiterverkauf der Funde verhindern. Während für die Forschung bedeutsame Objekte überwiegend an Museen weitergeleitet wurden, dienten den Heimatvereinen entweder ihre eigenen Räumlichkeiten oder aber Zimmer in Schulen oder Rathäusern für ihre heimatkundlichen Sammlungen.[76] Wurden diese zu umfangreich, traten die Heimatvereine für gewöhnlich an ihre Gemeindeverwaltungen mit der Bitte heran, einen geeigneten Raum für die Sammlungen bereitzustellen und diesen in Form eines Museums mit festen Öffnungszeiten dem interessierten

70 Speitkamp, Die Verwaltung der Geschichte, S. 121.
71 Ditt, Heimatbewegung, S. 136.
72 Ebd., S. 137.
73 Ebd.; Reeken, Heimatbewegung, S. 31.
74 Speitkamp, Die Verwaltung der Geschichte, S. 123.
75 Ditt, Heimatbewegung, S. 137.
76 Ebd.; Ringbeck, Dorfsammlung, S. 290; Schlag, Heimat- und Dorfmuseen, S. 342.

Publikum zugänglich zu machen. Auch konnte der Plan zur Errichtung eines solchen Museums erst den Anlass zur Gründung eines Heimatvereins gegeben haben.[77] In diesem Zusammenhang sollten mit einem Museum die Ziele verfolgt werden, „auf der einen Seite durch Anschauung zu bilden und auf der anderen Seite durch Erhaltung Wertvolles dauernd zu sichern“[78]. Der gesamten Bevölkerung zugänglich sollte es „Verständnis wecken, belehren und dem Stolz auf die Heimat Ausdruck geben“[79].

Den dritten und letzten anzuführenden Aufgabenbereich der Heimatvereine stellte die „Pflege des Ortsbildes“[80] dar. Dabei wurde sich neben der lokalen städtebaulichen und architektonischen Arbeit vor allem um Naturdenkmäler sowie geologische, botanische und zoologische Fragen bemüht.[81] Da oftmals eine enge Verbindung zwischen den Mitgliedern der Heimatvereine und den jeweils zuständigen Gemeindeverwaltungen bestand, gelang es häufig, finanzielle Unterstützung für geplante Vorhaben zu erhalten.[82]

Zusammenfassend lassen sich somit das Vereinen von Forschung, Sammlung und Verschönerung in einem lokalen Rahmen sowie das Schaffen eines öffentlichen Bewusstseins als charakteristische Arbeitsfelder der Heimatvereine herausstellen, wenngleich eine Schwerpunktsetzung innerhalb des aufgezeigten Rahmens durchaus möglich war.[83]

Nachdem sich fortlaufend Vereinigungen dieser Art gebildet hatten, „trat die Heimatbewegung zu Beginn des 20. Jahrhunderts durch die Gründung einer Dachorganisation in ein neues Stadium“[84]. Insbesondere auf Anregung Ernst Rudorffs, eines Musikprofessors aus Berlin, wurde am 30. März 1904 in Dresden der „Bund Heimatschutz“ gegründet.[85] Das vorrangige Ziel bestand zunächst darin, die bereits bestehenden lokalen Vereinigungen anzugliedern.[86] Hinter diesen Zentralisierungsabsichten stand dabei nicht allein der Wunsch nach einer übergeordneten Koordinierung der einzelnen Heimatvereine, sondern vor allem die sich um die Jahrhundertwende entwickelnde Auffassung, dass sich in Deutschland eine „tiefgreifende Kulturkrise“[87] entwickelt habe. So würde der Materialismus einen Verlust von

---

77 Ditt, Heimatbewegung, S. 137.
78 Pessler, Das Heimat-Museum, S. 25.
79 Ditt, Heimatbewegung, S. 137.
80 Klueting, Heimatschutz, S. 48.
81 Reeken, Heimatbewegung, S. 31; Speitkamp, Die Verwaltung der Geschichte, S. 122.
82 Ditt, Heimatbewegung, S. 138.
83 Ebd.; Reeken, Heimatbewegung, S. 31.
84 Ditt, Heimatbewegung, S. 138.
85 Bosl, Heimatschutzbewegung, S. 4; Ditt, Raum und Volkstum, S. 59.
86 Klueting, Heimatschutz, S. 53.
87 Korfkamp, Die Erfindung der Heimat, S. 46.

Natur und kulturellen Werten bedingen und die Ausbreitung der Stadt lokale Eigenheiten vernichten. Da die Arbeit der Heimatvereine unter diesen Umständen nicht länger ausreiche, sei die „Entwicklung und Förderung einer neuen Gesinnung und eine kulturpolitische Gegenoffensive“[88] notwendig. Der „Bund Heimatschutz“ setzte den Heimatbegriff nun nicht mehr nur mit der engeren Umgebung, sondern mit dem „Vaterland“ sowie dem politischen System des Deutschen Kaiserreichs gleich. Infolgedessen sollte sich ebenso der Arbeitsschwerpunkt der Heimatvereine hin zu einer „zentralisierten kulturell-politischen Missionsbewegung“[89] verschieben. Zu diesem Zwecke legte der „Bund Heimatschutz“ ein weiterentwickeltes Aufgabenfeld in seiner Satzung fest:

> „§ 1: Der Zweck des Bundes ist, die deutsche Heimat in ihrer natürlichen und geschichtlich gewordenen Eigenart vor Verunglimpfung zu schützen. Das Arbeitsfeld des Bundes teilt sich in folgende Gruppen:
>
> a. Denkmalpflege
> b. Pflege der überlieferten ländlichen und bürgerlichen Bauweise; Erhaltung des vorhandenen Bestandes.
> c. Schutz der landschaftlichen Natur einschließlich der Ruinen.
> d. Rettung der einheimischen Tier- und Pflanzenwelt sowie der geologischen Eigentümlichkeiten.
> e. Volkskunst auf dem Gebiete der beweglichen Gegenstände.
> f. Sitten, Gebräuche, Feste und Trachten“[90].

Trotz der Tatsache, dass das Arbeitsfeld des „Bundes Heimatschutz“ zunächst ähnlich im Vergleich mit der bisherigen Tätigkeit der Heimatvereine anmutet, werden doch einige Unterschiede deutlich.

So fällt zunächst das Fehlen des Schwerpunktes der historischen Forschung auf. Ergänzend dazu erfolgte eine Fokussierung des Sammelns und der Pflege volkskundlicher Zeugnisse. Der Naturschutz, welcher im Vorfeld kaum Einzug in die Arbeit der einzelnen Heimatvereine gehalten hatte, wurde hervorgehoben und die Aufgabe der Denkmalpflege ergänzt durch die Einflussnahme der städtischen wie ländlichen Bauweise.

Das entwickelte Programm des „Bundes Heimatschutz“ ging somit über das ursprünglich wissenschaftliche und bildungsbedingte Interesse sowie den Zweck der reinen Erhaltung und Bewahrung hinaus und bildete eine „gegenwarts- und zukunftsorientierte kulturpolitische Konzeption aus

---

88 Ditt, Heimatbewegung, S. 139.
89 Ebd.
90 Archiv Söl'ring Foriining (im Folgenden „Archiv SF“), Schriftwechsel 1900–1929, Satzungen des „Bundes Heimatschutz“.

neoromantischem Geist“[91]. Auch wenn viele Heimatvereine einem solchen Dachverband zunächst kritisch gegenüberstanden, da ihnen dies zu ihrem regionalen Selbstverständnis von Heimat widersprüchlich erschien, gliederten sie sich dennoch zahlreich dem „Bund Heimatschutz“ an und bildeten somit ein „reichsweites Netzwerk der Heimatbewegung“[92]. Diese Resonanz auf die Gründung des „Bundes Heimatschutz“ sowie das neu entwickelte Programm erweckten das Interesse der staatlichen Behörden. Dies zeigte sich unter anderem anhand einer zunehmenden finanziellen Bewilligung einzelner Vorhaben wie beispielsweise der Errichtung und Unterhaltung von Heimatmuseen, aber auch mittels Unterstützung der Arbeit der Heimatvereine hinsichtlich der Landschaftspflege und des Denkmalschutzes[93] sowie der Aufnahme des Heimatschutzgedankens in unterschiedliche Schulfächer durch das Erlassen von entsprechenden Gesetzen.[94]

Obwohl sich somit ein Gesamtbild für die Heimatbewegung im Deutschen Kaiserreich ergibt, ist es unerlässlich an dieser Stelle hervorzuheben, dass „die Heimatbewegung“ keine einheitliche Gruppierung war und auch nicht mit den Bestrebungen des „Bundes Heimatschutz“ gleichgesetzt werden kann, sondern diese vielmehr in einer Vielzahl von Verbänden und Aktivitäten Ausdruck fand und dabei vor allem je nach Region in unterschiedlicher Ausprägung auftrat.

2.1.3 Die „friesische Bewegung“

Im Kontext der Frage nach einer regionalen Ausprägung der Heimatbewegung eignet sich Nordfriesland in besonderem Maße als Untersuchungsgebiet, da es im Deutschen Kaiserreich „in mehrfacher Beziehung eine einzigartige Stellung“[95] einnahm. Dies äußert sich neben der Tatsache, dass das Siedlungsgebiet der Nordfriesen auf Sprache und Kultur basiert und es noch nie ein offizielles Staatsgebilde gegeben hat,[96] vor allem durch die

---

91 Ditt, Heimatbewegung, S. 141.

92 Jäger, Das vernetzte Kaiserreich, S. 166.

93 So wurden beispielsweise durch die sogenannten „Verunstaltungsgesetze“ das Aufstellen von Reklame sowie bauliche Vorhaben, die eine deutliche Änderung der landschaftlichen Gegebenheiten mit sich bringen würden, unterbunden. Siehe dazu Bergmann, Agrarromantik, S. 123; Ditt, Heimatbewegung, S. 141.

94 Am 15. April 1914 forderte das Preußische Kultusministerium Schulen per Erlass dazu auf, Heimatschutz in den Fächern Deutsch, Geschichte, Naturkunde, Heimatkunde, Erdkunde und Zeichnen stärker einfließen zu lassen. Siehe dazu Ditt, Heimatbewegung, S. 142.

95 Steensen, Die friesische Bewegung, S. 13.

96 Die Verwaltungseinheit „Kreis Nordfriesland“ wurde erst im Jahr 1970 geschaffen. Siehe dazu Magnussen, Kreis Nordfriesland, S. 171.

Position als deutsch-dänische Grenzregion.[97] Dieser Umstand sorgte dafür, dass sich früh ein ausgeprägtes „regionales Selbstbewußtsein in Nordfriesland"[98] entwickelte.

So lassen sich die ersten Ansätze einer nordfriesischen Heimatbewegung bereits zu Beginn des 19. Jahrhunderts verorten. Einen wesentlichen Beitrag leistete diesbezüglich die „gleichzeitig von vielen Seiten angeregte Entdeckung des Nordfriesischen als einer eigenständigen, aber in ihrer Existenz bedrohten Sprache"[99]. Unter den vielfältigen Bestrebungen lassen sich diejenigen des Pastors Christian Feddersen an dieser Stelle besonders hervorheben. So entwickelte dieser mit seiner Flugschrift „Fünf Worte an die Nordfriesen"[100] geradezu ein „Programm für eine auf Autonomie zielende friesische Bewegung"[101]. Im Wesentlichen forderte er dabei die allgemeine Verwendung des Nordfriesischen als Schrift- und Umgangssprache im gesamten Gebiet Nordfrieslands.[102] Die Begrenztheit des nordfriesischen Raumes sowie die dialektale Vielfalt desselben schufen hinsichtlich dieses Vorhabens jedoch ungünstige Voraussetzungen.[103] Da sich zur selben Zeit zudem der deutsch-dänische Konflikt immer weiter verschärfte, wurden diese frühen friesischen Bestrebungen schließlich „erstickt und überlagert"[104].

Auch die vorherrschenden Ereignisse der darauffolgenden Jahrzehnte, vor allem der deutsch-dänische Krieg 1864, die aus diesem resultierende Trennung Schleswigs und Holsteins und damit gleichermaßen auch Nordfrieslands von Dänemark sowie die Einverleibung der beiden Herzogtümer als Provinz Schleswig-Holstein in das Königreich Preußen „zogen alle Aufmerksamkeit auf sich und ließen wenig Raum für nordfriesische Bestrebungen"[105].

Erst infolge der Reichsgründung 1871 und der damit einhergehenden wirtschaftlichen wie gesellschaftlichen Veränderungen trat die „friesische

---

97 Reeken, Heimatbewegung, S. 83.

98 Jensen, Regionales Bewußtsein, S. 212.

99 Ebd.

100 Feddersen, Fünf Worte an die Nordfriesen.

101 Jensen, Regionales Bewußtsein, S. 213. Den Begriff „friesische Bewegung" adaptierte ursprünglich Thomas Steensen für Nordfriesland in Anlehnung an das für Westfriesland und die Niederlande geprägte Wortpaar. Nach Steensen lassen sich darunter alle Bestrebungen verstehen, die der Erhaltung sowie Förderung der nordfriesischen Sprache und Kultur dienen oder die Ausbildung eines volklichen, nationalen, friesischen Bewusstseins beabsichtigen. Siehe dazu Steensen, Die friesische Bewegung, S. 16 u. S. 38 f.; Zondergeld, Separatismus und Regionalismus, S. 15.

102 Vosgerau/Lubowitz, Zwischen Dänemark und Preußen, S. 277.

103 Steensen, Die friesische Bewegung, S. 40.

104 Ders., Im Zeichen einer neuen Zeit, S. 66.

105 Ders., Die friesische Bewegung, S. 42.

Bewegung“ in eine neue Phase und entwickelte sich als „Teil der deutschen Heimatbewegung“[106] weiter.

Ihren ersten Höhepunkt erreichte diese mit der Gründung des ersten friesischen Vereins am 6. April 1879 in Niebüll-Deezbüll.[107] Während die frühen nordfriesischen Bestrebungen für eine zumindest kulturelle Autonomie eingetreten waren, hatte man sich in Nordfriesland zu diesem Zeitpunkt an die nach 1864 entstandenen politischen Verhältnisse gewöhnt, sodass sich der Niebüll-Deezbüller Verein „in nationaldeutschen Bahnen“[108] bewegte.

Die Arbeit des Vereins bestand zunächst aus dem Sammeln von Büchern für eine nordfriesische Volksbibliothek, dem Entwickeln von Ansätzen zur Erhaltung der nordfriesischen Sprache sowie der Förderung einer einheitlichen Orthographie.[109] Zudem gab er noch im Gründungsjahr eine Zeitschrift heraus, welche jedoch nach kurzer Zeit wieder eingestellt wurde.[110] Auch die Bemühungen, auf dem Festland wie auf den Inseln „weitere friesische ‚Specialvereine‘ “[111] zu gründen, um diese in einem Verein für gesamt Nordfriesland zusammenzufügen, hatten keinen Erfolg. Obwohl die Resonanz der Bevölkerung zunächst sehr positiv war[112] und sich zu den veranstalteten „Nordfriesischen Abenden“, die zumeist aus einer friesischen sowie einer hochdeutschen Darbietung bestanden, auch stets mehrere hundert Personen einfanden, erschienen zu den Arbeitsversammlungen des Vereins „oft nur eine Handvoll Mitglieder“[113]. So kam es, dass die Arbeit des Vereins nach etwa zehn Jahren zum Erliegen kam.[114]

Der zweite Versuch, einen friesischen Verein für ganz Nordfriesland ins Leben zu rufen, wurde im Jahr 1902 – und damit in der Hochphase der deutschen Heimatbewegung – mit dem „Nordfriesischen Verein für Heimatkunde und Heimatliebe“[115] unternommen.[116] Dass dieser zugleich der erste Heimatverein war, der sich auf eine Region Schleswig-Holsteins bezog, „war alles andere als ein Zufall“[117]. In Hinblick auf die Veränderungen und Verluste,

---

106 Reeken, Heimatbewegung, S. 83.
107 Steensen, Nordfriesland im 19. und 20. Jahrhundert, S. 299.
108 So hieß es im Aufruf zur Gründung des Vereins: „Wir wollen im friesischen Gewande tragen ein deutsch ehrlich fromm und freies Herz!“; siehe dazu ebd.
109 Steensen, Die friesische Bewegung, S. 48.
110 Ders., Im Zeichen einer neuen Zeit, S. 171; Ders., Die friesische Bewegung, S. 51.
111 Ders., Im Zeichen einer neuen Zeit, S. 171.
112 Bereits am Tag der Vereinsgründung hatten sich 114 Personen für eine Mitgliedschaft eingetragen. Siehe dazu ders., Die friesische Bewegung, S. 47 f.
113 Ebd., S. 53.
114 Ders., Im Zeichen einer neuen Zeit, S. 171.
115 Im Folgenden verkürzt mit „Nordfriesischer Verein“ aufgeführt.
116 Steensen, Geschichte Nordfrieslands, S. 693.
117 Ders., Die friesische Bewegung, S. 64.

die mit der Entwicklung des Kaiserreichs einhergingen, sahen die Nordfriesen ihre Vergangenheit und ihr Wesen als „Anker im Sturm der Zeit“[118] an. Sie meinten ihre „alten Volkssitten und Volksrechte bis in die jüngsten Jahrhunderte treuer gewahrt als anderswo“[119] zu wissen.

Die Anregung zur Gründung eines Vereins ging von August Schulz, einem Pastor aus Mildstedt, aus.[120] Er war es auch, der zur Besprechung dieses Vorhabens einlud und bereits auf der Gründungsversammlung am 13. August 1902 den Entwurf einer Satzung vorstellen konnte.[121] Der Zweck des Vereins, die *Pflege der Heimatkunde und Heimatliebe*[122], sollte vor allem durch wissenschaftliche Forschung in Bezug auf die friesische Geschichte, Natur- und Volkskunde angestrebt werden. Die Ergebnisse dieser Forschung galt es durch Vorträge und Publikationen im nordfriesischen Volk zu verbreiten.[123]

Schulz machte in seinen Ausführungen deutlich, dass das grundlegende Ziel des Vereins darin bestehe, „auf diesem Wege die Liebe zum Vaterlande“[124] zu wecken und zu pflegen.

Das Sammeln friesischer Altertümer hielt er für nicht zweckmäßig, da es ihnen auf der einen Seite an einem entsprechenden Gebäude sowie den nötigen Geldern fehlen würde und auf der anderen Seite bereits genug Sammlungen bestünden, die der Verein stattdessen unterstützen könne.[125] Auch der Schutz der friesischen Sprache war für die Vereinsgründung zunächst nicht ausschlaggebend und wurde auch im ersten Satzungsentwurf nicht erwähnt.[126] Erst im Laufe der Gründungsversammlung wurde dieses Arbeitsgebiet ergänzt. Dabei wurde beschlossen, sich vor allem wissenschaftlich um die Sprache zu bemühen, etwa in der Erschaffung eines Wörterbuches für das gesamte nordfriesische Sprachgebiet.

Bereits am Tag dieser ersten konstituierenden Versammlung schlossen sich 84 Mitglieder dem „Nordfriesischen Verein“ an.[127] Bis zum Ersten Weltkrieg stieg die Mitgliederzahl auf 453. Eine Erweiterung des Wirkungsfeldes innerhalb des friesischen Sprachgebietes erlangte der Verein durch die zunehmende Angliederung von örtlichen friesischen Vereinigungen.[128]

---

118 Ders., Für Heimatkunde und Heimatliebe, S. 7.

119 Schulz, Ansprache, S. III.

120 Steensen, Die friesische Bewegung, S. 429.

121 Schulz, Ansprache, S. I–V.

122 Satzung des Nordfriesischen Vereins für Heimatskunde beschlossen am 13.08.1902, abgedruckt in: Steensen, Dokumente, S. 25.

123 Schulz, Ansprache, S. II.

124 Ebd., S. III.

125 Ebd., S. V.

126 Steensen, Im Zeichen einer neuen Zeit, S. 174.

127 Ders., Die friesische Bewegung, S. 78.

128 Ebd., S. 79; Ders., Im Zeichen einer neuen Zeit, S. 174.

2.2 Die wirtschaftliche und kulturelle Entwicklung Sylts

Da in Nordfriesland „die Menschen in ihrem Selbstverständnis nicht regional, sondern lokal geprägt sind“[129], können sich innerhalb des nordfriesischen Gebietes teilweise erhebliche Unterschiede nicht allein hinsichtlich der Sprache, sondern auch in Anbetracht der Sitten, Bräuche sowie der allgemeinen Lebensweise ergeben.

Im Folgenden wird daher aufgezeigt, welche wirtschaftlichen wie kulturellen Entwicklungen das Sylter Selbstverständnis bis in das 20. Jahrhundert maßgeblich geprägt haben.

2.2.1 Das „goldene Zeitalter“ Sylts

Als äußerste der nordfriesischen Inseln lag Sylt „mindestens seit dem hohen Mittelalter weit abseits der Wege, über die sich die Neuerungen der Zivilisation und des geistigen Lebens auf dem Kontinent verbreiteten“[130]. Dieser Umstand sorgte dafür, dass traditionelle Sylter Lebensformen im Gegensatz zu denen der Nachbarinseln und des Festlandes länger Bestand hatten.

Ein wesentlicher Unterschied lag zudem darin, dass die Landwirtschaft für die Wirtschafts- und Sozialgeschichte Sylts „keine dominierende Rolle“[131] einnahm. Aufgrund des nur wenig ertragreichen Inselbodens und der Verringerung von Ackerfläche durch Sturmfluten sowie des Wanderns der Dünen waren die Sylter in besonderem Maße auf das Meer als Nahrungs- und Erwerbsquelle angewiesen. Ferner ist es das Zeitalter der Seefahrer, welches entscheidende Impulse für die kulturelle Entwicklung der Insel gab.[132]

Die ersten schriftlichen Zeugnisse der Sylter als Seefahrer liegen im Kontext der Heringsfischerei des 15. Jahrhunderts vor.[133] Als gegen 1425 große Heringsschwärme in der Nordsee auftauchten, waren es neben den Helgoländern vor allem die Sylter, die sich folgend auf den Heringsfang spezialisierten und über die Jahre zu ihrer wichtigsten Erwerbsquelle entwickelten.[134] So kann ein Abgabenregister aus dem Jahr 1513 belegen, dass etwa 40 Sylter Ruderboote mit einer insgesamt 280 Mann zählenden Besatzung am Heringsfang beteiligt waren.[135]

In den darauffolgenden Jahren nahm die Bedeutung der Heringsfischerei für die Inselfriesen weiter zu, hauptsächlich bedingt durch die Entdeckung

129 Tholund, Biikebrennen, S. 322.
130 Schlee, Altes und neues Sylt, S. 147.
131 Kunz/Steensen, Sylt Lexikon, S. 221 (Landwirtschaft).
132 Voigt, Geschichte der Insel Sylt, S. 52; Schlee, Altes und neues Sylt, S. 147.
133 Quedens, Heringsfischer, S. 130.
134 Ebd.; Wenk, Natur- und Kulturlandschaft, S. 89.
135 Schmidt, Vom Fischfang der Sylter, S. 22.

der konservierenden Wirkung von Salz für schnell verderblichen Fisch. Im 16. Jahrhundert brachten die Sylter auf diese Weise erstmals „einen bescheidenen Wohlstand“[136] auf ihre Insel.

Nach etwa 200 Jahren des betriebenen Heringsfangs änderte sich dies allerdings, als die Heringe um 1625 genauso plötzlich, wie sie aufgetaucht waren, wieder verschwanden.[137] In der Folge gerieten die Sylter nicht nur in eine wirtschaftliche Notphase, sondern auch in eine Zeit des Hungerleidens.[138] Der Weg aus dieser Not und somit gleichermaßen die zweite wirtschaftlich entscheidende Phase der Insel ergab sich in der ersten Hälfte des 17. Jahrhunderts durch das gewinnbringende Geschäft des Walfangs und des Robbenschlags.[139]

Nachdem gegen 1614 durch niederländische Expeditionen ein enormer Bestand an Walfischen und Robben zwischen Spitzbergen und Jan Mayen entdeckt worden war, entstanden in den Niederlanden Kompanien, die sich für eine entsprechende Jagd ausrüsteten.[140] Das vorrangige Ziel war dabei die Gewinnung von Tran, der in Europa sehr begehrt war und für Beleuchtung, medizinische und technische Zwecke sowie als Nahrungsmittel verwendet wurde.[141]

Für die Jagd griffen sie zunächst auf die Kenntnisse der Basken zurück, da diese bereits zuvor bei Neufundland Walfang betrieben hatten. Als der französische König im Jahr 1634 den Basken aus politischen Gründen verbot, auf niederländischen Walfangschiffen anzuheuern, „schlug die große Stunde der Nordfriesen“[142]. Dass die Sylter seit Jahrhunderten dem Fischfang nachgegangen und bereits an die zeitweilige Aufgabe ihres Wohnsitzes gewohnt waren, qualifizierte sie in besonderem Maße für diese neuen Aufgaben.[143]

Hinzu kam, dass im selben Jahr die „Groote Manndränke“, die gewaltigste Sturmflut seit 1362, einen verheerenden Landverlust mit sich brachte.[144] Die Sylter waren dementsprechend mehr als noch zuvor darauf angewiesen, in fremden Diensten zu arbeiten. Es fanden sich auf diese Weise „Insulaner und Holländer in gegenseitiger Hilfe zur gemeinsamen Tat“[145] zusammen.

---

136 Quedens, Heringsfischer, S. 130; Opitz, „Ein dür und mager Eilandt“, S. 111.

137 Quedens, Heringsfischer, S. 131.

138 Schlee, Altes und neues Sylt, S. 147; Opitz, „Ein dür und mager Eilandt“, S. 112.

139 Opitz, „Ein dür und mager Eilandt“, S. 114.

140 Wenk, Natur- und Kulturlandschaft, S. 89; Voigt, Geschichte der Insel Sylt, S. 49.

141 Tran wurde durch Ausbrennen aus dem Speck der Meeressäugetiere in Tranbrennereien gewonnen. Siehe dazu Münzing, Die Jagd auf den Wal, S. 20 f.

142 Quedens, Walfang, S. 180; Voigt, Geschichte der Insel Sylt, S. 49.

143 Opitz, „Ein dür und mager Eilandt“, S. 114; Voigt, Die Nordfriesen, S. 19.

144 Münzing, Die Jagd auf den Wal, S. 33.

145 Oesau, Grönlandfahrt, S. 207.

Aber auch andere Länder setzten zunehmend Sylter Männer für ihre Eismeerfahrten ein, da sich diese „durch ihre Tüchtigkeit, Zuverlässigkeit und Ausdauer in der Seefahrerwelt, in den Seestädten und auf den Meeren Europas einen seltenen Ruf“[146] erworben hatten. Innerhalb kürzester Zeit wurde die „Grönlandfahrt“, die ihren Namen aufgrund der fälschlichen Annahme, Spitzbergen sei ein Teil der grönländischen Küste, erhielt, somit zur neuen Haupterwerbsquelle der Inselfriesen.[147]

Vom „noch nicht konfirmierten zwölfjährigen Knaben bis hinauf zum noch rüstigen Greis“[148] fuhr ein Großteil der männlichen Bevölkerung von nun an zwischen Frühjahr und Herbst auf vor allem niederländischen, hamburgischen und englischen Walfangschiffen. Vor ihrer Abfahrt versammelten sich die Seefahrer zunächst am 21. Februar zum Abhalten des Biikebrennens,[149] dem gemeinsamen Entzünden großer Feuer, bevor sie am folgenden Tag – dem Petritag –[150] zum sogenannten „Thinggericht“ zusammenkamen. Das öffentliche „Thinglesen“ diente der Verkündung von neuen Gesetzen, Verboten und Vertragsabschlüssen.[151] Darüber hinaus konnten die Männer noch offene Rechtsfragen für den Fall besprechen, dass sie nicht wieder zurückkehren sollten. Der Aufbruch fand im Anschluss an diese Feierlichkeiten, spätestens sobald die Häfen und Hafenausfahrten eisfrei waren, statt.[152]

Auf ihren Reisen erhielten die Seefahrer keine feste Heuer, ihre Entlohnung wurde stattdessen je nach ihrem Rang prozentual am Fangerfolg bemessen.[153] Um vom Matrosen in die höheren und somit auch besser entlohnten Ränge eines Bootsmannes, Harpuniers, Steuermannes oder Kommandeurs aufsteigen zu können, bedurfte es der Erfahrung im Walfang und einer hinreichenden Ausbildung im Gebiet der Nautik.[154] Da es zu diesem Zeitpunkt noch keinen vorgeschriebenen Ausbildungsweg für Seefahrer

146 Hansen, Chronik, S. 211.
147 Schlee, Altes und neues Sylt, S. 147.
148 Quedens, Walfang, S. 180; Wenk, Natur- und Kulturlandschaft, S. 89.
149 Der friesische Begriff „Biike“ ist mit dem deutschen „Bake“ verwandt und steht für „Feuerzeichen“. Die vielfache Überlieferung, dass diese Feuer der feierlichen Verabschiedung der Seefahrer dienten, ist als Legende einzustufen. Wahrscheinlich gehen sie auf einen heidnischen Opferkult oder auf das germanische Mittwinterfest zurück. Die Quellenlage lässt diesbezüglich keine eindeutigen Rückschlüsse zu. Siehe dazu Bremen, Feuer, S. 320; Tholund, Biikebrennen, S. 322; Hansen, Fremdenführer, S. 66.
150 Auch „Piddersdai“ oder „Petri Stuhlfeier“ genannt. Siehe dazu Bremen, Feuer, S. 321.
151 Koehn, Die Nordfriesischen Inseln, S. 195; Oesau, Grönlandfahrt, S. 208.
152 Kunz/Steensen, Sylt Lexikon, S. 39 f. (Biikebrennen).
153 Voigt, Geschichte der Insel Sylt, S. 49.
154 Kuschert, Die frühe Neuzeit, S. 192.

gab, sorgten sich die Sylter eigenverantwortlich um ihre Weiterbildung. So wurden die Wintermonate zwischen Ankunft und erneuter Abfahrt auf der Insel stets dazu genutzt, ihr Wissen durch Unterricht in allen Fächern der Seefahrtskunde zu erweitern.[155] Im Laufe der Jahre wurden private Navigationsschulen eröffnet, in welchen ehemalige Kapitäne und Steuerleute neben wesentlichen nautischen und mathematischen Fähigkeiten ebenso Kenntnisse in Astronomie und Geographie lehrten.

Eine höhere Position erlangten die Seefahrer allerdings nicht durch die Ausstellung eines Zeugnisses, sondern allein aufgrund des Vertrauens der Reeder in ihre Fähigkeiten.[156] Dieses Vertrauen wurde den Syltern aufgrund ihrer Leistungen zunehmend entgegengebracht, sodass diese schon bald mehrheitlich Offizier- und Kommandeurstellen einnahmen und in höchstem Ansehen auf den Fahrten ins Eismeer standen.[157] Für das Jahr 1717 lassen sich mindestens 20 Sylter Kommandeure auf Walfangschiffen belegen, die einen Großteil ihrer Besatzung, die durchschnittlich 42 bis 50 Mann fasste, von ihrer eigenen Insel mitbrachten.[158]

Der Erfolg der Sylter Seefahrer spiegelte sich schon bald in einem beachtlichen Wohlstand wider, der Einzug auf der Insel hielt.[159] Dies wurde vor allem in dem Bau des uthlandfriesischen Hauses sichtbar. Als wesentliche Merkmale dieses Haustyps gelten vor allem der langgestreckte, meist von Ost nach West ausgerichtete Bau, eine fest im Boden verankerte Ständerkonstruktion sowie eine beinahe mittige Teilung des Gebäudes in einen Wohn- sowie einen Wirtschaftsbereich mittels einer Querdiele.[160]

Der finanzielle Erfolg kam überdies anhand der inneren Wohnkultur zum Ausdruck. Die „einstige Einfachheit und Kargheit der Ausstattung der Innenräume verschwand“[161], da die Inselfriesen insbesondere Möbel, Hausrat, Trachten und Schmuck von ihren Reisen mit nach Hause brachten. Da die meisten Gegenstände dabei aus den Niederlanden kamen und somit aus dem Gebiet der stammverwandten Westfriesen, handelte es sich zwar um „Fremdgut, das in die Inselwelt hineinkam, jedoch von solcher Art, als wäre es hier selbst entstanden“. Besonders beliebt waren „Blompotjes“, kostbare holländische Fliesen, die häufig die Wand über dem sogenannten „Bilegger“,

---

155 QUEDENS, Walfang, S. 181; siehe dazu OPITZ, „Ein dür und mager Eilandt“, S. 114.

156 OESAU, Grönlandfahrt, S. 273.

157 OPITZ, „Ein dür und mager Eilandt“, S. 115; siehe dazu OESAU, Grönlandfahrt, S. 208.

158 VOIGT, Geschichte der Insel Sylt, S. 49.

159 OPITZ, „Ein dür und mager Eilandt“, S. 115.

160 KUSCHERT, Die frühe Neuzeit, S. 189; QUEDENS/STÖVER, Sylt, S. 67.

161 Hier und für das folgende Zitat: KOEHN, Die Nordfriesischen Inseln, S. 139.

dem Beilegeofen, schmückten und in blauen sowie braun-violetten Farben Darstellungen von Schiffen und vom Walfang widerspiegelten.[162]

Dieser erreichte Wohlstand war es, der trotz der vielen Todesopfer infolge von Schiffbruch, Skorbut und den Gefahren, welche die Jagd auf das größte Säugetier der Welt mit sich brachte, die Jahre der Grönlandfahrten als „die glücklichsten und einträglichsten für Insel- und Halligfriesen“[163] kennzeichnete und den Begriff des „goldenen Zeitalters“ begründet.

Ab etwa 1770 wurden die Erträge des Walfangs allerdings spürbar geringer. Der Bestand an Grönlandwalen war durch die intensive Jagd so stark zurückgegangen, dass die Schiffe immer häufiger ohne Beute zurückkehrten.[164] Um rentabel zu bleiben, betrieben die Mannschaften vermehrt Robbenschlag, da auch aus der Speckschicht von Robben Tran gewonnen werden konnte und die Felle eine zusätzliche Einkommensquelle darstellten. Da die arktischen Robbenarten jedoch stets in großen Rudeln auftraten und den Menschen zunächst nicht als Feind kannten, war nach kurzer Zeit auch ihr Bestand stark dezimiert. In der Folge verlor die Grönlandfahrt zunehmend an Bedeutung.[165]

Neue Arbeitsplätze boten sich jedoch durch die bereits seit der Mitte des 18. Jahrhunderts aufkommende Handelsschifffahrt an. Aufgrund ihrer Erfahrungen und nautischen Fähigkeiten waren die Inselfriesen nach wie vor sehr beliebt bei den Reedereien und so fuhren viele Sylter Kapitäne, Steuerleute und Matrosen bald im Dienste niederländischer, dänischer sowie hamburgischer Handelskompagnien.[166] Von etwa 2.700 Einwohnern verdienten im Jahr 1780 insgesamt 597 Männer ihren Lebensunterhalt mit der Seefahrt.[167]

Ein grundlegender Unterschied zum Walfang lag in der Dauer der Abwesenheit. Insbesondere Reisen nach West- und Ostindien bedingten, dass sich diese erheblich verlängerte und häufig sogar auf mehrere Jahre belief.[168] Wenn die Seefahrer dann von ihren Fahrten über die Weltmeere heimkehrten, brachten sie neben monetären vor allem materielle Gewinne mit nach Hause, welche die Wohnkultur weiterhin nachhaltig beeinflussten. Zu den Gütern aus den Niederlanden traten zu dieser Zeit unter anderem Steingut aus England und Porzellan aus Ostasien.[169]

---

162 Ebd., S. 140; Grunsky, Nordfriesische Wohnkultur, S. 309.
163 Münzing, Die Jagd auf den Wal, S. 36.
164 Quedens, Walfang, S. 183; Kuschert, Die frühe Neuzeit, S. 198.
165 Opitz, „Ein dür und mager Eilandt“, S. 117.
166 Kuschert, Die frühe Neuzeit, S. 200; Voigt, Geschichte der Insel Sylt, S. 51.
167 Opitz, „Ein dür und mager Eilandt“, S. 117.
168 Voigt, Konjunkturen, S. 278.
169 Grunsky, Nordfriesische Wohnkultur, S. 301.

Während der Wohlstand der Insel auf diese Weise erneut einen Aufschwung erhielt, kamen zu den Gefahren der Seefahrt nun allerdings auch tropische Krankheiten hinzu, die eine Vielzahl an Opfern forderten.[170] Die „gewaltige Dezimierung der männlichen Bevölkerung“[171], die ihren Anfang bereits zu Zeiten der Grönlandfahrten fand, sorgte gegen 1800 dafür, dass auf der Insel ein wesentlich ungünstigeres zahlenmäßiges Verhältnis von Frauen und Männern vorlag als jenes in Deutschland nach dem Ersten Weltkrieg.[172] Die hohe Anzahl an Witwen, aber auch die Tatsache, dass die Männer samt der Söhne kaum anwesend waren, bedingten ein ausgeprägtes Frauenregiment auf der Insel.[173] Neben häuslichen Pflichten und der Kindererziehung waren sie für das Bestellen der Felder und die Versorgung des Viehs zuständig. Wenn der Ehemann und Vater verunglückte, drohte der Familie wirtschaftliche Not und ein Leben in Armut.

Zu Beginn des 19. Jahrhunderts wurde die Handelsschifffahrt mit dem Ausbreiten der napoleonischen Kriegswirren in Europa zunächst erheblich eingeschränkt und kam schließlich mit dem Einsetzen der Kontinentalsperre und des Krieges zwischen England und Dänemark von 1807 bis 1814 gänzlich zum Erliegen.[174] Da sich die Sylter in ihrer wirtschaftlichen Existenz beinahe ausschließlich auf die Seefahrt stützten, waren sie in besonderem Maße betroffen.[175]

Das seit der Mitte des 17. Jahrhunderts bestehende „goldene Zeitalter“ der Insel fand somit schlagartig ein Ende. Die Folgen des Krieges erreichten ihren Höhepunkt 1813, als es in Dänemark zu einem Staatsbankrott kam. Die Entwertung des dänischen Geldes sorgte auch auf den nordfriesischen Inseln für wirtschaftliche Zusammenbrüche. Der Verlust des angesammelten Vermögens, die kriegsbedingten zusätzlichen Steuern sowie die mangelnden Verdienstmöglichkeiten zu dieser Zeit ließen den Großteil der Bewohner der Insel verarmen.[176]

Nach dem Ende des Krieges und den Bestimmungen des Wiener Kongresses von 1815 nahm ein Teil der Sylter ihre Tätigkeiten in der Seefahrt allmählich wieder auf. Obwohl sich diese anschließend erneut zum dominierenden Erwerbszweig entwickelte und gegen 1850 mit einer Beteiligung von 76,6 % der männlichen Bevölkerung einen letzten Höhepunkt erreichte, konnten die Sylter nie wieder an das Niveau des „goldenen Zeitalters“ anschließen.[177]

---

170 Voigt, Geschichte der Insel Sylt, S. 51.
171 Haverkamp, Wandlungen, S. 15.
172 Wenk, Natur- und Kulturlandschaft, S. 89; Jensen, Inseln, S. 45 f.
173 Quedens, Walfang, S. 187; siehe dazu Kuschert, Die frühe Neuzeit, S. 199.
174 Quedens/Stöver, Sylt, S. 5.
175 Opitz, „Ein dür und mager Eilandt“, S. 118.
176 Voigt, Konjunkturen, S. 279.
177 Haverkamp, Wandlungen, S. 17; Opitz, „Ein dür und mager Eilandt“, S. 119.

Eine erneute rapide Abnahme der Zahl der Seeleute in den folgenden Jahren lässt sich auf mehrere Gründe zurückführen. So haben zunächst der Übergang vom Eisen- zum Dampfschiff, die zunehmende Konkurrenz anderer Länder wie auch aus innerdeutschen Gebieten und eine Intensivierung der Landwirtschaft die Beschäftigungszahlen der Seefahrer stark beeinflusst.[178] Am verheerendsten für diesen Erwerbszweig war jedoch der „Erlaß über die Prüfung der Seeschiffer und Steuerleute auf Kauffahrteischiffen", welcher 1869 im Zuge der Einverleibung der beiden Herzogtümer Schleswig und Holstein in das Königreich Preußen Anwendung fand.[179]

Neben einer signifikanten Verschärfung der Examensbedingungen für die seemännische Laufbahn hatte dieser die Aufhebung der privaten Navigationsschulen der Insel zu Gunsten der staatlich genehmigten Schulen in Altona, Flensburg und Apenrade zur Folge. Ab diesem Zeitpunkt mussten junge Seefahrer einen Nachweis darüber erbringen, dass sie sich das Leben für die Dauer ihrer Ausbildung von neun bis zwölf Monaten in einer dieser Städte leisten konnten sowie über eine bereits zu Beginn der Ausbildung abgeleistete Fahrzeit auf Handelsschiffen von mindestens 45 Monaten. Da 1871 zudem die dreijährige Militärdienstpflicht eingeführt wurde, die mit Vollendung des 20. Lebensjahres angetreten werden musste, war es kaum noch möglich, vor dem dreißigsten Lebensjahr Steuermann oder Kapitän zu werden.[180]

Auf diese Weise verlor die Seefahrt weiterhin an Bedeutung und wurde in der zweiten Hälfte des 19. Jahrhunderts schließlich von einem neu aufkommenden Erwerbszweig als Haupteinnahmequelle abgelöst: dem Fremdenverkehr.[181]

2.2.2 Aufkommen und Folgen des Fremdenverkehrs

Der Fremdenverkehr[182], der eine „entscheidende Wandlung in der sozialen und wirtschaftlichen Struktur Sylts"[183] bedingte und die Insel bis zum heutigen Tage prägt, hat seinen Ursprung in der Entdeckung der „Heilkräfte des Meeres"[184].

178 Quedens/Stöver, Sylt, S. 5.

179 Haverkamp, Wandlungen, S. 17; Quedens/Stöver, Sylt, S. 10.

180 Haverkamp, Wandlungen, S. 17 f.; Voigt, Konjunkturen, S. 279.

181 Oestreich, Fremdenverkehr, S. 129.

182 Unter „Fremdenverkehr" wird die Gesamtheit aus Reiseverkehr und Tourismus verstanden, die sich aus der Reise sowie dem Aufenthalt von Personen, die vorwiegend als Konsumenten auftreten, ergibt und für die der Aufenthaltsort als temporärer Wohnort dient, welcher für Erholung und Freizeitgestaltung genutzt wird. Siehe dazu Oestreich, Fremdenverkehr, S. 30.

183 Voigt, Geschichte der Insel Sylt, S. 63.

184 Hansen, Nordseebad, S. 26.

Nachdem englische Mediziner im Laufe des 18. Jahrhunderts die heilende Wirkung des Meerwassers sowie des Seeklimas in Bezug auf Erkrankungen der Atmungsorgane feststellten und daraufhin Aufenthalte in sogenannten „Seebädern“ propagierten, wurden auch an der deutschen Küste die ersten Einrichtungen dieser Art errichtet.[185] Die Eröffnung des ersten Nordseebades erfolgte 1797 auf Norderney, im Jahre 1819 folgte mit Wyk auf Föhr erstmals ein Heilbad auf einer nordfriesischen Insel.[186]

Dass diese Entwicklung auf Sylt erst über drei Jahrzehnte später einsetzen sollte, lässt sich vor allem auf zwei Gründe zurückführen. Auf der einen Seite fand ein derartiger Erwerbszweig zunächst wenig Zustimmung auf der Insel.[187] So sah ein großer Teil der Sylter schlicht keine Notwendigkeit zur Unterstützung des neuen Gewerbes, da die Erträge aus der Seefahrt und einer zunehmend verbesserten Landwirtschaft den Lebensunterhalt ausreichend abdeckten. Zudem war Sylt über Jahrhunderte „eine Insel, deren Bewohner Distanz zum Leben auf dem Festland hielten“[188]. So ging der Gedanke an das Entstehen eines Seebades mit der Sorge „vor der Gefährdung des inselfriesischen Volkstums und dem verderblichen Einfluß fremder Sitten“[189] einher.

Auf der anderen Seite lag die Insel „hinsichtlich der Verkehrsverbindung noch am Ende der Welt“[190], da geeignete Hafenplätze fehlten und sich die Fahrt durch das flache Wattenmeer als äußerst schwierig erwies. Dies änderte sich erst, als nach dem Krieg gegen Dänemark von 1848 bis 1852 mit einem umfassenden Ausbau des schleswig-holsteinischen Eisenbahnnetzes begonnen wurde.[191] 1854 war das Jahr der Inbetriebnahme der Eisenbahnlinie von Tönning über Husum nach Flensburg.[192] Da Husum ab diesem Zeitpunkt erstmals mit der Bahn erreicht werden konnte und von dort aus eine weiterführende Verbindung über den Seeweg nach Sylt bestand, kommt den verbesserten Verkehrsverhältnissen eine maßgebliche Bedeutung in der Entstehung des Seebades zu. Dies bestätigt sich vor allem in Anbetracht der Tatsache, dass sich 1854 ebenso das erste Mal eine größere Anzahl an Badegästen auf der Insel einfand.[193] Als das offizielle Gründungsjahr des Seebades gilt allerdings das Folgejahr, in welchem die ersten Badekarren sowie Badezelte zum Umkleiden am Weststrand der Insel platziert wurden.[194]

185 Oestreich, Fremdenverkehr, S. 31.
186 Opitz, „Ein dür und mager Eilandt“, S. 123; Voigt, Konjunkturen, S. 279.
187 Voigt, Konjunkturen, S. 280.
188 Opitz, „Ein dür und mager Eilandt“, S. 123.
189 Wedemeyer/Voigt, Westerland, S. 28.
190 Quedens/Stöver, Sylt, S. 76; Jessel, Sylts jüngere Geschichte, S. 103.
191 Oestreich, Fremdenverkehr, S. 171.
192 Newig, Entwicklung, S. 46.
193 Wedemeyer/Voigt, Westerland, S. 22.
194 Quedens/Stöver, Sylt, S. 76; Jessel, Sylts jüngere Geschichte, S. 158.

Die Wahl dieses Standorts ergab sich durch einen 37 Kilometer langen Sandstrand, der in besonderem Maße die erforderlichen meeresklimatischen Bedingungen erfüllte, die zur Erholung und Heilung der Badegäste erforderlich waren.[195] Ein Problem dieser Wahl ergab sich allerdings dadurch, dass es nahe des Weststrandes keinen Ort gab, „der nur einigermaßen den wirtschaftlich-technischen Voraussetzungen für das Hochkommen eines Badeortes genügt hätte“[196]. Das Zentrum der Insel bildete zur damaligen Zeit das auf der Ost- und Wattseite gelegene Keitum. Als Wohnort der meisten Kapitäne befanden sich dort neben dem Hafenplatz die einzige Apotheke, zwei Ärzte, die Amtsverwaltung sowie seit 1855 die erste Poststelle.[197] Die Entfernung zum Weststrand war allerdings zu groß, als dass es sich für die Unterbringung der ersten Badegäste geeignet hätte.

Für dieses Vorhaben am günstigsten gelegen schien hingegen das bis dato „unbedeutende Inseldorf Westerland“[198]. Dies ergab sich dadurch, dass Westerland um die Mitte des 19. Jahrhunderts der größte an der Küste gelegene Ort war und zugleich Keitum am nächsten lag.[199] Das „ärmste Dorf der Insel“[200] bestand damals aus etwa 450 Bewohnern aufgeteilt in 101 Häusern.[201] Für die ersten Badegäste – im Jahr 1856 waren es um die 100 Personen – bestand ausschließlich die Möglichkeit, in einem der Privathäuser unterzukommen und sich für die Dauer ihres Aufenthaltes die Räumlichkeiten mit den Bewohnern zu teilen.[202] Die „völlig unzureichende Bewirtung und unkomfortable Beherbergung“[203] führte jedoch dazu, dass die meisten Gäste nur wenige Tage blieben.

Unter den Gästen des Jahres 1856 befand sich jedoch auch der aus Altona stammende Arzt Dr. Roß, der so „begeistert von der urtümlichen Sylter Landschaft und dem großartigen Strand“[204] war, dass er die Inselbewohner bei der Errichtung eines Seebades unterstützen wollte. Gemeinsam mit einigen Syltern gründete er 1856 eine Aktiengesellschaft, um bessere Bedingungen hinsichtlich der Unterbringung und Bewirtung der Gäste zu schaffen.[205] Als erste Maßnahme eröffneten sie ein Lokal in einem leerstehenden Bauernhaus

---

195 Pfleiderer, Heilkräfte, S. 139 f.; Newig, Entwicklung, S. 44.
196 Haverkamp, Wandlungen, S. 35.
197 Quedens/Stöver, Sylt, S. 94; Newig, Entwicklung, S. 44.
198 Steensen, Die friesische Bewegung, S. 83.
199 Newig, Entwicklung, S. 44.
200 Oestreich, Fremdenverkehr, S. 161.
201 Christiansen, Sylt, S. 131; Voigt, Konjunkturen, S. 287.
202 Wedemeyer/Voigt, Westerland, S. 23.
203 Voigt, Geschichte der Insel Sylt, S. 63.
204 Quedens/Stöver, Sylt, S. 76.
205 Voigt, Konjunkturen, S. 281.

und als sich in der folgenden Saison – unter anderem aufgrund eines Feuers in Wyk auf Föhr, das etwa die Hälfte des dortigen Hausbestandes vernichtet hatte – die Nachfrage nach Unterkunftsmöglichkeiten schlagartig erhöhte, folgte der provisorischen Einrichtung ein gänzlich neuerbautes Hotel.[206] Bei der Grundsteinlegung der „Dünenhalle" am 29. September 1857 hielt Dr. Roß eine Rede und richtete sich dabei mit einigen Zeilen direkt an die Sylter Bevölkerung:

> „[…] Aber für die Bewohner wird, was wir heute beginnen, nicht ohne tiefe Bedeutung bleiben. Schlagt die Blätter Eurer Geschichte auf, Ihr werdet finden, daß zu keiner Zeit Eure Scholle allein Euch ernähren konnte. Früher bereicherte Euch der Walfischfang, jetzt der Schiffsdienst. Wer aber vermag in die Zukunft zu schauen? Ob nicht, wie das eine aufhört im Laufe der Zeiten, auch einmal das andere geschmälert werden kann? Deshalb erkennt es dankbar an, daß die gütige Natur eure Insel mit so herrlichen Eigenschaften zu einem Seebade ausstattete […]."[207]

Die von Christian Peter Hansen,[208] einem Lehrer und Küster aus Keitum, für die Nachwelt festgehaltene Rede zählt heutzutage „zu den aufschlussreichsten Dokumenten der modernen Entwicklung Sylts"[209], denn nach diesem Appell an die Inselbevölkerung wurde ihr Interesse an der neuen Erwerbsmöglichkeit zunehmend stärker und die erste entscheidende Ausbauphase der Insel fand ihren Beginn.

Nachdem der Bau der „Dünenhalle" im Mai 1858 abgeschlossen werden konnte, wurden zunächst die touristischen Infrastruktureinrichtungen verbessert.[210] Neben Treppenniedergängen, die den Zugang über die Dünen zu weiteren Badekarren erleichterten, wurden vor allem Warte- und Frühstückszelte in den Dünen und am Strand errichtet. Da die Zahl der Badegäste weiterhin anstieg und die Kapazitäten der „Dünenhalle" dadurch gänzlich ausgeschöpft wurden, entschloss sich die Aktiengesellschaft dazu, ein zweites Logishaus zu errichten.[211] Das „Strandhotel" wurde 1859 erbaut, die Zahl der Badegäste lag in diesem Jahr bei 470.[212]

Dass die Bekanntheit Sylts stetig zunahm, lässt sich insbesondere darauf zurückführen, dass neben den medizinischen Veröffentlichungen von Dr. Roß immer mehr Schriften auf die Insel aufmerksam machten und mit

206 Ders., Geschichte der Insel Sylt, S. 64; Quedens/Stöver, Sylt, S. 76.
207 Hansen, Nordseebad, S. 28.
208 Da sich die Bezeichnung „C. P. Hansen" für „Christian Peter Hansens" in der allgemeinen Öffentlichkeit durchgesetzt hat, wird diese für folgende Nennungen übernommen.
209 Voigt, Geschichte der Insel Sylt, S. 77; siehe dazu Haverkamp, Wandlungen, S. 36.
210 Hansen, Nordseebad, S. 26; Oestreich, Fremdenverkehr, S. 171.
211 Quedens/Stöver, Sylt, S. 78.
212 Jensen, Inseln, S. 123.

ihren besonderen Eigenschaften warben.[213] C. P. Hansen kommt in dieser Hinsicht ein maßgeblicher Verdienst zu, da dieser nach der Gründung des Seebades ergänzend zu seinen historisch ausgearbeiteten Werken über Sylt auch mehrere Insel- und Badführer für die Gäste verfasste.[214] Obwohl auch er den neuen Erwerbszweig zunächst sehr skeptisch sah und darüber berichtete, dass „das alte, derbe, solide, sittlich ernste und unverdorbene Wesen der Sylter immer mehr schwand, einem übertünchten, modernen, Fremden nachäffenden Wesen Platz machte“[215], so vertrat er ebenso die Ansicht, dass es den Syltern nicht helfen werde, „gegen den Zeitgeist kämpfen zu wollen“. Er entschied sich dafür, das Seebad aktiv zu bewerben, sich in seinen Schriften *auf das lesende Badepublicum und das Bekanntwerden des Sylter Bades*[216] zu fokussieren und somit seine Absatzmöglichkeiten zu erhöhen.

Die Bewerbung der Insel zeigte derartige Erfolge, dass es den Aktionären des Seebades nach etwa zwölf Jahren nicht länger möglich war, das benötigte Kapital für notwendige Sachinvestitionen und Unterhalt des Personals aufzubringen. So verkauften sie 1872 die von ihnen errichteten Gebäude sowie die Badekarren an den aus Magdeburg stammenden Hotelier Friedrich Haberhauffe für 21.000 Mark, welcher in den darauffolgenden Jahren etwa 30.000 Mark pro Jahr in die Instandhaltung und den Ausbau des Bades investierte.[217] So ließ er unter anderem ein Kurhaus sowie eine Strandpromenade auf Holzpfählen entlang der Dünen erbauen, die sich zum „gesellschaftlichen Mittelpunkt des Bades“[218] entwickelten. Unter seiner Leitung erlebte Westerland einen kontinuierlichen Aufstieg. Wie sehr sich der Wert des Seebades unter seiner Leitung gesteigert hatte, macht die Summe von

---

213 Haverkamp, Wandlungen, S. 35 f.

214 So beispielsweise 1856 die „Chronik der friesischen Uthlande“ sowie 1859 „Der Fremdenführer auf der Insel Sylt, Ein Wegweiser für Badende in Westerland“ und „Die nordfriesische Insel Sylt, wie sie war und wie sie ist. Ein Handbuch für Badegäste und Reisende“. Da C. P. Hansen für seine Veröffentlichungen private und öffentliche Archive der Insel durchsuchte, kommt diesen – insbesondere aufgrund des Rathausbrandes im Jahr 1950 – für die Forschung ein bedeutender Quellenwert zu. Siehe dazu Wedemeyer, C. P. Hansen, S. 30; Schmidt-Eppendorf, Sylt, S. 183.

215 Hier und für das folgende Zitat: Hansen, Chronik, S. 283.

216 Hansen an Michelsen, 06.11.1871, abgedruckt in: Janus (Hrsg.), Sieben Jahre, S. 151. Im Jahr der Eröffnung des Seebades erweiterte C. P. Hansen beispielsweise auch sein bis dato verfolgtes Konzept von einer Chronik der Insel Sylt zur „Chronik der friesischen Uthlande“, um somit seine Absatzmöglichkeiten zu erhöhen. Siehe dazu Panten, C. P. Hansen, S. 46.

217 Oestreich, Fremdenverkehr, S. 173; Voigt, Konjunkturen, S. 282; Wedemeyer/Voigt, Westerland, S. 58.

218 Voigt, Konjunkturen, S. 282.

365.000 Mark deutlich, für die Haberhauffe das Bad im Jahr 1884 an den auswärtigen Dr. Pollacsek verkaufte.[219]

Pollacsek konnte durch weitreichende persönliche wie geschäftliche Verbindungen in kurzer Zeit eine weitere starke Zunahme des Fremdenverkehrs erreichen.[220] Ein wesentlicher Verdienst für die Insel lag in seinem Engagement hinsichtlich der Verbesserung des Anreiseweges. Während zuvor eine zehn Kilometer lange Pferdewagenfahrt über einen sandigen Landweg nötig war, um vom Fährhafen im Osten der Insel nach Westerland zu gelangen, ließ Pollacsek 1888 für die komfortablere Beförderung der Gäste eine Kleinbahn erbauen.[221] Innerhalb von neun Jahren gelang es ihm, die Gästezahlen von jährlich etwa 3.000 auf über 9.000 anzuheben.[222] Nachdem ein großer Teil der Sylter Bevölkerung im Zuge der Inkorporation durch Preußen ihre Beschäftigung in der Seefahrt verloren hatte, nahm mit der kontinuierlich steigenden Gästezahl ebenso ihr Vertrauen in die neue Erwerbsmöglichkeit zu. Ihre ablehnende Haltung wich der Einsicht, dass es „nicht unrentabel"[223] war, die Gäste zu beherbergen und zu verpflegen: „Es wollten jetzt alle gern teilhaben an dem neuen Erwerbszweig"[224]. Dies betraf allerdings nicht nur die Einheimischen, auch viele Fremde sahen in dieser Entwicklung eine Chance und so ging der Aufschwung des Seebades mit einer „Einwanderungswelle"[225] einher.

In diesem Zusammenhang steht auch der von 1885 bis 1890 anhaltende „Bauboom", der insbesondere eine Vielzahl an Gasthöfen und Hotelbauten hervorbrachte.[226] Aus den 101 Häusern, die Westerland im Jahr 1850 zählte, waren bis 1890 bereits 241 geworden.[227] Bei der Errichtung wurde allerdings keine Rücksicht auf die vor Ort bereits bestehende Bauweise genommen, sodass Gebäude in unterschiedlichen Stilrichtungen entstanden und das Ortsbild Westerland bald „auf vielfältig Weise verfremdet"[228] schien.

Weitere maßgebliche Veränderungen für die Sylter Bevölkerung gingen schließlich mit dem Verkauf des Bades am 1. August 1893 für eine Summe

219 Stöver, Westerland, S. 39.
220 Oestreich, Fremdenverkehr, S. 173.
221 Quedens/Stöver, Sylt, S. 103.
222 Christiansen, Sylt, S. 133.
223 Haverkamp, Wandlungen, S. 38.
224 Wielandt, Die Lassens von Sylt, S. 193.
225 Wedemeyer/Voigt, Westerland, S. 70.
226 Oestreich, Fremdenverkehr, S. 164; Voigt, Konjunkturen, S. 287.
227 Christiansen, Sylt, S. 133.
228 Quedens/Stöver, Sylt, S. 83.

von 815.000 Mark an die Gemeinde Westerland einher.[229] Um den stetig zunehmenden Ansprüchen der Gäste, die vor allem zu den „Spitzen des Adels, des Militärs und dem gehobenen Bürgerstand der wilhelminischen Gesellschaft“[230] zählten, gerecht werden zu können, wurde in der Folgezeit nicht nur das Unterhaltungsprogramm in Form von Schießsportübungen, Pferderennen und Tennisturnieren angepasst, sondern auch eine umfassende Modernisierung Westerlands und gleichermaßen der gesamten Insel forciert.[231] So konnte beispielsweise noch 1893 ein Elektrizitätswerk, welches erstmalig elektrische Straßen- und Hausbeleuchtung ermöglichte, eröffnet werden.[232] Kurze Zeit später folgte die Errichtung eines Krankenhauses und 1897 erhielt Sylt als erste der nordfriesischen Inseln ein Fernsprechkabel zum Festland.[233] 1901 wurde eine Kanalisation sowie eine zentrale Wasserversorgung in einer Kostenhöhe von einer halben Million Mark eingerichtet.[234] Darüber hinaus erhielt die von Pollacsek initiierte Eisenbahnlinie im selben Jahr eine Erweiterung durch die „Südbahn“, welche die Strecke zwischen Hörnum und Westerland befuhr. 1903 wurde eine weitere Strecke nach Kampen in Betrieb genommen, die schließlich 1908 bis nach List ausgebaut wurde.[235] Der bisher auf Westerland zentrierte Tourismus dehnte sich somit auch auf die anderen an der Westküste gelegenen Gemeinden der Insel aus.

Doch auch die Dörfer auf der östlichen Seite der Insel profitierten vom zunehmenden Fremdenverkehr. Neben der Tatsache, dass die Bewohner Gäste durch kostengünstigere Unterkunftsmöglichkeiten anwerben konnten, bot Westerland ihnen einen äußerst günstigen Absatzmarkt für landwirtschaftliche Produkte.[236] Zusätzlich bestimmten Tätigkeiten im Dienstleistungsgewerbe wie Personenbeförderung und Ausflugsfahrten oder die Möglichkeit, bei einer der Reedereien anzuheuern, die im Laufe der Zeit die Schiffsverbindungen zur Insel übernommen hatten, die Einnahmequelle der Dörfer.[237] Der „ins Land getragene

229 Die Gemeinde Westerland hatte zu diesem Zwecke von der Hanseatischen Landesversicherungs-Anstalt eine Anleihe in Höhe von einer Million Mark erhalten. Siehe dazu Stöver, Westerland, S. 64 f.

230 Quedens/Stöver, Sylt, S. 90.

231 Voigt, Konjunkturen, S. 287.

232 Stöver, Westerland, S. 65.

233 Voigt, Geschichte der Insel Sylt, S. 79. Kurz darauf konnte ebenso das Ortsfernsprechnetz der Insel eröffnen. Siehe dazu Stöver, Westerland, S. 77.

234 Quedens/Stöver, Sylt, S. 83; Wedemeyer/Voigt, Westerland, S. 96.

235 Oestreich, Fremdenverkehr, S. 84 f.

236 So produzierten die Landwirte nicht mehr hauptsächlich für den eigenen Bedarf, sondern für die Gäste. Für Milch konnten „oft fabelhafte Preise“ erzielt werden. Siehe dazu Haverkamp, Wandlungen, S. 52.

237 Voigt, Konjunkturen, S. 291.

Goldsegen"[238] des Fremdenverkehrs kam auf diese Weise nicht nur Westerland, sondern allen Ortschaften der Insel zugute.

Allerdings beliefen sich die Folgen des Fremdenverkehrs für die Insulaner nicht allein auf einen finanziellen Gewinn. Mit der Entwicklung desselben setzte gleichermaßen ein Prozess ein, der sukzessive einen „Verlust an kultureller Eigenständigkeit"[239] herbeiführte.

Davon betroffen war in besonderem Maße die sylterfriesische Sprache. Das sogenannte „Sölring" nimmt unter den neun gesprochenen Mundarten des Nordfriesischen eine Sonderstellung ein, da es als die „am schwersten verständliche Mundart"[240] gilt und selbst anderen Nordfriesen schwer zugänglich erscheint. Dies stellte sich mit der ansteigenden Gästezahl, die sich bis 1913, der letzten Saison vor dem Ausbruch des Ersten Weltkrieges, auf über 30.000 allein in Westerland belief,[241] sowie der Ansiedlung und Einheirat von Gästen auf der Insel als besonders problematisch heraus.[242] Um die Jahrhundertwende wies vor allem der westliche Teil der Insel beinahe *ebenso viele Fremde als Sylter*[243] auf. Die einheimische Bevölkerung war gezwungen, für die Verständigung mit den Badegästen und Zugezogenen auf die deutsche Sprache zurückgreifen.[244] Nachdem dieser Prozess bereits mit den ersten Gästen zur Zeit der Gründung des Seebades einsetzte, stieg mit den Jahren die Bereitschaft dazu, diesen Sprachwechsel auf der Insel zu akzeptieren. Die Ablösung des Sölring durch das Hochdeutsche bedeutete für die Sylter Bevölkerung „einen empfindlichen Verlust an Eigenbesitz, der in Geschichte und Landschaft der Insel verankert ist"[245].

Die „Flut fremden Wesens"[246] wirkte sich überdies auch auf andere Lebensbereiche der Sylter aus. Beispielsweise hat sich die soziale Struktur der Inselbevölkerung aufgrund der stärker differenzierenden Berufsgruppen „völlig verändert"[247]. Herrschte zu Zeiten der Sylter Seefahrt noch ein Gefühl der Gleichheit vor, welches in der allseits dominierenden Erwerbstätigkeit sowie

---

238 Haverkamp, Wandlungen, S. 50.

239 Opitz, „Ein dür und mager Eilandt", S. 123.

240 Århammar, Die syltringer Sprache, S. 190.

241 Voigt, Konjunkturen, S. 282.

242 Ehen zwischen Einheimischen und Zugewanderten führten dazu, dass innerhalb der Familie kein Sölring gesprochen werden konnte und die Sprache daher oftmals auch nicht an die Kinder weitergegeben wurde. Siehe dazu Matthiesen, Mein Sylt, S. 26.

243 Nordfriesische Rundschau, 18.11.1930, 25-Jahr Feier der Söl'ring Foriining e.V.

244 Matthiesen, Mein Sylt, S. 26.

245 Århammar, Die syltringer Sprache, S. 217.

246 Riewerts, Aus den Tagen der Selbständigkeit Sylts, S. 3.

247 Hier und für das folgende Zitat: Haverkamp, Wandlungen, S. 64.

insbesondere in dem gleichartigen Wohlstand der Bevölkerung begründet lag und sich ebenso in den sylterfriesischen Festen und Sitten widerspiegelte, hatte das Schwinden dieses Einheitsgefühls durch die zunehmende soziale Differenzierung der Bevölkerung wie auch das Streben nach neuen Idealen „manche Tugenden des Volkes mit sich ins Grab genommen".

Auch sollte das Interesse an Zeugnissen volkstümlicher Lebensformen, das in ganz Deutschland in der zweiten Hälfte des 19. Jahrhunderts aufkam, auf Sylt in Form eines besonders starken Sammeleifers zutage treten.[248] Waren davon anfangs vor allem Metallgeräte, geschnitzte Holzgegenstände und Schmuck betroffen, ging dies bald „in erschreckendem Ausmaß" auch auf Wandpaneele, die charakteristischen Wandfliesen sowie ganze Hausteile über, sodass das „Badepublikum [...] in umfassender Bedeutung Besitz von der Insel" ergriff.

Als besonders verheerend stellte sich heraus, dass zunehmend größere Gruppen an Personen auf die Insel kamen, um dort Ausgrabungen durchzuführen.[249] Dies hatte zur Folge, dass ein Großteil historischer Funde zerstört wurde, in Privatsammlungen überging oder an Museen irgendwo in Deutschland weitergegeben wurde und somit die Insel verließ.

Ein derartiges Beispiel liegt aus dem Jahr 1868 vor. Ferdinand Wibel, der Archäologie lediglich in seiner Freizeit betrieb, öffnete mithilfe von Einheimischen das Großsteingrab „Denghoog" in Wenningstedt.[250] Er fand darin eine fünf Meter lange und drei Meter breite Grabkammer mit Feuersteinwaffen, verzierten Tongefäßen und Bernsteinschmuck als Beigaben vor. Die Funde nahm er an sich und stellte sie dem „Kieler Museum vaterländischer Altertümer" zur Verfügung. Dies gab C. P. Hansen Anlass dazu, sich öffentlich wie folgt zu äußern:

> *Mögen sich die Besitzer des Kieler Alterthumsmuseums sowie überhaupt die Männer der Wissenschaft noch so sehr freuen über die Beute an Alterthümern, die Dr. Wibel oder andere Alterthümler ihnen von hier ausführen, – wir Sylter, als die Verlierenden, können nur mit wirklich gerechtem Unwillen der Art und Weise gedenken, wie die Ausbeutung unserer Hügelgräber und die Entführung unserer Alterthumsschätze nur zu oft geschehen ist. Wir sind dabei nicht selten wie unwissende, rechtlose Menschen behandelt worden*[251].

---

248 Hier und für die folgenden Zitate: SCHLEE, Altes und neues Sylt, S. 173.

249 Ein Grund dafür dürfte in der Vielzahl der vorhandenen Grabhügel gelegen haben. Siehe dazu STEIGERWALD, Denkmalschutz, S. 169.

250 Itzehoer Nachrichten, 20.10.1868, [ohne Titel], abgedruckt in: WEDEMEYER, C. P. Hansen, S. 44.

251 Ebd.

Die beschriebenen Umstände brachten C. P. Hansen schon früh dazu, die gesamte Insel nach archäologischen Fundstücken, vor allem in den vielen Grabhügeln oder im Watt, abzusuchen und zu sammeln.[252] Ebenso galt sein Interesse Versteinerungen, Schalentieren und Altertümern jeglicher Art. Er schrieb diesbezüglich in einem Brief aus dem Jahr 1871:

> *Ich habe seit vielen Jahren, nachdem ich mit Betrübniß bemerkt, daß so viele Alterthümer* [...] *aufgekauft und fortgeschleppt wurden, so wie, daß so viele naturhistorische Schätze z. B. Versteinerungen vieler Art aus der Vorzeit Sylts von dem gefräßigen Meere fortgespült werden, mich bemüht, so viele dieser noch vorhandenen Schätze wie möglich zu bergen und der Mit- und Nachwelt zu erhalten, habe zu dem Ende eine nicht mehr ganz unbedeutende Sammlung angelegt.*[253]

Nachdem seine Kenntnisse über die Funde zunächst rudimentärer Art waren, eignete er sich mit der Zeit weitgehendes naturhistorisches wie vorgeschichtliches Wissen an, sodass er seine Funde bestimmen und – zumindest in Ansätzen – auf eine wissenschaftlich angemessene Weise anordnen konnte.[254] Die stetig zunehmende Ausstellung von Fundstücken machte Hansen für das interessierte Publikum in seinem Wohnhaus zugänglich. Dabei führte er die Gäste persönlich durch sein privates Museum und bot ihnen darüber hinaus Exkursionen über die Insel an.[255] Zum einen gelang es ihm auf diese Weise, den Fremdenverkehr durch das Unterrichten der Gäste zu unterstützen und gleichermaßen urtümliche Sylter Kultur – wie kein anderer vor ihm – für die Nachwelt zu bewahren.

Neben C. P. Hansen gab es unter der Sylter Bevölkerung im Laufe der Jahre immer mehr Personen, die danach strebten, vom *alten zu retten, was zu retten war*[256]. In der Folge kam es zu Vereinsgründungen, die in unterschiedlicher Ausprägung dem Schwinden von Sylter Eigenart, Sprache und Kultur entgegenwirken wollten.

---

252 Ahrens, Die Sammlung C. P. Hansens, S. 84; Jessel, Volkskundlicher Wert, S. 136; Wedemeyer, C. P. Hansen, S. 10.

253 Hansen an Michelsen, 06.11.1871, abgedruckt in: Janus (Hrsg.), Sieben Jahre, S. 151 f.

254 Wedemeyer, C. P. Hansen, S. 42.

255 Ahrens, Die Sammlung C. P. Hansens, S. 84.

256 Sylter Intelligenz-Blatt, 08.11.1905, Inselnachrichten.

3 Einsetzen von Heimatarbeit – die ersten Sylter Vereinsgründungen

Im Folgenden werden die Sylter Vereinsgründungen, die im Kontext der Heimatarbeit zu verorten sind und somit gleichermaßen als „Vereinsvorläufer“[257] der „Söl'ring Foriining“ gelten, anhand des ausgewerteten Quellenmaterials dargestellt.

3.1 „Sylter Verein“ von 1817

Für das Jahr 1817 lässt sich *erstmalig in der Geschichte der Insel Sylt*[258] eine Vereinsgründung nachweisen. Aufschluss über den Anlass dieser frühen Zusammenkunft der Insulaner ermöglicht das erhaltene Gründungsprotokoll des Vereins, in welchem es heißt: *Von mehreren hiesigen Einwohnern ward das Bedürfnis, dem Geiste Erheiterungen im Genuße anständiger Vergnügungen und geselliger Munterkeit zu geben, gefühlt, und demzufolge eine Versammlung veranstaltet, in welcher die Errichtung* [...] *beschloßen*[259].

Die an dieser Art von Vereinigung interessierten Männer kamen am 11. November 1817 unter der Leitung des ehemaligen Kapitäns Jens Boysen[260] in Keitum zusammen und gründeten den ersten „Sylter Verein“.[261] Unter den noch am selben Abend festgelegten neun Vereinsregeln findet sich die zustimmende Unterschrift von 14 Männern.[262]

Als Zweck der Gesellschaft wurde *geselliges Vergnügen, allgemeines Wohl*[263] festgelegt. Um diesem Zweck nachzukommen, sollten sich die Mitglieder an zwei Tagen der Woche, dienstags und freitags, zwischen vier Uhr nachmittags und zehn Uhr abends versammeln. Dabei konnte jeder *nach Gefallen später kommen und früher sich entfernen.*

---

257 Archiv SF, Vereinsgeschichte SF Ordner 3, Manuskript „Vereinsvorläufer“, 04.06.1981.

258 Sylter Rundschau, 28.03.1963, Die Lesebibliothek des „Sylter Vereins“.

259 Sylter Archiv, Sylter Verein von 1817, Sylter Verein: Akten 1817–1836, Protokoll vom 11.11.1817, Bl. 3.

260 Booysen kam als Kapitän auf Handelsschiffen zu Wohlstand. 1817 war er die treibende Kraft hinter der Gründung des „Sylter Vereins“. Siehe dazu Kunz/Steensen, Sylt Lexikon, S. 45 (Booysen, Jens).

261 Sylter Archiv, Sylter Verein von 1817, Sylter Verein: Akten 1817–1836, Protokoll vom 11.11.1817, Bl. 3.

262 Ebd., Bl. 4.

263 Hier und für das folgende Zitat: ebd., Bl. 3.

Als Treffpunkt wurde das „Landschaftliche Haus“ festgelegt. In dem uthlandfriesischen Haus, das von dem Sylter Kapitän und Ratmann Theide Peter Clemenz erbaut wurde, fanden bereits die Sitzungen des Sylter Rates sowie der Landesgevollmächtigten der Insel statt.[264] Nachdem Clemenz verstarb, vermietete seine Frau die Räumlichkeiten an den Sylter Verein. Für *Stube, Wärme und Licht*[265] sollte jedes Vereinsmitglied jährlich einen Reichsthaler Gebühr zahlen.

Der „Wunsch nach allgemeiner Bildung“[266] veranlasste 40 Mitglieder des Vereins 1819 dazu, im „Landschaftlichen Haus“ eine Lesebibliothek einzurichten. Der Insel hatte es bis zu diesem Zeitpunkt an solch einer öffentlichen Einrichtung gänzlich gefehlt. Diejenigen, die diese Bibliothek in Anspruch nehmen wollten, verpflichteten sich, *ein Buch oder ein Werk in deutscher oder dänischer Sprache zu liefern, dessen Werth wenigstens 5 bis 6 Mff Courant*[267] betragen sollte. 1822 wurden die Statuten um einige Paragraphen ergänzt, in welchen unter anderem ein Jahresbeitrag von zunächst sechs Schilling zur Unterhaltung der Bibliothek festgelegt wurde.[268]

Jap Peter Hansen, der Vater des Inselchronisten C. P. Hansen, legte in seiner Position als Bibliothekar 1825 ein Verzeichnis der vorhandenen Bücher an, das er im Laufe der Jahre fortführte und schließlich über 500 Werke verzeichnen konnte.[269] C. P. Hansen schrieb über die Bibliothek, dass diese viel genutzt worden sei und „viel zur Bildung auf der Insel beitrug“[270].

Auch wenn die Errichtung der Lesebibliothek später als *Hauptverdienst*[271] des Vereins angeführt wurde, legt das erhaltene Aktenmaterial noch weitere Pläne und Tätigkeiten offen.

---

264 Da die Insel zu diesem Zeitpunkt über kein Rathaus verfügte, wurde ein Privathaus der Familie Clemenz – genannt das „Landschaftliche Haus“ – für die Sitzungen des Sylter Rates und der Landesgevollmächtigten für jährlich 10 Reichstaler angemietet. Siehe dazu BOOYSEN, Beschreibung der Insel Silt, S. 30.

265 Sylter Archiv, Sylter Verein von 1817, Sylter Verein: Akten 1817–1836, Protokoll vom 11.11.1817, Bl. 3. Im Jahr 1818 wurde dieser Beitrag auf drei Reichstaler pro Jahr oder alternativ zwei Reichtaler für ein halbes Jahr erhöht. Siehe dazu HASELBACH, Der „Sylter Verein von 1817“, S. 44.

266 KUNZ/STEENSEN, Sylt Lexikon, S. 226 (Lesebibliothek).

267 Sylter Archiv, Sylter Verein von 1817, Sylter Verein: Akten 1817–1836, Protokoll vom 19.11.1819, Bl. 16.

268 Sylter Rundschau, 04.04.1963, Die Lesebibliothek des „Sylter Vereins“, 2. Fortsetzung.

269 Eine Auflistung der Bestände befindet sich im Sylter Archiv; siehe dazu Sylter Archiv, Sylter Verein von 1817, Bibliothek des Sylter Vereins (ab 1819).

270 HANSEN, Chronik, S. 252.

271 Sylter Rundschau, 28.03.1963, Die Lesebibliothek des „Sylter Vereins“.

Dem Vereinszweck des geselligen Vergnügens wurde beispielsweise durch die Veranstaltung von Bällen nachgekommen. So überliefert ein Protokoll vom 2. November 1820, dass die Mitglieder dafür abgestimmt haben, dass *künftig alle Winter Monate ein Ball im Sylter-Verein*[272] stattfinden soll. Damit *mehrere daran Antheil nehmen können und es in ökonomischer Rücksicht so wenig als möglich beschwerlich falle*, wurde ferner festgehalten, dass die Veranstaltungen dabei *mit so wenigem Kostenaufwand und Vorbereitung als möglich* einhergehen sollten. Ergänzend wurde das gemeinsame Singen beschlossen, um den Abend abwechslungsreich zu gestalten. Da die Lieder *so geistreich und schön wie nur möglich*[273] sein sollten, war es die Aufgabe der Mitglieder, diese im Vorfeld auszuwählen und für Abschriften der Texte zu sorgen.

Anlass für die Austragung eines solchen Balles bildeten beispielsweise die Geburtstage des dänischen Königs und seiner Frau.[274] Diesbezüglich ist unter anderem in einem Protokoll vom 12. Oktober 1819 überliefert, dass *mehrere Mitglieder den Wunsch* geäußert haben, *den Geburtstag Ihrer Majestät der Königin zu celebriren*[275].

Des Weiteren lässt sich in den vorhandenen Akten des Vereins ein ausgearbeiteter Entwurf des Kapitäns Jens Bleicken aus dem Jahr 1819 finden, in welchem dieser zunächst die wirtschaftlichen Vorzüge der Seefahrt darlegte und darauf aufbauend den Vorschlag formulierte, mithilfe des Vereins ein Schiff für die Westindienfahrt ausrüsten zu wollen.[276] Da es zum Aufgabenbereich des Vereins gehören würde, für das allgemeine Wohl zu sorgen, sei er es aufgrund seines Wissens als Kapitän den anderen Mitgliedern schuldig, diesen Plan vorzulegen. Er gab zudem an, *mit Vergnügen* einen Teil seines privaten Vermögens in diese Unternehmung investieren zu wollen, da *sich nicht leicht eine solche Gelegenheit wieder ereignen wird*[277].

Es ist nicht überliefert, wie sich der Verein zu diesem Antrag positionierte, allerdings wurde der Vorschlag seines Schwiegervaters, Jens Booysen, ein Schiff für Grönlandfahrten und den Robbenschlag auszustatten, nur ein Jahr

---

272 Hier und für die folgenden Zitate: Sylter Archiv, Sylter Verein von 1817, Sylter Verein: Akten 1817–1836, Protokoll vom 02.11.1820, Bl. 20.

273 Ebd., Bl. 21.

274 Booysen, Beschreibung der Insel Silt, S. 70.

275 Sylter Archiv, Sylter Verein von 1817, Sylter Verein: Akten 1817–1836, Protokoll vom 12.10.1819, Bl. 13. Weitere Hinweise zu Feierlichkeiten bezüglich des Geburtstags des Königs siehe ebd. auf Bl. 7 und Bl. 18.

276 Sylter Archiv, Sylter Verein von 1817, Sylter Verein: Akten 1817–1836, Antrag Bleicken, 1819, Bl. 8–11.

277 Ebd., Bl. 11.

später abgelehnt.[278] Es ist anzunehmen, dass diese Vorhaben aus finanziellen Gründen vom Verein nicht weiterverfolgt werden konnten.

Speziell für Jens Booysen ergab sich indessen auf einer Vereinssitzung am 17. Dezember 1822 ein gänzlich anderes Projekt: Er wurde mit der Abfassung einer Chronik der Insel beauftragt.[279]

Booysen konnte die Arbeiten an dieser im Januar 1826 abschließen und dem Verein sein Ergebnis präsentieren. Nachdem sich Booysen trotz der überaus positiven Resonanz der anderen Mitglieder zunächst gegen eine Veröffentlichung ausgesprochen hatte, willigte er schließlich einer Drucklegung der Chronik zu.[280] Unter dem Titel „Die Beschreibung der Insel Silt“[281] konnte diese ab Sommer 1828 im Handel käuflich erworben werden.

Trotz Erfolge wie diesem konnten die Erwartungen, die mit der Gründung an den Verein einhergegangen waren, auf Dauer nicht erfüllt werden. Dass die Vereinsmitglieder ihren selbstauferlegten Aufgaben nachgingen, hielt nur für die ersten Jahre nach der Vereinsgründung an.[282] An den wöchentlichen Zusammenkünften nahmen mit der Zeit zunehmend weniger Personen teil, sodass die Treffen schließlich lediglich einem *Kartenspielklub*[283] glichen. Am 2. Oktober 1835 wurde der „Sylter Verein“ schließlich „aus Mangel an Theilnahme“[284] aufgelöst.

Obwohl dieser erste der Sylter Vereine zu Beginn des 19. Jahrhunderts in der Zeit seines Wirkens noch nicht den Zweck des aktiven Heimatschutzes verfolgte, so ist er dennoch als maßgeblicher Wegbereiter der im Folgenden dargestellten Vereinigungen anzusehen.

3.2 „Allgemeiner Sylter Verein“ von 1860

Wenngleich in der „Chronik betreffend der Insel Sylt“[285] davon berichtet wird, dass es bereits 1854 zu einer Neugründung des „Sylter Vereins“ gekommen sei, stammen die Statuten eines weiteren „Sylter Vereins“ erst aus dem Jahr 1860.[286]

---

278 Haselbach, Der „Sylter Verein von 1817“, S. 45.
279 Sylter Rundschau, 04.04.1963, Die Lesebibliothek des „Sylter Vereins“, 2. Fortsetzung.
280 Haselbach, Der „Sylter Verein von 1817“, S. 45.
281 Booysen, Beschreibung der Insel Silt.
282 Haselbach, Der „Sylter Verein von 1817“, S. 45.
283 Sylter Rundschau, 28.03.1963, Die Lesebibliothek des „Sylter Vereins“.
284 Hansen, Chronik, S. 259.
285 Hinrichs, Chronik betreffend der Insel Sylt, S. 284.
286 Archiv SF, Vereinsgeschichte SF Ordner 3, Statuten des „Allgemeinen Sylter Vereins“.

Die Initiative, *einen neuen Zusammenschluss für ganz Sylt*[287] ins Leben zu rufen, war hauptsächlich von Dr. Otto Jenner,[288] einem Landschaftsarzt aus Keitum, ausgegangen. So kam es, dass sich auf seine Anregung hin am 30. September 1860 – und damit 25 Jahre nach der Auflösung des „Sylter Vereins“ – *52 Männer aus allen Ortschaften im Groot'schen Hotel in Keitum*[289] versammelten, um den „Allgemeinen Sylter Verein“ zu gründen. Noch am selben Abend beschlossen sie ein 56 Paragraphen umfassendes Vereinsstatut.[290]

Der Zweck des Vereins, *gesellig, bildende Unterhaltung, sowie Lectüre von Zeitungen, Zeitschriften und Werken*[291] wurde dabei an erster Stelle festgehalten. Hinsichtlich der vereinsinternen Struktur wurde angeführt, dass die *Leitung der Angelegenheiten des Vereins und die Ausführung der Beschlüsse*[292] einer Direktion bestehend aus drei Personen obliegen sollte, die stets am Ende des Jahres auf einer Vereinsversammlung schriftlich gewählt würden. Darüber hinaus wurde der *literarische Ausschuss* als wesentliches Organ des Vereins bestimmt, da dieser mit der Aufsicht über ein Leseinstitut betraut werden sollte und somit elementar für die Erfüllung des Vereinszwecks war. In diesem Zusammenhang war der Ausschuss dafür verantwortlich, für die *Auswahl der Bücher und Zeitungen zu sorgen, sowie, falls Geld vorhanden, periodische Schriften anzuschaffen oder die Bibliothek zu completieren oder Karten zu besorgen.*[293] Räumlichkeiten für die genannte Bibliothek sowie einen Leseraum mietete der Verein zunächst im „Hotel Groot“ an. Nach der Schließung des Betriebes folgte ein Umzug in das „Landschaftliche Haus“ und damit an genau den Ort, an dem 1819 bereits die Mitglieder des „Sylter Vereins“ ihre Bibliothek errichtet hatten.[294]

---

287 Sylter Rundschau, 08.04.1963, Die Lesebibliothek des „Sylter Vereins“, 4. Fortsetzung; siehe dazu Hansen, Chronik, S. 290.

288 Otto Jenner kam 1856, nach dem Entstehen des Seebades, auf die Insel, um seine eigene Arztpraxis zu eröffnen. Er wurde von den Syltern gut aufgenommen und unterstützt. Siehe dazu Kunz/Steensen, Sylt Lexikon, S. 174 (Jenner, Otto); Steensen, Menschen von A–Z, S. 198.

289 Archiv SF, Vereinsgeschichte SF Ordner 3, Mappe Allgemeiner Sylter Verein, unspezifizierter Zeitungsausschnitt, 05.03.1934, Aus der Geschichte der Sylter Ahnen.

290 Sylter Rundschau, 06.10.1969, Sylter Vereinsleben vor 100 Jahren; Archiv SF, Vereinsgeschichte SF Ordner 3, Mappe Allgemeiner Sylter Verein, Statuten des „Allgemeinen Sylter Vereins“.

291 Archiv SF, Vereinsgeschichte SF Ordner 3, Mappe Allgemeiner Sylter Verein, Statuten des „Allgemeinen Sylter Vereins“, S. 3, § 1.

292 Ebd., S. 4 f., § 10.

293 Ebd., S. 10, § 43.

294 Sylter Rundschau, 06.10.1969, Sylter Vereinsleben vor 100 Jahren.

Eine weitere Gemeinsamkeit mit dem ersten „Sylter Verein" lag in der Veranstaltung von Bällen. So fand sich als dritter und damit letzter Bestandteil der Vereinsverwaltung unter § 10 der Vereinsstatuten ergänzend eine *Ballcomission*[295] aufgeführt, die dafür verantwortlich sein sollte, *in jedem Winterhalbjahr regelmäßig 4 Bälle und 4 Abendunterhaltungen*[296] zu veranstalten. Während sich die Veranstaltungszeit einerseits nach der Anwesenheit der Männer richtete, die im Sommer überwiegend die Insel verließen, wurde zudem beschlossen, dass die Zeiten *möglichst nach dem Mondschein reguliert*[297] werden sollten.

Zu den weiteren Grundsätzen, die in den Statuten festgehalten wurden und alle Mitglieder betrafen, zählten die wöchentlichen Zusammenkünfte, die an zwei Tagen *und zwar im Winter am Montage und Donnerstage, im Sommer am Sonntage und Donnerstage*[298] stattfinden sollten.

Der Mitgliedsbeitrag belief sich auf *4 Th. R. M.* [...] *halbjährlich praenumerando*[299] und wurde vom Kassierer des Vereins eingeholt. Für den Fall, dass ein Mitglied diesen Beitrag nicht rechtzeitig bezahlen sollte, erfolgte eine Aufforderung durch die Direktion mit einer Frist von acht weiteren Tagen. Falls weiterhin nicht gezahlt wurde, drohte dem Mitglied der Ausschluss aus dem Verein, der auf der folgenden Generalversammlung verkündet werden würde.[300] Ein freiwilliger Ausstieg war nur zum 30. September, dem Ende des Rechnungsjahres, möglich. Dies musste dabei der Direktion allerdings auch *wenigstens 2 Monate vor dem Tage des Austritts schriftlich*[301] mitgeteilt werden. Die diesbezügliche einzige Ausnahme trat *bei dem Absterben der Mitglieder und dem Wegziehen von Sylt*[302] ein.

---

295 Archiv SF, Vereinsgeschichte SF Ordner 3, Mappe Allgemeiner Sylter Verein, Statuten des „Allgemeinen Sylter Vereins", S. 5, § 10.

296 Ebd., S. 12, § 49.

297 Ebd. Die Gäste waren auf das helle Scheinen des Mondes angewiesen, um nach der Veranstaltung im Dunkeln nach Hause finden zu können. In diesem Zusammenhang wird häufig auch der Begriff der „Vollmondabende" verwendet. Siehe dazu KUNZ/STEENSEN, Sylt Lexikon, S. 415 (Vollmondabende).

298 Archiv SF, Vereinsgeschichte SF Ordner 3, Mappe Allgemeiner Sylter Verein, Statuten des „Allgemeinen Sylter Vereins", S. 12, § 53. Die wöchentlichen Zusammenkünfte wurden dem Verein direkt nach der Gründung untersagt, da die Mitglieder der politischen Auflehnung bezichtigt wurden. Das Verbot konnte jedoch bereits im Januar 1861 wieder aufgehoben werden. Siehe dazu Sylter Rundschau, 06.10.1969, Sylter Vereinsleben vor 100 Jahren.

299 Archiv SF, Vereinsgeschichte SF Ordner 3, Mappe Allgemeiner Sylter Verein, Statuten des „Allgemeinen Sylter Vereins", S. 5, § 18.

300 Ebd., S. 3 f., § 3.

301 Ebd., S. 4, § 4.

302 Ebd., § 5.

Wollte sich ein Sylter, der nicht bereits bei der Gründung beigetreten war, dem Verein anschließen, so war es notwendig, sich an ein bereits bestehendes Mitglied zu wenden, welches sich dann wiederum mit dem Vorschlag zur Aufnahme an die Direktion des Vereins zu richten hatte.[303] Über diesen galt es dann in der nächsten Generalversammlung mittels Ballotage, einer Art der geheimen Abstimmung, zu entscheiden. Bei der Ablehnung eines Vorschlages musste die nicht aufgenommene Person *vom Tage der letzten Abstimmung angerechnet, durchaus immer ein volles Jahr warten*[304], bevor sie es erneut versuchen durfte.

Personen, die nicht auf Sylt ansässig waren, durften drei Wochen von einem Mitglied in den Verein eingeführt werden.[305] Bei einer längeren Zeitspanne mussten sie monateweise für einen Beitrag von *32 Sch. R. M.*[306] beitreten, hatten dann allerdings auch *nur das Recht die Zeitungen zu benutzen und die Clubabende und gesellige Vergnügungen zu besuchen*[307]. Für unverheiratete Seefahrer, die nur einen kurzen Zeitraum im Jahr auf der Insel verbrachten, galten dieselben eingeschränkten Bestimmungen. Unter anderem waren es Regelungen wie diese, die dazu beitrugen, dass die Öffentlichkeit die Vereinsstatuten als sehr streng wahrgenommen hat.[308]

Bezüglich der in Deutschland zunehmend aufkommenden Bestrebungen im Sinne der Heimatbewegung lässt sich festhalten, dass diese in den 56 Paragraphen der Vereinssatzung noch keinen Platz gefunden hatten.

C. P. Hansen machte seinen Unmut über diese Tatsache in einem Brief vom 12. April 1879 an den Vorstand des in Niebüll-Deezbüll kürzlich gegründeten friesischen Vereins deutlich.[309] Seiner Freude darüber, dass es *so rasch fortschreitet mit der Bildung eines Nordfries. Vereins,* ließ Hansen seine diesbezügliche Einschätzung in Hinblick auf Sylt folgen. So würden die Gedanken daran, dass keine Vereinigungen auf Sylt bestünden, die sich gegen die Zustände, die *durch das Bad u. durch starke Vermischung mit fremden, mehrenteils unsittlichen Elementen* ausgebrochen seien, erheben, Hansen *oft quälen.* Auf der Insel sei seiner Meinung nach an solch ein Vorhaben *vorläufig nicht zu denken*, vor allem, da er selbst *zu alt und*

---

303 Ebd., S. 3, § 2.

304 Ebd.

305 Ebd., S. 4, § 6.

306 Ebd., S. 7, § 19.

307 Ebd., S. 4, § 6.

308 Archiv SF, Vereinsgeschichte SF Ordner 3, Mappe Allgemeiner Sylter Verein, unspezifizierter Zeitungsausschnitt, 05.03.1934, Aus der Geschichte der Sylter Ahnen.

309 Hier und für die folgenden Zitate: Hansen an Carstensen, 12.04.1879, abgedruckt in: SCHMIDT/REINHARDT (Hrsg.), 2 Briefe C. P. Hansens, S. 43.

schwach sei, *um die Gründung einer solchen Schönen Sache in die Hand zu nehmen.* Zum „Allgemeinen Sylter Verein“ führt er an: Wir haben *allerdings noch einen sogenannten Sylter Verein, allein derselbe vegitiert nur noch notdürftig, weil er mit einem Lesecirkel u. einer Bibliothek verbunden ist, findet aber in entlegenen Dörfern, z. B. Morsum, keine Theilnehmer mehr.*

Tatsächlich erhielt sich der „Allgemeine Sylter Verein“ nach seiner Gründung noch über 60 Jahre lang. Erst die wirtschaftlichen Folgen des Ersten Weltkriegs zwangen einen Großteil der Mitglieder dazu, ihre Kündigung vorzunehmen.[310] Einige Jahre konnte der Verein zudem noch als „Keitumer Leseverein“ weiter existieren, bevor er sich schließlich gänzlich auflöste.[311]

3.3 „Sylter Verein Altona“ von 1894

Von großer Bedeutung für die Entwicklung des Sylter Vereinswesens war ein Verein, der sich nicht auf der Insel, sondern in Altona gründete. Dieser Standort ergab sich dadurch, dass im Zuge der Handelsschifffahrt ein Teil der Seefahrer ihren Wohnsitz aufgrund der Reedereien dorthin verlegt hatte.[312] Zu Beginn der 90er Jahre kam unter den in Altona und Hamburg lebenden Syltern der Gedanke auf, *zum Zwecke des Zusammenschlusses der hier seßhaften vielen Sylter Landsleute einen Verein zu gründen*[313].

Zur Umsetzung dieses Vorhabens kamen am 5. Juli 1894 etwa *20 überwiegend ältere Herren*[314] in Altona im „Hotel zur Sonne“ zusammen und beschlossen die Gründung des „Sylter Vereins Altona“. Zum ersten Vorsitzenden wurde der gebürtige Archsumer Erk Peter Clementz gewählt, da sich dieser im Vorfeld maßgeblich für die Entstehung des Vereins eingesetzt hatte.[315] Zudem wurde noch am selben Tag ein insgesamt neun Paragraphen umfassendes Vereinsstatut beschlossen und der Zweck des Vereins dabei an erster Stelle aufgeführt:[316]

---

310 Ebd.

311 Sylter Rundschau, 08.04.1963, Die Lesebibliothek des „Sylter Vereins“, 4. Fortsetzung.

312 Voigt, Konjunkturen, S. 278.

313 Sylter Zeitung, 01.05.1926, Vom Sylter Verein zu Altona.

314 Sylter Nachrichten, 02.07.1994, Aus Liebe zu ihrer Heimat.

315 Sylter Spiegel, 06.07.1994, Sorgfältige Chronik gibt Aufschluß über die Geschichte.

316 Das Exemplar der Statuten, das sich im Sylter Archiv in Westerland erhalten hat, befindet sich – vermutlich aufgrund des Rathausbrandes im Dezember 1950 – in einem schlechten Zustand und ist nicht vollständig lesbar; Sylter Archiv, Sylter Verein Altona gegründet 05.07.1894, Statut 1894 Sylter Verein Altona.

Der Sylter Verein bezweckt, den in Altona, Hamburg und Umgegend wohnenden oder sich zeitweilig aufhaltenden Syltern Gelegenheit zu geselligen Zusammenkünften und Unterhaltungen zu geben, um dadurch den zwischen den Syltern bestehenden Verkehr zu pflegen und zu fördern. Er stellt sich ferner die Aufgabe, zur Hebung der im Verfall begriffenen sylter-friesischen Sprache seinerseits beizutragen.[317]

Um dem ersten Teil dieses Vereinszwecks nachzukommen, veranstalteten die Mitglieder jeden zweiten Donnerstag in wechselnden Räumlichkeiten ein Vereinstreffen.[318] Die erste Versammlung im „Hotel Gäherplatz“ am 9. August 1894 stand allerdings *nicht unter dem besten Stern*[319], denn der damals bereits 84 Jahre alte Clementz, der diese erste Sitzung leitete, verstarb kurze Zeit später. Sein Nachfolger wurde der Rechtsanwalt Bleick Mathias Bleiken, der in den folgenden Jahren *an dem Gedeihen des Vereins einen wesentlichen Anteil*[320] haben sollte.

Ergänzend zu den regulären Treffen, die vor allem dem gemeinsamen Austausch dienten, gab es auch mehrere jährlich wiederkehrende Veranstaltungen, die der Verein pflegte.

An dieser Stelle seien vor allem der Geburtstag Uwe Jens Lornsens[321] und der Petritag genannt, die für die Sylter von besonderer Bedeutung waren und daher auch in Altona auf dieselbe stimmungsvolle Weise gefeiert werden sollten wie auf der Insel.[322] So wurden meist unter großer Beteiligung an einer großen Tafel Festreden gehalten und gemeinsam Sylter Lieder gesungen. Allein auf das Biikebrennen musste selbstredend verzichtet werden.

Dem an zweiter Stelle aufgeführten Vereinszweck kommt eine besondere Bedeutung zu. Mit dem Vorhaben, sich für eine Stärkung der *im Verfall begriffenen sylter-friesischen Sprache*[323] einsetzen zu wollen, wurde erstmals gezielt und im Rahmen einer Vereinigung auf die Entwicklung, die der Fremdenverkehr auf der Insel ausgelöst hatte, reagiert.

---

317 Ebd., S. 3, § 1.

318 Sylter Zeitung, 01.05.1926, Vom Sylter Verein zu Altona.

319 Sylter Nachrichten, 02.07.1994, Aus Liebe zu ihrer Heimat.

320 Archiv SF, Brüyn, Rudolf, Chronik des Sylter Vereins Altona, Hamburg 1939, Bl. 19.

321 Lornsen hatte sich 1830 – und damit zu Zeiten des dänischen Gesamtstaates – für eine Eigenständigkeit der beiden Herzogtümer als „Schleswigholstein“ eingesetzt. Nach seinem Freitod 1838 am Genfer See wurde er zu einem „Freiheitskämpfer“ stilisiert. Siehe dazu Steensen, Menschen von A–Z, S. 270 f.

322 Sylter Zeitung, 01.05.1926, Vom Sylter Verein zu Altona; Sylter Nachrichten, 02.07.1994, Aus Liebe zu ihrer Heimat.

323 Sylter Archiv, Sylter Verein Altona gegründet 05.07.1894, Statut 1894 Sylter Verein Altona, S. 3, § 1.

Vor diesem Hintergrund legten die Mitglieder im Laufe der Jahre eine *wenn auch bescheidene, so doch wertvolle*[324] Bibliothek mit sylter-friesischer Literatur an. Ergänzend kamen sie dieser Aufgabe durch die Herausgabe von eigenständig angefertigter Literatur sowie Liederbüchern auf Sölring nach und leisteten damit *weit über die örtliche Bedeutung Beispielgebendes*[325]. Als besonders erfolgreich lässt sich diesbezüglich das „Söl'ring Leesbok"[326] von Boy Peter Möller[327] hervorheben. Das von dem im Ruhestand lebenden Schuldirektor verfasste Lesebuch konnte vom „Sylter Verein Altona" in den Sylter Schulen unentgeltlich an alle Schülerinnen und Schüler zwischen zwölf und 14 Jahren verteilt werden.[328] Da dieses Erklärungen über Sprachlaute und Rechtschreibung sowie eine Formenlehre enthielt, wurde erstmalig eine Grundlage für die Einführung von Friesisch als Unterrichtsfach geschaffen.[329] Möller hatte das Lesebuch dabei allerdings nicht aus eigener Intention, sondern durch die Anregung Andreas Hübbes, eines weiteren Vereinsmitgliedes, verfasst.

Hübbe, der Sohn des letzten Sylter Landvogts Johannes Hübbe, war als Kaufmann in Hamburg tätig, hatte seine Kindheit jedoch auf der Insel verbracht, dort auch Sölring erlernt und sollte ausgehend von seiner Vereinstätigkeit im Laufe der Jahre zum „Motor der friesischen Sprachförderung"[330] auf Sylt werden. So stellte er bereits auf einer Vereinssitzung im Sommer des Jahres 1900 *den Antrag, eine Kommission zu wählen, mit der Aufgabe, nach Sylt zu reisen und dort einen Verein zur Erhaltung der sylterfriesischen Sprache und Sitte anzuregen*[331].

Sein Antrag wurde angenommen und eine Gruppe von vier Vereinsmitgliedern, unter ihnen Hübbe selbst, kam am Samstag, den 10. Juli 1900, mit einigen interessierten Syltern, die ihrer Einladung gefolgt waren, im „Landschaftlichen Haus" in Keitum zusammen.[332] Nach der Begrüßung und einer Erklärung hinsichtlich des angestrebten Zweckes der Zusammenkunft,

---

324 Sylter Zeitung, 01.05.1926, Vom Sylter Verein zu Altona.

325 Sylter Spiegel, 06.07.1994, Sorgfältige Chronik gibt Aufschluß über die Geschichte.

326 Möller, Söl'ring Leesbok.

327 Möller war Schüler C. P. Hansens in Keitum und wurde durch diesen in Bezug auf seine spätere Tätigkeit stark beeinflusst. Nach seiner Pensionierung widmete er sich der Pflege des Sölring. Siehe dazu Steensen, Menschen von A–Z, S. 297; Kunz/Steensen, Sylt Lexikon, S. 255 (Möller, Boy Peter).

328 Steensen, Die friesische Bewegung, S. 98.

329 Husumer Nachrichten, 17.07.1909, Literarisches.

330 Steensen, Menschen von A–Z, S. 184.

331 Sylter Intelligenz-Blatt, 14.05.1910, Eingesandt.

332 Ebd., 11.07.1900, Inselnachrichten.

folgte eine Rede über die Bedrohung, die sich durch das *Zuströmen fremdsprachiger Elemente*[333] aufgrund der errichteten Seebäder für die friesische und im Besonderen für die Sylter Sprache ergab, und welcher allein durch *festen Gegendruck Seitens der überwältigenden Mehrheit der friesischen Bevölkerung*[334] zu begegnen sei. Im Anschluss kam es zu einem angeregten Austausch der insgesamt 26 anwesenden Personen, von denen sich schließlich 22 dazu entschlossen, einen neuen Verein zu gründen.[335] Darüber hinaus entwickelten sie bereits einige Programmpunkte, derer sie sich im Rahmen des Vereins zukünftig annehmen wollten.

So sahen sie unter anderem vor, eine öffentliche Bibliothek in Keitum zu gründen, die sowohl *sämtliche friesischen Bücher und Schriften*[336] als auch *alle Literaturen, deutschen, englischen und holländischen Ursprungs über das Friesenthum* umfassen sollte. Auch sollte eine Aufforderung an alle Lehrkräfte erfolgen, Schülerinnen und Schüler zwei Mal wöchentlich nach Schulschluss *in der friesischen Geschichte und Heimatskunde, sowie dem Lesen und Schreiben der friesischen Sprache zu unterrichten*, solange dies nicht offiziell durch die Schulbehörde in den Lehrplan aufgenommen sei. Eine derartige öffentliche Forderung nach Friesischunterricht hatte es bis zu diesem Zeitpunkt nicht gegeben.[337] Der „Sylter Verein Altona“ und insbesondere Andreas Hübbe hatten es nicht nur geschafft, die Idee eines ersten Vereins mit einem Schwerpunkt auf Sylter Sprachpflege umzusetzen, sondern gänzlich „Neuland“ mit einer sich auf diese Weise formierenden nordfriesischen Heimatbewegung zu betreten.[338]

Alle weiteren Formalitäten und Beschlüsse, die es hinsichtlich des neu gegründeten Vereins zu treffen galt, wurden auf die erste Vereinssitzung vertagt, für welche zunächst Paul Dirks, einem Obersteuermann aus Tinnum, die Leitung übertragen wurde.[339]

---

333 Hamburger Fremdenblatt, 17.07.1900, Erhaltung und Förderung der friesischen Sprache.

334 Ebd.

335 Sylter Intelligenz-Blatt, 14.07.1900, Inselnachrichten.

336 Hier und für die folgenden Zitate: Hamburger Fremdenblatt, 17.07.1900, Erhaltung und Förderung der friesischen Sprache.

337 Steensen, Die Gründung der Söl’ring Foriining, S. 10.

338 Ders., Die friesische Bewegung, S. 84.

339 Sylter Intelligenz-Blatt, 14.07.1900, Inselnachrichten; zu Paul Dirks siehe Kunz/Steensen, Sylt Lexikon, S. 72 (Dirks, Paul A.).

3.4 „Foriining fuar Söl'ring Spraak en Wiis" von 1900

Nach der von Andreas Hübbe initiierten Gründungsversammlung des neuen Sylter Vereins im Juli des Jahres 1900 kamen die Mitglieder zu ihrer ersten Monatsversammlung im Oktober zusammen.[340] Zunächst fand die Wahl von Paul Dirks zum offiziellen Vorsitzenden des Vereins statt.[341] Den weiteren Vereinsvorstand bildeten ein stellvertretender Vorsitzender, ein Schriftführer sowie ein Rechnungsführer. Als das erste zu verhandelnde Thema erklärte Dirks die Benennung der Vereinigung. Andreas Hübbe, der an dieser konstituierenden Sitzung nicht teilhaben konnte, hatte Dirks zuvor in einem Brief seinen Vorschlag mitgeteilt: *Söl'ring Spraak Skül Foriining*[342]. In der deutschen Übersetzung sollte dies „Sylter Sprachschutz-Verein" heißen, allerdings war sich Hübbe selbst nicht sicher, ob *Skül* in dem gewünschten Sinne gebraucht werden könne. Nach einer längeren Diskussion einigten sich die Mitglieder schließlich auf „Foriining fuar Söl'ring Spraak en Wiis", die „Vereinigung für Sylter Sprache, Art und Weise".

Zudem wurde eine Kommission gewählt, die eine Vereinssatzung ausarbeiten sollte.[343] Die Satzung, bestehend aus 10 Paragraphen, lag am 1. November vor und wurde am 7. November vom Vorstand angenommen.[344] Um dem Zweck des Vereins, das *Interesse für Sylter Sprache, Art und Weise zu heben,*[345] nachzukommen, wurden folgende Vorgehensweisen festgelegt:

1. *Durch gesellige Zusammenkünfte*
2. *Durch Ansammlung der vorhandenen Sylter Literatur*
3. *Durch Veröffentlichung neuer literarischer Beiträge*
4. *Durch Aufmunterung zur Erhaltung guter alter Sylter Sitten*

Auch wurde beschlossen, dass für einen Jahresbeitrag von einer Mark jede Person Vereinsmitglied werden dürfe, *die den Zweck des Vereins mit fördern will.* Bekanntmachungen und Einladungen zu Vereinssitzungen sollten über das „Sylter Intelligenz-Blatt" veröffentlicht werden.

Als einer der hervorstechenden Momente in der Vereinstätigkeit der „Foriining fuar Söl'ring Spraak en Wiis" lässt sich direkt die erste Generalversammlung anführen, die Anfang Dezember 1900 stattfand. Der wesentliche Tagesordnungspunkt war die Besprechung der Feierlichkeiten zum Petritag

---

340 Sylter Intelligenz-Blatt, 14.07.1900, Inselnachrichten.

341 Archiv SF, Söl'ring Foriining Entwicklungsgeschichte, Sylter Rundschau, Von der Gründung des ersten Sylter Vereins.

342 Archiv SF, Schriftwechsel 1900–1929, Hübbe an Dirks, 14.07.1900.

343 Archiv SF, Söl'ring Foriining Entwicklungsgeschichte, Sylter Rundschau, Von der Gründung des ersten Sylter Vereins.

344 Sylter Archiv, Acten des Vereins Foriining for Söl'ring Spra'k ön Wiis.

345 Hier und für die folgenden Zitate: ebd., § 2.

und des Biikebrennens, die sich im Laufe der Jahre zum „gesellschaftlichen Höhepunkte im Leben der Insulaner“[346] entwickelt hatten. Im Gegensatz zur überlieferten Tradition aus der Zeit der Walfänger war das Petrifest zu Beginn des 20. Jahrhunderts an kein festes Datum gebunden, sondern konnte aufgrund der Fastenzeit variabel verschoben werden. Zum Zeitpunkt der Generalversammlung herrschte ein Verbot vonseiten der Schulinspektoren vor, das Schülerinnen und Schülern die Teilnahme an der Petritagfeier, die im Wesentlichen aus Gesang und Tanz bestand, im Zeitraum der Fastenzeit untersagte.[347] Dieses Verbot bildete die Grundlage für eine Diskussion unter den anwesenden Vereinsmitgliedern darüber, inwiefern sie sich diesbezüglich öffentlich positionieren wollten.[348] Sie beschlossen, sich für den 22. Februar *für das Nationalfest, den Petritag* einsetzen zu wollen und somit ihrem Vereinszweck durch die *Aufmunterung zur Erhaltung guter alter Sylter Sitten* nachzukommen.

Ein weiteres wesentliches Vorhaben der „Foriining fuar Söl'ring Spraak en Wiis“ bestand in der Veröffentlichung des ersten sylterfriesischen Wörterbuches. Zu diesem Zweck veranstaltete der Verein am 28. August 1903 zum 100. Geburtstag des „allverehrten Sylter Chronisten und Sammlers, des Lehrers Christian P. Hansen“[349] im Westerländer Kurhaus eine „Hansen-Gedächtnisfeier“, deren Ertrag von 300 Mark für die Drucklegung des Wörterbuches zinstragend angelegt wurde. Weiterhin sind zwei Briefe erhalten, in denen der Vorstand des Vereins um eine Beihilfe zur Drucklegung bat.[350] Durch eine Bewilligung sei es ihnen möglich, *den Wortschatz der Sylter Sprache zu sammeln und zukünftigen Generationen* [...] *zu überliefern*[351]. Ergänzend wurde angeführt, dass das Wörterbuch vom Verein bereits *bei seiner Gründung geplant* war. Ein Antwortschreiben belegt, dass der *Antrag auf Gewähr einer Beihilfe zu den Kosten der Drucklegung eines*

346 Bremen, Feuer, S. 321.

347 Archiv SF, Söl'ring Foriining Entwicklungsgeschichte, Sylter Rundschau, Sylter Verein war zum Sterben verurteilt.

348 Hier und für die folgenden Zitate: Archiv SF, Söl'ring Foriining Entwicklungsgeschichte, Sylter Rundschau, Von der Gründung des ersten Sylter Vereins.

349 Mungard, For Sölring Spraak en Wiis, S. 8; Nennung des erlangten Ertrags ebd., S. 277.

350 Beim Vorstand der Spar- und Leihkasse Keitum und beim Amts-Ausschuss der Insel wurde eine Beihilfe von jeweils 300 Mark angefragt. Siehe dazu Archiv SF, Vorstand der „Foriining fuar Söl'ring Spraak en Wiis“ an den Vorstand der Spar- und Leihkasse in Keitum; Archiv SF, Vorstand der „Foriining fuar Söl'ring Spraak en Wiis“ an den Amts-Ausschuss der Insel Sylt, 16.10.1905.

351 Hier und für das folgende Zitat: Archiv SF, Vereinsgeschichte SF Ordner 3, Vorstand der „Foriining fuar Söl'ring Spraak en Wiis“ an den Amts-Ausschuss der Insel Sylt, 16.10.1905.

Sylter-friesischen Wörterbuches in der Annahme, daß für ein solches kein Interesse vorhanden, abgelehnt[352] wurde.

Ferner ist überliefert, dass vom Verein einige Abendveranstaltungen in Verbindung mit der Besprechung von geschäftlichen Angelegenheiten abgehalten wurden.[353] Im Programm dieser Abende fanden sich oftmals Aufführungen des Dichters Erich Johannsen,[354] welcher seine Theaterstücke überwiegend auf Sylterfriesisch verfasste, sowie das gemeinsame Singen friesischer Lieder. Diese Abende waren unter der Sylter Bevölkerung äußerst beliebt und blieben auch häufig noch nach Veranstaltungsende für einige Zeit ein Gesprächsthema auf der Insel.[355]

Im Gegensatz zu der diesbezüglich großen Anteilnahme stand die Beteiligung an den Monats- und Generalversammlungen des Vereins. Diese waren trotz der öffentlichen Einladungen über das „Sylter Intelligenz-Blatt" seit Beginn an schlecht besucht.[356] Der Verein selbst hielt sich überdies nicht an die Anzahl der ursprünglich geplanten Zusammenkünfte und mit den immer seltener werdenden Abendveranstaltungen nahm auch das öffentliche Interesse der Sylter Bevölkerung zunehmend ab.[357] Als schließlich noch *innere Zwistigkeiten*[358] unter den Mitgliedern ausbrachen, kam die Vereinsarbeit bereits nach einigen Jahren zum Erlahmen.

Zu diesem Zeitpunkt traf ein anderer Verein einen Entschluss, der sich als besonders bedeutend für die weitere Entwicklung der Vereinsgeschichte auf der Insel herausstellen sollte. Es war der „Keitumer Bürgerverein", der auf einer Sitzung am 6. April 1903 *die Gründung eines altfriesischen Hauses*[359] beschlossen hatte. Das entsprechende Sitzungsprotokoll führt diesbezüglich an, dass dieses Haus *zur Erhaltung der hier immer mehr verschwindenden Altertümer als auch zur Hebung des Fremden-Verkehr*[360] beitragen sollte. Um diesem Vorhaben gezielter nachgehen zu können, wurden zwei Wochen später sechs Mitglieder gewählt, die in der Folge als *Commission des*

352 Archiv SF, Vereinsgeschichte SF Ordner 3, Amts-Ausschuss der Insel Sylt an „Foriining fuar Söl'ring Spraak en Wiis".

353 Archiv SF, Söl'ring Foriining Entwicklungsgeschichte, Sylter Rundschau, Sylter Verein war zum Sterben verurteilt.

354 Zu Erich Johannsen siehe Steensen, Menschen von A–Z, S. 214.

355 Archiv SF, Söl'ring Foriining Entwicklungsgeschichte, Sylter Rundschau, Sylter Verein war zum Sterben verurteilt.

356 Ebd.; Archiv SF, Söl'ring Foriining Entwicklungsgeschichte, Sylter Rundschau, Von der Gründung des ersten Sylter Vereins.

357 Sylter Land und Leute, 11.1930, 25 Jahre im Dienste Sylter Eigenkultur.

358 Sylter Intelligenz-Blatt, 14.05.1910, Eingesandt.

359 Archiv SF, Vereinsgeschichte SF Ordner 1, Protokollbuch, Eintrag von 1904, Bl. 1.

360 Ebd.

Altfriesischen Hauses[361] zusammentraten. Geeignete Räumlichkeiten waren im Jahr 1904 gefunden, sodass ein Mietvertrag zwischen dem „Keitumer Bürgerverein“ und Herrn Andreas Prott zustande kam.[362] Prott stellte dem Verein sein in Keitum gelegenes Haus – bestehend aus zwei Zimmern und einer Küche – für eine Mietsentschädigung von 140 Mark für das Jahr 1904 *zum Zwecke der Besichtigung*[363] zur Verfügung. Darüber hinaus wurde vertraglich festgehalten, dass Prott mit der Unterzeichnung zustimme, Besuchern in *das sogenannte Altfriesische-Haus Eintritt zu gewähren u. die drin befindlichen Sachen nach Möglichkeit zu zeigen u. das Eintrittsgeld entgegenzunehmen*[364]. Ausstellungsstücke galt es zunächst durch den Verein zu besorgen. Um *in anderen Ortschaften der Insel Herren zu erwecken die sich für die Sache interessieren und bei dem Erwerb von Altertümern behilflich* [...] *sein wollen*[365], verschickten die Mitglieder Briefe mit der Bitte um Unterstützung ihres Vorhabens. Dieses Vorgehen war erfolgreich, denn am 31. März 1904 wurde in einer Sitzung der Kommission verkündet, dass einige Antwortschreiben eingegangen seien und sich mehrere Mitglieder nach Archsum und Morsum begeben können, um dort Gegenstände leihweise oder käuflich zu erwerben.[366] Die folglich erlangten Gegenstände wurden ausgestellt und am Ende der Saison im Pesel[367] zusammengetragen, wo sie unter der Aufsicht Protts verblieben.[368]

Da Prott die Miete für das Folgejahr allerdings höher ansetzte, *wie die Kommission für gemessen erachtet*[369] hatte, wurde der Vertrag nicht verlängert. Auf der Suche nach einer alternativen Unterbringung des „Altfriesischen Hauses“ ergab sich ein Angebot durch Jens Erken, welcher dazu bereit war, *seine im Hans Siewertschen Haus befindliche Wohnung für den jährlichen Mietzins von 180 Mark an den Verein zu vermieten*[370]. Der Verein stimmte einer Anmietung von drei Jahren zu, behielt sich jedoch das Recht inne, den geschlossenen Vertrag frühzeitig kündigen zu dürfen. Dieser Zusatz war

361 Ebd., Eintrag vom 28.02.1904, Bl. 2.
362 Ebd., Bl. 2–4.
363 Ebd., Bl. 3.
364 Ebd., Eintrag von 1904, Bl. 4.
365 Ebd., Eintrag vom 28.02.1904, Bl. 5.
366 Ebd., Eintrag vom 31.03.1904, Bl. 6.
367 „Pesel“ oder „Piisel“ ist die sylterfriesische Bezeichnung für den Vorzeigeraum des uthlandfriesischen Hauses. Siehe dazu KUNZ/STEENSEN, Sylt Lexikon, S. 295 (Piisel).
368 Archiv SF, Vereinsgeschichte SF Ordner 1, Protokollbuch, Eintrag von 1904, Bl. 3, § 7.
369 Ebd.
370 Ebd., Protokollbuch, Eintrag vom 03.01.1905, Bl. 8.

deswegen wichtig, da die Mitglieder das eigentliche Ziel verfolgten, künftig ein gänzlich neues „Altfriesisches Haus“ im Sinne eines Museums aufzubauen und nicht länger von gemieteten Räumlichkeiten abhängig zu sein.

So berief die Kommission am 3. November 1905 eine Versammlung mit zusätzlich geladenen Gästen – darunter Nann Mungard aus dem Vorstand der „Foriining fuar Söl'ring Spraak en Wiis“ – ein, um sich über die Möglichkeiten zur Verwirklichung dieses Projektes zu beraten.[371] Nachdem *hin und her debattiert*[372] wurde, kamen alle Anwesenden darin überein, *daß es im Interesse der ganzen Sache, sowohl, wie der ganzen Insel liege, hier in Keitum einen Verein zu gründen*. Allein in einem neuen Verein, in welchem sich alle engagierten Einwohner der Insel zusammenfinden sollten, wurde die Chance gesehen, durch die Errichtung eines Museums *die noch auf Sylt befindlichen alten Gegenstände gegen Verschleppung nach dem Festlande* schützen zu können. Ebenso auf einen Namen für die neue Vereinigung wurde sich bereits geeinigt: „Söl'ring Foriining“.

Da auch die Mitglieder der „Foriining fuar Söl'ring Spraak en Wiis“ die besprochenen Ideen für äußerst sinnvoll und unterstützenswert erachteten, kam es zu einer Zusammenarbeit der Parteien, die schließlich zur Gründung eines neuen Vereins führen sollte.

371 Ebd., Eintrag vom 03.11.1905, Bl. 9.
372 Hier und für die folgenden Zitate: ebd., Bl. 10.

4 Ein Heimatverein für Sylt: Die „Söl'ring Foriining“ von 1905

In den folgenden Ausführungen wird anhand des ausgewerteten Quellenmaterials dargelegt, unter welchen Umständen sich die „Söl'ring Foriining“ gegründet hat, wer die ersten Vereinsvorsitzenden waren, welche Ziele sich die Vereinsmitglieder in der Folgezeit setzten und inwiefern diesen im Laufe der ersten Vereinsjahre tatsächlich nachgekommen wurde.

4.1 Umstände der Gründung

Auf Einladung der „Foriining fuar Söl'ring Spraak en Wiis“ fand die konstituierende Versammlung des neuen Vereins am 12. November 1905 im „Landschaftlichen Haus“ statt.[373]

Den ersten Tagesordnungspunkt bildete eine Diskussion darüber, auf welche Weise die Gründung des angedachten Vereins vorgenommen werden sollte. Es wurde sich schließlich dafür entschieden, dass dies *am einfachsten durch Umwandlung der bestehenden „Foriining fuar Söl'ring Spraak en Wiis“ in einen eingetragenen Verein*[374] erfolgen sollte.

Als zukünftiger Vereinsname wurde nun auch offiziell „Söl'ring Foriining“ festgelegt und durch den Zusatz „eingetragener Verein“ erweitert.[375] Als erster Verein der Insel überhaupt erfolgte kurze Zeit später die Eintragung in das Vereinsregister des Amtsgerichts Westerland.[376]

Hinsichtlich eines weiteren Tagesordnungspunktes – der Vorstandswahl – überliefert das Gründungsprotokoll, dass sich der in Keitum tätige Pastor Friedrich Riewerts bei der Wahl des ersten Vorsitzenden durchsetzen konnte.[377] Ebenso wurden ein stellvertretender Vorsitzender, ein Schriftführer, ein Rechnungsführer sowie zwei Beisitzer in den Vorstand gewählt und

373 Archiv SF, Vereinsgeschichte SF Ordner 1, Protokollbuch, Eintrag vom 12.11.1905, Bl. 23.

374 Ebd.

375 Ebd., Bl. 24. Der Vereinsname „Söl'ring Foriining, eingetragener Verein“ wird im Folgenden verkürzt durch „Söl'ring Foriining“ wiedergegeben.

376 Das Amtsgericht Westerland bestätigte dem Verein die Eintragung unter der Nummer eins in das Vereinsregister am 28. März 1906; Archiv SF, Söl'ring Foriining Entwicklungsgeschichte, Amtsgericht Westerland an [o. N.], 28.03.1906.

377 Archiv SF, Vereinsgeschichte SF Ordner 1, Protokollbuch, Eintrag vom 12.11.1905, Bl. 24. Eine genauere Betrachtung der Person Friedrich Riewerts sowie der anderen Vorstandsmitglieder und ihrer Positionen im Verein erfolgt in Kapitel 4.2.

überdies der Beschluss gefasst, *den Herrn Bürgermeister, Amts- und Ortsvorsteher der Insel als erweiterten Vorstand (Verwaltungsrat) zu berufen*[378]. Ergänzend zu den Vereinsmitgliedern in diesen festgelegten Ämtern trugen sich im Laufe der Versammlung 46 weitere Personen in eine ausgelegte Mitgliederliste ein, um sich der „Söl'ring Foriining" anzuschließen.

Da vor allem der Aufbau eines „Altfriesischen Hauses" im Sinne eines Museums den Anlass für die Gründung des neuen Vereins gegeben hatte, wurde zudem um eine Übergabe der Kommission des „Altfriesischen Hauses" durch den Bürgerverein sowie einer Fortführung der diesbezüglichen betriebenen Bestrebungen gebeten. Dieser Bitte wurde nicht nur nachgekommen, der „Keitumer Bürgerverein" erklärte sich überdies dazu bereit, der „Söl'ring Foriining" all die bereits angesammelten Altertümer zur Verfügung zu stellen, ohne dafür eine Vergütung zu verlangen.[379]

Hinsichtlich eines möglichen Statuts des Vereins ist den Anwesenden ein im Vorfeld ausgearbeiteter Entwurf zur Beratung vorgelegt und schließlich mit wenigen Änderungen und Ergänzungen angenommen worden.[380] Nachdem die zweite, überarbeitete Fassung bereits kurze Zeit später durch den Vorstand genehmigt wurde, sollte diese den Mitgliedern der „Söl'ring Foriining" auf einer für den zweiten Weihnachtsfeiertag einberufenen Generalversammlung präsentiert werden.[381]

Darüber hinaus war es dem Vorsitzenden Riewerts ein Anliegen, den Mitgliedern im Zuge dieser Versammlung zu verdeutlichen, dass sich der Verein nicht allein auf die Errichtung des Museums fokussieren, sondern gleichermaßen weitere Aufgaben als ein *Verein für Heimatkunde und Heimatliebe*[382] wahrnehmen wolle. Über die Möglichkeiten weiterer Tätigkeitsfelder sollte im Anschluss an die Ausführungen des Vorsitzenden von den Anwesenden diskutiert werden. Um zu diesem Zwecke möglichst viele Sylterinnen und Sylter erreichen zu können, rief der Verein über das „Sylter Intelligenz-Blatt" dazu auf, dass jeder, der *Interesse hat für die Heimat und Vorschläge zu machen weiß, wo der Verein mit seiner Tätigkeit ferner einzusetzen hat*[383], dazu eingeladen sei, der Versammlung der „Söl'ring Foriining" am 26. Dezember im „Landschaftlichen Haus" beizuwohnen. Überdies

---

378 Archiv SF, Vereinsgeschichte SF Ordner 1, Protokollbuch, Eintrag vom 12.11.1905, Bl. 25.

379 Riewerts, Ein nordfriesisches Heimat-Museum, S. 86.

380 Archiv SF, Vereinsgeschichte SF Ordner 1, Protokollbuch, Eintrag vom 12.11.1905, Bl. 23 f.

381 Ebd., Eintrag vom 07.12.1905, Bl. 26.

382 Ebd., Bl. 25.

383 Hier und für das folgende Zitat: Sylter Intelligenz-Blatt, 23.12.1905, Inselnachrichten.

erließ der Verein einen „Aufruf zum Beitritt", welcher ergänzend im „Sylter Intelligenz-Blatt" abgedruckt wurde. In diesem hieß es:

> *Für die Heimat rufen wir auf; der Heimat wollen wir dienen. Das ist das Ziel des Vereins; Liebe zur Heimat wecken und fördern, Heimatkunde erhalten und verbreiten, Kenntnis ihrer Geschichte und Vergangenheit, ihrer Sitten und Sagen, der Sprache und Weise der Altvordern. Es ist kritische Zeit für unsere Heimat* [...]. *Das Alte schwindet unaufhaltsam; ein anderer Geist, eine neue Lebensauffassung und Lebensgestaltung, neue Sitte und Weise flutet über die Insel hin. Den Strom der Entwicklung wird niemand aufhalten. Auch wir wollen uns ihm nicht entgegenwerfen. Aber wir wollen auch nicht, daß das Alte sang- und klanglos verschwindet unter uns; es soll nachwirken, wie auch ein neues Sylt sich gestalte. Wir wollen dem alten Sylt ein Denkmal setzen, das seine Erinnerung festhält für alle Zeiten.* [...] *Für die Heimat rufen wir auf! Kommt und helft!*

Dem Aufruf sowie der vorausgegangenen Einladung waren etwa 50 Personen gefolgt, die sich am 26. Dezember 1905 auf der Versammlung der „Söl'ring Foriining" zusammenfanden.[384]

Zunächst wurde die Vereinssatzung vorgestellt, welche insgesamt acht Paragraphen umfasste und an erster Stelle den Namen, Sitz und Zweck des Vereins festhielt:

> *Der Verein führt den Namen „Söl'ring Foriining", eingetragener Verein, hat seinen Sitz in Keitum und den Zweck, Heimatkunde und Heimatliebe auf der Insel Sylt zu wecken und zu fördern und das schon bestehende Museum in Keitum auszubauen zu einem umfassenden Denkmal des alten Sylt.*[385]

Neben der Möglichkeit für Körperschaften und anderen Vereinigungen, der „Söl'ring Foriining" korporativ beizutreten, wurde festgelegt, dass *jede physische Person, d. volljährig und im Besitz der bürgerlichen Ehrenrechte*[386] sei, Mitglied des Vereins werden konnte. Auch Frauen stand somit die vollberechtigte Mitgliedschaft offen. Der Mitgliedsbeitrag wurde zunächst auf 0,5 Mark pro Jahr angesetzt. Ergänzend bestand die Alternative, sich für einmalig 25,00 Mark eine *Mitgliedschaft auf Lebenszeit* zu erwerben und sich somit von jeglichen weiteren Zahlungen zu befreien.

Nachdem die ausgearbeitete Satzung einstimmig angenommen wurde, folgte eine Rede des Vorsitzenden Pastor Riewerts, der über die Grundsätze referierte, auf denen der Verein Fuß fasse. In dem entsprechenden Bericht im „Sylter Intelligenz-Blatt" hieß es diesbezüglich:

---

384 Sylter Intelligenz-Blatt, 29.12.1905, Inselnachrichten; Archiv SF, Vereinsgeschichte SF Ordner 1, Protokollbuch, Eintrag vom 26.12.1905, Bl. 27.

385 Archiv SF, Söl'ring Foriining Entwicklungsgeschichte, Satzungen der „Söl'ring Foriining", 26.12.1905, § 1.

386 Hier und für das folgende Zitat: ebd., § 3.

In großen Zügen wurde der Entwicklungsprozeß, in dem unsre Insel sich befindet, gezeigt und in Parallele mit anderen gleichartigen Erscheinungen gestellt. Von der Wichtigkeit des Heimatlichen für die Charakterbildung wurde gesprochen und von der Notwendigkeit, das Heimattum auf unsrer Insel zu pflegen. Wir dürfen nicht tatenlos zusehen, wie alles verschwindet, was an das alte Syltertum erinnert. Es muß festgehalten werden alles, was zur Kenntnis der Vergangenheit und Geschichte dienen kann. Denn nur wer sein Land kennt, kann es lieb gewinnen.[387]

An diese Ausführungen des Vorsitzenden schloss sich eine Debatte an, in der *mancherlei Aufgaben*[388] hervortraten, die der Verein zu verfolgen habe, um seine Ziele erreichen zu können. Welche möglichen Tätigkeitsbereiche explizit zur Sprache kamen, ist allerdings nicht überliefert. Im Protokollbuch der „Söl'ring Foriining" findet sich diesbezüglich lediglich die Angabe, dass sich die *Abschrift des Protokolls über die Generalversammlung am 26. Dez. 1905* [...] *nicht bei den Akten des Vereins*[389] befinden würde.

Über ein weiteres wesentliches Ereignis der Versammlung informiert hingegen das „Sylter Intelligenz-Blatt". So verkündete die ehemalige „Foriining fuar Söl'ring Spraak en Wiis" bei dieser Gelegenheit nicht nur, dass sie dazu bereit sei, gänzlich in dem neuen Verein aufzugehen, sondern auch, diesem zugleich ihr gesamtes Kapital zur Verfügung zu stellen.[390] Das Geld solle die „Söl'ring Foriining" dabei für den ursprünglich angedachten Zweck nutzen und in diesem Sinne die Drucklegung des ersten Sylter Wörterbuches umsetzen. Somit ergab sich die Sprachpflege als ein zusätzlicher maßgeblicher Schwerpunkt in der künftigen Arbeit des Vereins, wenngleich dieser als solcher nicht offiziell in die Satzung aufgenommen wurde.

Hinsichtlich der öffentlichen Resonanz auf die Gründung und die angestrebten Ziele des Vereins lassen sich aus dem Bestand an Korrespondenzen der „Söl'ring Foriining" zwei Beispiele anführen, in denen sich kritisch geäußert wurde.

So ist diesbezüglich ein Brief von August Schulz, dem Gründer des „Nordfriesischen Vereins", überliefert, in welchem sich dieser gegen die Gründung eines eigenständigen Sylter Vereins aussprach und gleichzeitig für die Errichtung einer Ortsgruppe des „Nordfriesischen Vereins" auf Sylt argumentierte.[391] Ihm sei zwar bewusst, *daß alle friesischen Destricte eine angeborene Neigung zum Fürsichsein*[392] haben würden, die angedachten Ziele

387 Sylter Intelligenz-Blatt, 29.12.1905, Inselnachrichten.

388 Ebd.

389 Archiv SF, Vereinsgeschichte SF Ordner 1, Protokollbuch, Eintrag vom 26.12.1905, Bl. 27.

390 Sylter Intelligenz-Blatt, 29.12.1905, Inselnachrichten.

391 Archiv SF, Schriftwechsel 1900–1929, Schulz an Koopmann, 03.11.1905; zu August Schulz siehe Steensen, Menschen von A–Z, S. 416.

392 Archiv SF, Schulz an Koopmann, 03.11.1905.

der „Söl'ring Foriining“ seien allerdings ohne einen Zusammenschluss der Vereinigungen nicht realisierbar. Seiner Ansicht nach würde der Sylter Verein seine Priorität in der Errichtung und Ausgestaltung des Museums sehen und demnach künftig sämtliches zur Verfügung stehende Kapital zu diesem Zwecke nutzen, wodurch alle anderen Bestrebungen zwangsweise vernachlässigt werden würden. Diesem drohenden Konflikt könne durch eine Ortsgruppe des „Nordfriesischen Vereins“ auf Sylt begegnet werden, da sich diese gezielt dem Vorhaben der Museumsgründung widmen und weitere Tätigkeiten dem der Gruppe vorgestellten Verein überlassen würde.[393]

Das zweite Beispiel in diesem Kontext liefert ein Brief vom 14. November 1905, in dem der in Morsum lebende Landwirt Peter Boy Eschels dem Vorstand der „Söl'ring Foriining“ seine Bedenken hinsichtlich der Vereinsgründung mitteilte:

> *Auf Ihre geehrte Zuschrift vom 8. d. M. behufs Gründung eines „Sylter Vereins für Heimatkunde und Heimatliebe“ teile ich Ihnen mit, daß ich mich nicht entschließen kann, dem Verein als Mitglied beizutreten, da ich bereits Mitglied des Nordfriesischen Vereins für Heimatkunde und Heimatliebe seit Gründung desselben bin. Es würde mir lieber sein, wenn die Sylter, statt einen eigenen Verein zu gründen, sich diesem Verein anschließen würden.*[394]

Es ist davon auszugehen, dass derartige Kritik sowie die Wahrnehmung der „Söl'ring Foriining“ als Konkurrenz zu anderen friesischen Bestrebungen eine Ausnahme darstellte. So berichtete das „Sylter Intelligenz-Blatt“ darüber, wie *groß und allseitig das Interesse für den Verein und seine Bestrebungen*[395] sei, da sich diesem zum Zeitpunkt der Gründungsversammlung bereits um die 200 Mitglieder angeschlossen hätten. Innerhalb der weiteren Berichterstattung der lokalen Presse fand insbesondere die Errichtung eines Sylter Museums großen Anklang.[396]

Die Bestrebungen des neugegründeten Vereins wurden von der Sylter Bevölkerung nicht allein als lokales Phänomen aufgefasst, sondern auch im überregionalen Kontext der Zeit verstanden. So schrieb das „Sylter Intelligenz-Blatt“ im November 1905: *Es sei gestattet, mit kurzen Worten*

---

393 Ebd.

394 Archiv SF, Schriftwechsel 1900–1929, Eschels an Koopmann, 14.11.1905; zu Peter Boy Eschels siehe KUNZ/STEENSEN, Sylt Lexikon, S. 88 (Eschels, Peter).

395 Ebd.; siehe dazu Sylter Land und Leute, 11.1930, 25 Jahre im Dienste Sylter Eigenkultur.

396 So z. B. in: Sylter Intelligenz-Blatt, 08.11.1905, Sylter Museum; Sylter Zeitung, 07.11.1905, Sylter Museum; Sylter Intelligenz-Blatt, 11.11.1905, Sylter Museum; ebd., 18.11.1905, Inselnachrichten.

darauf hinzuweisen, wie unsere Insel mit solchen Bestrebungen in eine große Bewegung eintritt, die heute überall in Deutschland sich befindet.[397]

In Gestalt der „Söl'ring Foriining" war die Heimatbewegung des Deutschen Reiches im Jahr 1905 somit endgültig auf der Insel angekommen.

4.2 Zusammensetzung des Vereinsvorstandes

Laut der am 26. Dezember 1905 beschlossenen Satzung der „Söl'ring Foriining" sollte der Vorstand des Vereins aus sieben Mitgliedern bestehen. Trotz der sehr geringen Informationslage bezüglich der einzelnen Personen, werden diese sowie die von ihnen ausgeübten Funktionen innerhalb des Vereins im Folgenden vorgestellt. Dies erscheint vor allem unter dem Aspekt angebracht, dass die einzelnen Mitglieder die wesentlichen Ereignisse und Entwicklungen des Vereins in den ersten Jahren seines Bestehens entscheidend geprägt haben und daher ihre Namen stellenweise in den anschließenden Kapiteln aufgegriffen werden.

Als eine der sieben zu bekleidenden Positionen innerhalb des Vereinsvorstandes lässt sich zunächst die des Schriftführers anführen. Diese wurde von dem in Wenningstedt lebenden Lehrer Koopmann bekleidet.[398] Seine Aufgabe innerhalb der „Söl'ring Foriining" bestand darin, *die schriftlichen Arbeiten des Vereins einschließlich der Protokollführung bei allen Verhandlungen zu besorgen*[399]. Dass Koopmann schon im Vorfeld dafür bekannt gewesen sein muss, sich für die Belange der Insel einzusetzen, wird dadurch deutlich, dass auch er am 3. November 1905 von der „Commission des Altfriesischen Hauses" eingeladen wurde, um über die Verwirklichung der Pläne zur Errichtung eines Museums zu diskutieren.[400] Somit war er an den Gesprächen beteiligt, die schließlich in dem Beschluss mündeten, die „Söl'ring Foriining" zu gründen. Koopmann übte das Amt des Schriftführers aus, bis er im Frühjahr 1910 nach Tondern verzog und damit die Insel verließ.[401]

In das Amt des Rechnungsführers wurde der Keitumer Erk Jansen gewählt. Im Vereinsregister des Amtsgerichts Westerland wird für ihn die Berufsbezeichnung *Rentner und Brandkassenkommissar*[402] angegeben. In

397 Sylter Intelligenz-Blatt, 08.11.1905, Sylter Museum.

398 Archiv SF, Söl'ring Foriining Entwicklungsgeschichte, Vereinsregister, 28.03.1906; Herr Koopmann wird in sämtlichen Archivalien mit „Lehrer Koopmann" adressiert. Ein Vorname ist nicht überliefert.

399 Ebd., Satzungen der „Söl'ring Foriining", 26.12.1905, § 6.

400 Archiv SF, Vereinsgeschichte SF Ordner 1, Protokollbuch, Eintrag vom 03.11.1905, Bl. 9.

401 Sylter Land und Leute, 11.1930, 25 Jahre im Dienste Sylter Eigenkultur.

402 Archiv SF, Söl'ring Foriining Entwicklungsgeschichte, Vereinsregister, 28.03.1906.

seiner Funktion für die „Söl'ring Foriining" war er dafür zuständig, *die Kassengeschäfte des Vereins* zu führen, *die erforderliche Buchführung nach Anweisung des Vorstandes zu bewirken und die Jahresrechnung vorzulegen.*[403] In der „Foriining fuar Söl'ring Spraak en Wiis" hatte er zuvor die Position des Schriftführers eingenommen.[404] Ebenso war Jansen seit 1903 Mitglied der „Commission des Altfriesischen Hauses" und hatte sich daher schon früh für die Planung und Errichtung eines Sylter Museums eingesetzt.[405]

Nachdem Jansen jedoch nur wenige Monate nach der Gründung der „Söl'ring Foriining" verstarb, trat der ebenfalls aus Keitum stammende Landwirt Boy Dirksen an seine Stelle.[406] Auch dieser war zuvor Bestandteil des Vorstands der „Foriining fuar Söl'ring Spraak en Wiis" gewesen und hatte dort bereits das Amt des Rechnungsführers ausgeführt.[407]

Auf die Vorstandspositionen der Beisitzer wurden Dr. Paul Hinrich Justus Nicolas und Jens Hoffmann gewählt.[408] Die einzelnen Tätigkeitsbereiche innerhalb des Vereins wurden nicht explizit in der Satzung festgehalten, es ist jedoch wahrscheinlich, dass sie flexibel mit unterschiedlichen Aspekten der Vereinsarbeit betraut wurden. Der aus Keitum stammende Gastwirt Hoffmann war ebenfalls im Vorfeld Mitglied der „Foriining fuar Söl'ring Spraak en Wiis" gewesen und vor diesem Hintergrund auch eines der sechs Mitglieder der 1903 errichteten „Commission des Altfriesischen Hauses".[409] Der in Westerland ansässige Dr. Nicolas war auf Sylt zuvor vor allem in seiner Position als letzter Landschaftsarzt der Insel, als Badearzt sowie für sein Engagement im Gesundheitswesen bekannt.[410]

Eine weitere zu besetzende Position im Vorstand der „Söl'ring Foriining" war die des korrespondierenden Mitgliedes. Diesem oblag *das übersichtliche Ordnen und Vervollständigen des Museums, das Katalogisieren der Gegenstände* sowie die *Unterhaltung anregender und die Interessen des Vereins fördernder Beziehungen zu Gelehrten, auswärtigen Museen, Heimats- und ähnlichen Vereinen und Instituten*[411]. Am 9. Dezember 1907 erging ein Antrag

403 Ebd., Satzungen der „Söl'ring Foriining", 26.12.1905, § 6.
404 Archiv SF, Söl'ring Foriining Entwicklungsgeschichte, Sylter Rundschau, Von der Gründung des ersten Sylter Vereins.
405 Archiv SF, Vereinsgeschichte SF Ordner 1, Protokollbuch, Bl. 1 f.
406 Sylter Land und Leute, 11.1930, 25 Jahre im Dienste Sylter Eigenkultur.
407 Ebd.; Archiv SF, Söl'ring Foriining Entwicklungsgeschichte, Sylter Rundschau, Von der Gründung des ersten Sylter Vereins.
408 Archiv SF, Söl'ring Foriining Entwicklungsgeschichte, Vereinsregister, 28.03.1906.
409 Archiv SF, Vereinsgeschichte SF Ordner 1, Protokollbuch, Eintrag von 1904, Bl. 1.
410 Kunz/Steensen, Sylt Lexikon, S. 274 (Nicolas, Paul Hinrich Justus).
411 Archiv SF, Söl'ring Foriining Entwicklungsgeschichte, Satzungen der „Söl'ring Foriining", 26.12.1905, § 6.

des Vorsitzenden des Verwaltungsrates der „Söl'ring Foriining" darüber, *den Kunstmaler Katzenstein zu Westerland zum korespondierenden Mitglied des Vorstandes zu korptieren*[412]. Der Antrag wurde auf der folgenden Vorstandssitzung am 11. Dezember einstimmig angenommen.[413] Infolgedessen wurde eine Anfrage an Sally Katzenstein[414] gestellt, auf welche dieser kurze Zeit später seine Zusage einreichte.[415] Die Bilder des Künstlers belegen ein tiefes Interesse für die Besonderheiten der Landschaft, die friesische Kultur und das alte Sylter Brauchtum.[416] Nachdem er Sylt im Zuge jährlicher Erholungsurlaube bei seinem Onkel kennengelernt hatte, zog er im Jahr 1890 nach Westerland und engagierte sich vor allem für die Belebung des Fremdenverkehrs, indem er Plakate, Postkarten und Werbeblätter gestaltete.[417] Ebenso engagierte er sich auf politischer Ebene und wurde unter anderem 1907 in das Amt des Ratmannes gewählt.[418]

Ein weiteres Mitglied des Vereinsvorstands war Carl Meyer, ein Redakteur aus Westerland.[419] Im Rahmen seiner Tätigkeit für die „Söl'ring Foriining" nahm er das Amt des stellvertretenden Vorsitzenden wahr. Bei der Verhinderung des Vorsitzenden konnte Meyer auf diese Weise auch rechtsverbindlich vertretend tätig werden.[420] Kurz vor der Gründung der „Söl'ring Foriining" setzte sich Meyer in ganz besonderem Maße für die Errichtung eines Sylter Museums ein. So veranstaltete er im August 1905 im Westerländer Kurhaus ein Fest, das der Aufbringung von finanziellen Mitteln für die Errichtung eines solchen Museums dienen sollte.[421] Tatsächlich kamen etwa 1.000 Besucher zusammen, die insgesamt eine Summe von 1.500 Mark aufbrachten. Dieses Engagement wird dazu geführt haben, dass auch Meyer zu der Sitzung der „Commission des Altfriesischen Hauses" am 3. November 1905 eingeladen wurde.[422]

---

412 Archiv SF, Schriftwechsel 1900–1929, [o. N.] an Riewerts, 09.12.1907.
413 Archiv SF, Vereinsgeschichte SF Ordner 1, Protokollbuch, 11.12.1907, Bl. 59.
414 Sally Katzenstein trug ab 1924 offiziell den Künstlernamen „Franz Korwan". In den folgenden Ausführungen wird der bürgerliche Name Katzenstein verwendet, da der untersuchte Zeitraum vor 1924 liegt und die Quellen daher auch stets auf Katzenstein referieren. Siehe dazu Kunz/Steensen, Sylt Lexikon, S. 204 (Korwan-Katzenstein, Franz).
415 Archiv SF, Korwan Katzenstein, 1865–1942 Maler, Ausstellung 1993, Katzenstein an Riewerts, 16.12.1907.
416 Ahrens, Der Eindruck, S. 75.
417 Jahn, Franz Korwan-Katzenstein, S. 67.
418 Ahrens, Der Eindruck, S. 75.
419 Archiv SF, Söl'ring Foriining Entwicklungsgeschichte, Vereinsregister, 28.03.1906.
420 Ebd., Satzungen der „Söl'ring Foriining", 26.12.1905, § 6.
421 Sylter Land und Leute, 11.1930, 25 Jahre im Dienste Sylter Eigenkultur.
422 Archiv SF, Vereinsgeschichte SF Ordner 1, Protokollbuch, 03.11.1905, Bl. 9.

Zum ersten Vorsitzenden der „Söl'ring Foriining" wurde der Pastor Friedrich Riewerts aus Keitum gewählt.[423] Seine Aufgabe war es, *die Geschäfte des Vereins unter Beachtung der Mitgliederversammlung auszuführen* und *den Verein gerichtlich und außergerichtlich*[424] zu vertreten. Riewerts war kein gebürtiger Sylter. Er wurde in Stellau im Kreis Steinburg geboren, seine Eltern stammten jedoch von der Sylter Nachbarinsel Föhr.[425] Im Dezember 1903 kam er nach Keitum, um schließlich am 1. Februar 1904 eine feste Stelle als Pastor anzutreten.[426] Am 23. Oktober des Jahres 1910 gab Riewerts einen Abschiedsgottesdienst und verließ darauf die Insel, um eine Stelle in Uetersen anzutreten.[427] Dass er sich für die Belange seiner Gemeinde interessiert hat und sich in diesem Sinne engagieren wollte, wird erneut dadurch deutlich, dass auch er an der Sitzung der „Commission des Altfriesischen Hauses" zur Besprechung der Umsetzung eines Sylter Museums teilnahm.[428] In seiner darauffolgenden Position als erster Vorsitzender der „Söl'ring Foriining" hat er das Wirken des Vereins maßgeblich geprägt, wodurch er für die Geschichte der „Söl'ring Foriining" eine elementare Bedeutung einnimmt. Nach seinem Fortgang übernahm zunächst Carl Meyer als sein stellvertretender Vorsitzender die Führung der Vereinsgeschäfte, bis im Januar 1911 sein Nachfolger Pastor Jacob Reinhardt aus Keitum den Vorsitz der „Söl'ring Foriining" übernahm.[429]

Hinsichtlich der sozialen Zusammensetzung des Vereins lässt sich festhalten, dass von den neun aufgezählten Personen in fünf unterschiedlichen Ämtern des Vorstandes der „Söl'ring Foriining" sieben anhand ihrer Berufsgruppen zum Bildungsbürgertum[430] gezählt werden können: zwei Pastoren, ein Lehrer, ein Redakteur, ein Arzt, ein studierter Künstler sowie ein Beamter. Dass Hoffmann und Dirksen in ihren Berufen als Gastwirt und Landwirt die Zeit fanden, sich auch bereits vor der Gründung der „Söl'ring Foriining" für die Belange der Insel und ihrer Bewohner einzusetzen, lässt vermuten, dass auch diese über einen relativen Wohlstand verfügt haben müssen.

---

423 Archiv SF, Söl'ring Foriining Entwicklungsgeschichte, Vereinsregister, 28.03.1906.

424 Ebd., Satzungen der „Söl'ring Foriining", 26.12.1905, § 6.

425 Kunz/Steensen, Sylt Lexikon, S. 312 (Riewerts, Friedrich).

426 Dannenberg, Schicksal, S. 109.

427 Ebd., S. 113.

428 Archiv SF, Vereinsgeschichte SF Ordner 1, Protokollbuch, 03.11.1905, Bl. 9.

429 Pflüger, 75 Jahre Söl'ring Foriining, S. 129; Sylter Land und Leute, 11.1930, 25 Jahre im Dienste Sylter Eigenkultur.

430 Nach der Definition in Vondung, Zur Lage der Gebildeten, S. 25 f.

Insgesamt erscheint der Vorstand der „Söl'ring Foriining" somit dem Aufbau zu entsprechen, wie er auch für andere Vereine im Zuge der Heimatbewegung charakteristisch war.[431]

4.3 Umsetzung der Ziele

In ihrer Satzung hatte die „Söl'ring Foriining" als Zweck des Vereins aufgeführt, *das schon bestehende Museum in Keitum* [...] *zu einem umfassenden Denkmal des alten Sylt*[432] ausbauen zu wollen. Darüber hinaus sollte es das Ziel des Vereins sein, *Heimatkunde und Heimatliebe auf der Insel Sylt zu wecken und zu fördern.*[433] Mit der Zeit kam es zu einer Präzisierung dieses weitgefassten Tätigkeitsfeldes. So stellte Riewerts in einem Vortrag am 28.11.1908[434] die *Erhaltung u. Pflege der Sylter Sprache*,[435] die *Pflege heimatlicher Gebräuche und Feste*, die *Förderung des Hausfleißes*, die *Erhaltung der landschaftlichen Eigenart im Haus u. seiner Umgebung* sowie die *Verbreitung der Kenntnisse von der Geschichte* der Insel als Aufgaben heraus, die sich der Verein künftig noch intensiver annehmen wolle.

Im Folgenden findet eine umfassende Analyse des Quellenmaterials statt, welcher die Frage zugrunde liegt, inwiefern die „Söl'ring Foriining" diesen eigens auferlegten Zielen im Laufe der Jahre tatsächlich nachgekommen ist.

4.3.1 Schaffung eines Sylter Museums

4.3.1.1 Das „Altfriesische Haus"

Im Dezember 1905 setzten sich einige Mitglieder des Vorstands der „Söl'ring Foriining" erstmals zusammen, um darüber zu beraten, wie die konkrete Umsetzung des geplanten Museums aussehen könnte.[436] Es entstand die

---

431 Vgl. hierzu Kap. 2.1.2. Über die allgemeine Mitgliederstruktur der „Söl'ring Foriining" können diesbezüglich aufgrund des Mangels an entsprechendem Quellenmaterial keine Aussagen getätigt werden.

432 Archiv SF, Söl'ring Foriining Entwicklungsgeschichte, Satzungen der „Söl'ring Foriining", 26.12.1905, § 1.

433 Ebd.

434 Archiv SF, Vereinsgeschichte SF Ordner 1, Protokollbuch, Eintrag vom 07.12.1905, Bl. 70. Für den ausformulierten Vortrag siehe Archiv SF, Söl'ring Foriining Entwicklungsgeschichte, Manuskript „Sölring Foriining. Rückblick und Ausblick", Riewerts, 11.1908, Bl. 4.

435 Hier und für die folgenden Zitate: Archiv SF, Söl'ring Foriining Entwicklungsgeschichte, Manuskript „Sölring Foriining. Rückblick und Ausblick", Riewerts, 11.1908, Bl. 4.

436 Archiv SF, Vereinsgeschichte SF Ordner 1, Protokollbuch, Eintrag vom 07.12.1905, Bl. 25 f.

Idee, ein gänzlich neues Haus zu errichten. Die Konstruktion eines geeigneten Gebäudes wurde dabei an Jansen übertragen, welcher die Aufgabe erhielt, ein Haus, das *etwa ein Alter von 200 Jahren*[437] aufweisen sollte, zu zeichnen. Solange Jansen noch mit der Anfertigung der Zeichnung beschäftigt sei, sollte zunächst *das Augenmerk auf den Erwerb von Ausstellungs-Gegenständen gerichtet werden, bes. Steinzeug, Eisensachen u. Kleidungsstücke*[438]. Für die Ausstellung der bereits zur Verfügung stehenden Gegenstände hatte die „Söl'ring Foriining" die Anmietung der im Hause der Familie Siewert gelegenen Wohnung übernommen.[439]

Auf einer Vorstandsversammlung am 27. April 1906 im „Landschaftlichen Haus" wurde der *Neubau eines Alt-Sylter Hauses*[440] erneut aufgegriffen. Der Vorsitzende Riewerts führte zunächst an, dass es von besonderer Bedeutung sei, die Badegäste für das Vorhaben zu erwärmen und zu diesem Zwecke Flugblätter und Plakate mit den Zielen des Vereins verbreitet werden sollten. Im Anschluss an die Ausführungen des Vorsitzenden kamen die anwesenden Mitglieder darin überein, dass damit geplant werden sollte, die Einnahmen des Vereins vor allem durch die Badegäste zu erzielen, da keine große *Unterstützung von Seiten der Sylter Einwohner bes. derer des Ostens*[441] zu erwarten sei.

Während der Großteil der Mitglieder sich infolgedessen dafür aussprach, *den Bau im Herbst beginnen zu lassen, um den Leuten etwas Sichtbares vor Augen zu stellen u. das Interesse wach zu halten,*[442] warnten Nicolas und Jansen vor Überstürzung dieser Angelegenheit. Es wurde beschlossen, zunächst die finanziellen Einnahmen der Saison abzuwarten und davon ausgehend den Beginn des Bauvorhabens festzulegen.[443] Als möglicher Bauort wurde *das Kliff in Aussicht genommen, womöglich Osten von der Sandkuhle, damit es frei liege u. Grund u. Boden genug für die Anlagen zu haben seien*[444].

Auf einen Vorschlag des Dr. Nicolas wurde schließlich noch dafür abgestimmt, einen Aufruf in der „Sylter Zeitung" abdrucken zu lassen, um auf die Ziele des Vereins aufmerksam zu machen und gleichermaßen nach

437 Ebd., Bl. 26.
438 Ebd.
439 Archiv SF, Vereinsgeschichte SF Ordner 3, Auszug aus dem Protokoll zu der Arbeit der Foriining von Anfang bis Frühjahr 1937, Bl. 2.
440 Archiv SF, Vereinsgeschichte SF Ordner 1, Protokoll vom 27.04.1906, Bl. 28.
441 Ebd.
442 Ebd.
443 Ebd., Bl. 28 f.
444 Ebd., Bl. 29.

Sachspenden zu fragen. Bereits im Mai wurde der entsprechende *Aufruf für das Sylter Museum*[445] veröffentlicht, welcher unter anderem Folgendes enthielt:

> *Wir haben auf unserer Insel nicht mehr viel von den alten Sachen erhalten, welche einst pietätvoll wie ein Heiligtum in den Familien bewahrt wurden. Das Meiste ißt an die Fremden verkauft oder vertauscht, auch vielfach verschenkt. Unser Bestreben geht dahin, im Interesse unserer Insel mit Hülfe des Museums alles das zu erhalten und für künftige Geschlechter aufzubewahren, was Zeugnis gibt von einer großen Sylter Vergangenheit, und bitten wir daher, diejenigen Antiquitäten, welche verkäuflich sind, uns zuerst gütigst zum Kauf anzubieten, ehe sie nach auswärts gehen* [...]. *Ferner bitten wir, uns solche Altertümer, welche nur noch für unnützes und überflüssiges Gerumpel gehalten werden und für den Einzelnen keinen besonderen Wert haben, für unsere Zwecke aber unter Umständen sehr wertvoll sind, oder solche, für deren zuverlässige und dauernde Erhaltung die einzelnen Familien umgekehrt grade das größte Interesse haben, unserm Museum, welches Eigentum der Insel Sylt bleibt, durch Schenkung oder Vermächtnis zu überweisen.*

Nachdem sich laut Riewerts in den folgenden Monaten „allerlei Bedenken und Schwierigkeiten [...] der Ausführung des Neubaus in den Weg"[446] gestellt hatten, entschieden sich die Mitglieder schließlich dazu, ein bereits bestehendes „altes, möglichst stil-ähnliches, günstig gelegenes Haus"[447] erwerben zu wollen. Auf der Suche nach einem geeigneten Objekt bot sich vor allem eines in ganz besonderem Maße an: das ehemalige Haus C. P. Hansens.[448]

Das wahrscheinlich in der Mitte des 17. Jahrhunderts am Keitumer Kliff erbaute Haus entspricht dem uthlandfriesischen Haustyp, der mit dem zunehmenden Wohlstand im Zeitalter der Sylter Walfänger auf der Insel Anwendung fand.[449] Der erste nachweisbare Besitzer des Grundstücks ist der Seefahrer Ove Jensen, der dieses an seinen Sohn Peter Uwen vermachte.[450] Dass dieser das Haus im Jahr 1739 bezogen hat, wird aufgrund

445 Sylter Archiv, SF-T001, unspezifizierter Zeitungsausschnitt, 05.1906, Aufruf für das Sylter Museum, Bl. 9. Der handschriftliche Text, welcher der Veröffentlichung vermutlich als Vorlage diente: Sylter Archiv, SF T001, Handschriftlicher Entwurf „Aufruf für das Sylter Museum", Bl. 8.

446 Riewerts, Ein nordfriesisches Heimat-Museum, S. 86.

447 Ebd.

448 Erstmals wurde der Ankauf des Hauses auf der Vorstandsversammlung am 8. August 1906 thematisiert. Siehe dazu Archiv SF, Vereinsgeschichte SF Ordner 1, Protokollbuch, Eintrag vom 08.08.1906, Bl. 30.

449 Für das Grundstück im Allgemeinen lässt sich nachweisen, dass dieses bereits 1640 bewohnt war. Hinsichtlich des darauf befindlichen „Altfriesischen Hauses" liegen die ersten Quellen für das Jahr 1709 vor. Siehe dazu Thies/Bremen-Jessel, Museen, S. 9 u. 11; Kunz/Steensen, Sylt Lexikon, S. 14 (Altfriesisches Haus).

450 Voss/Voss, Die Stavenbesitzer, S. 91.

der horizontal versetzten Zahlenreihenfolge „1739“ vermutet, die sich auf der westlichen Außenmauer des Hauses befindet.[451] In den Besitz C. P. Hansens kam das Haus schließlich durch eine Hochzeit mit der Witwe eines Enkels Peter Uwens. So heiratete er im Jahr 1844 in zweiter Ehe Erkel Meynert Bleik Peters und kaufte dem Sohn seiner Frau kurz darauf das *im Dorfe Keitum belegene Wohnhaus nebst gebauter Scheune mit alles, was darin und daran erd- wand- band- niet- und nagelfest*[452] war, ab. Wenige Monate nach dem Tode seiner zweiten Frau im Jahr 1857 heiratete C. P. Hansen Gondelina Magnussen, die ihren Mann, der selbst 1879 verstarb, überlebte und bis 1900 das Haus bewohnte sowie die Sammlung, die ihr Mann im Laufe der Jahre in diesem eingerichtet hatte, hütete.[453] Noch zu Lebzeiten Gondelina Hansens wurden Gespräche über eine mögliche Veräußerung des Hauses abgelehnt. So beispielsweise auch, als sich im Jahr 1891 der Leiter des Seebades Dr. Pollacsek an sie wandte und sein Interesse an dem von C. P. Hansen eingerichteten Museum bekundete.[454] Erst mit dem Tod von Gondelina Hansen im Jahr 1900 kam die Frage nach dem Verbleib des Hauses erneut auf.

Für den angedachten Zweck der Errichtung eines „Altfriesischen Hauses“ und Museums eignete sich das Haus aufgrund seines uthlandfriesischen Errichtungsstils sowie der direkten Lage am Kliff, vor allem war es jedoch der Gedanke, mit diesem Haus „zugleich eine Pflicht der Pietät gegen den um die Heimat so sehr verdienten Mann zu erfüllen“[455], der den Vorstand schließlich überzeugte. So schrieb Koopmann am 13. August 1906 in einem Brief an den Vorsitzenden Riewerts: *Wenn wir das Hansensche Haus kaufen könnten, hätten wir vorläufig das Ziel erreicht, weil es zugleich einen lokalhistorischen Wert* […] *hat.*[456]

Auf der nächsten Vorstandsversammlung am 7. November im „Landschaftlichen Haus“ wurde unter Tagesordnungspunkt eins beschlossen, *der Hauptversammlung der „Söl'ring Foriining“ zu empfehlen, das C. P. Hansensche Haus anzukaufen, wenn es zu einem annehmbaren Preis zu erlangen*[457] sei. Riewerts hatte zu diesem Zeitpunkt bereits mit der derzeitigen

---

451 Siehe Anhang Abb. A.1; Thies/Bremen-Jessel, Museen, S. 9.

452 Der Kaufvertrag zwischen C. P. Hansen und Bleike Peters vom 17.04.1850 liegt im Landesarchiv Schleswig-Holstein vor: LASH Abt. 161: Amt Tondern, Nr. 1885, S. 6321.

453 Jensen, Inseln, S. 143.

454 Ahrens, Die Sammlung C. P. Hansens, S. 86.

455 Ebd.

456 Sylter Archiv, SF-T001, Koopmann an Riewerts, 13.08.1906, Bl. 12.

457 Archiv SF, Vereinsgeschichte SF Ordner 1, Protokollbuch, Eintrag vom 07.11.1906, Bl. 32.

Eigentümerin des Grundstücks, Emilie Clemenz,[458] Kontakt aufgenommen und sie vermutlich vollumfänglich über das Anliegen des Vereins informiert. Dies geht aus einem Antwortschreiben hervor, in welchem Clemenz auf einen Brief des Vorsitzenden vom 4. Oktober Bezug nimmt.[459] Sie schrieb davon, dass sie *eigentlich nicht mehr so ganz Herr über das Haus*[460] sei, da bereits seit mehreren Jahren ein Vorverkaufsrecht für zwei der Zimmer beim Altonaer Museum liegen würde. Sie habe sich allerdings bereits erkundigt und erfahren, dass das Museum dann von diesem Recht absehen würde, *wenn das Haus in geeigneter Weise für die Heimatskunde erhalten* bleibe. Darüber hinaus gab sie an, dass sie aufgrund ihrer finanziellen Situation nicht auf den Wert, den dieses Haus im Speziellen habe, verzichten könne. Ebenso hätten ihre Söhne bereits Interesse am Besitz des Hauses geäußert. Da sie sich mit diesen zunächst besprechen und zudem noch einen Rat von Herrn Jansen einholen wolle, könne sie Riewerts noch keine endgültige Antwort auf sein Schreiben zukommen lassen. Allerdings war es ihr wichtig zu erwähnen, dass sie *an u. für sich dem Verkauf des Hauses zu dem angedachten Zwecke sympathisch gegenüberstehe*.

Ein weiterer Brief, allerdings von E. P. Jansen, unterrichtet Riewerts vermutlich erstmals über eine konkrete Preisvorstellung der Eigentümerin: *Frau Clemenz fordert für das Hansen'sche Haus 6000 M will dann aber den Garten und das Kliff nördlich vom Haus für sich behalten*[461].

Dass Riewerts über diesen Preis vor dem Abhalten der für den 18. November angesetzten Generalversammlung verhandeln wollte, wird durch eine Postkarte einer der Kinder von Emilie Clemenz deutlich:

> *Sehr geehrter Herr Pastor!*
>
> *Ihren werten Brief hat meine Mutter erhalten. Doch wird die Antwort wahrscheinlich nicht bis Sonntag eintreffen können, da das Befinden meiner Mutter ihr nicht*

---

458 In den Besitz der Familie Clemenz gelangte das Haus wahrscheinlich über die Ehe C. P. Hansens Tochter Inken mit dem Kaufmann Thies Peter Clemenz. Da Inken bereits im Jahr 1859, kurz nach der Geburt ihres ersten Kindes, verstarb, ist davon auszugehen, dass es sich bei Emilie Clemenz um die zweite Ehefrau und spätere Witwe von Thies Peter Clemenz handelte. Aus dem Jahr 1897 ist ein Brief überliefert, in welchem darüber informiert wird, dass die verwitwete Frau Clemenz mehrere Grundstücke in Keitum besitze, von denen eines dasjenige sei, auf dem sich das Museum befinden und in dem Gondelina Hansen wohnen würde. Siehe dazu Archiv SF, Vereinsgeschichte SF Ordner 3, Boysen an Engels, 30.04.1907; PANTEN (Hrsg.), Selbstbiografie von C. P. Hansen, S. 15.

459 Sylter Archiv, SF-T001, Clemenz an Riewerts, 08.10.1906, Bl. 17.

460 Hier und für die folgenden Zitate: ebd.

461 Sylter Archiv, SF-T001, Jansen an Riewerts, Bl. 18.

erlaubt, in diesen Tagen einen längeren Brief zu schreiben. Deshalb bitten wir Sie, wenn ihr dieses nicht möglich ist, sich bis Montag oder Dienstag zu gedulden.[462]

Höchstwahrscheinlich wollte Riewerts sich jedoch nicht gedulden und bat stattdessen erneut um eine kurzfristige Rückmeldung, sodass ihn noch am Sonntag, den 17. November, ein Telegramm der Familie Clemenz mit folgenden Worten erreichte: *ganzes grundstück sechstausend mark brief unterwegs*[463]. Als Riewerts am darauffolgenden Tag den Mitgliedern der Generalversammlung vorschlug, *das alte Hansensche Haus zu erwerben*[464], ist davon auszugehen, dass den Anwesenden die Summe von 6.000 Mark als geforderter Ankaufspreis für das Haus C. P. Hansens sowie das entsprechende Grundstück genannt wurde.

Das Protokoll zu dieser Versammlung überliefert, dass sich Dr. Nicolas auf die Ausführungen Riewerts hin zunächst kritisch äußerte. Seiner Meinung nach sei *der Preis ein viel zu hoher* und zudem würde er bezweifeln, *ob das alte Haus genügt, ein Museum zu gründen*[465].

Folgend entstand eine Diskussion, in der zunächst Mungard dafür plädierte, das Haus von einem Sachverständigen untersuchen und den Wert schätzen zu lassen. Jansen erwiderte auf diese Ausführungen, dass sich das Haus in einem guten baulichen Zustand befinde, da die Einrichtung *am wenigsten von der alten Sylter Bauart abgewichen* sei und somit *am besten den Plänen* der „Söl'ring Foriining" entspreche.

Der Bürgermeister Pauly sowie der anwesende Keitumer Gemeindevorsteher Boysen ergänzten das Gespräch um den Vorschlag, *nicht über den Preis von 4.000 M hinaus zu gehen.* Da sich lediglich Hoffmann dafür aussprach, dass der Kaufpreis höher angesetzt werden sollte, stellte Pauly schließlich einen Antrag darüber, den Vorstand zu bevollmächtigen, mit Frau Clemenz einen Kaufvertrag über das Haus abzuschließen, der die Summe von 4.000 Mark nicht übersteigen solle. Der Antrag wurde *mit großer Stimmenmehrheit* angenommen.

Im Zuge der Veranstaltung wird sich überdies doch dazu entschieden worden sein, den Kaufpreis des Hauses durch einen Experten schätzen zu lassen. So liegt ein Brief von Dr. Heinrich Sauermann, dem damaligen Museumsleiter des Kunstgewerbemuseums der Stadt Flensburg, vor, in welchem dieser Riewerts mitteilt, dass er das Haus C. P. Hansens zwar kenne, es für

---

462 Ebd., Clemenz an Riewerts, 15.11.1906, Bl. 19.

463 Ebd., Clemenz an Riewerts, 17.11.1906, Bl. 20.

464 Archiv SF, Vereinsgeschichte SF Ordner 1, Protokollbuch, Eintrag vom 18.11.1906, Bl. 37.

465 Hier und für die folgenden Zitate: ebd., Bl. 38.

ihn jedoch von Flensburg aus schwierig sei, *den Wert in annähernd massgebender Weise anzugeben*[466]. Dennoch kam er zu folgendem Urteil:

> *Für das beste Beispiel halte ich es nicht, es gibt auf Sylt bessere Häuser, z. B. das Prottsche Haus in Süderende. Sie sind indessen aus vielen Gründen, die mir bekannt, auf Keitum angewiesen. Der Wert des Hauses ist ein relativer. Einen besonderen Wert hat er in meinen Augen nicht.*

Seine Ausführungen setzte Sauermann damit fort, dass das Flensburger Museum ebenso das Ziel verfolgt habe, *in grosszügiger Weise ein auch museumstechnisch gut durchgebildertes Museum auf Sylt anzulegen.* Ein Kostenplan sei bereits angefertigt worden, jedoch fehle es dem Museum an den benötigten finanziellen Mitteln. Er unterbreitet Riewerts daraufhin den Vorschlag, gemeinsam an dem Vorhaben der Gestaltung des Museums zu arbeiten, um *etwas wahrlich grosszügiges* [...], *von bleibendem Wert* erschaffen zu können. Zu diesem Zwecke sei es allerdings notwendig, dass der Sylter Verein die antiquarische Aufgabe einem in Flensburg noch zu bildenden Arbeitsausschuss überlasse.

Mit dem Wissen um diese Einschätzung Dr. Sauermanns sowie der zugesicherten Unterstützung seinerseits führte Riewerts die Verhandlungen mit der Familie Clemenz fort. In der Zwischenzeit war bei diesem auch der Brief von Frau Clemenz eingetroffen, den sie in ihrem Telegramm erwähnt hatte.[467] In diesem gab Clemenz ihrer Verwunderung darüber Ausdruck, dass der von ihr angebotene Preis den Mitgliedern der „Söl'ring Foriining" zu hoch erscheine. Da sie bereits eingewilligt habe, auf den Garten und das Kliff zu verzichten, appellierte sie an Riewerts zu bedenken, dass sie diejenige sei, die große Opfer für den Verein bringen würde.

Nachdem Frau Clemenz in der Folgezeit erneut erkrankte und aufgrund dessen mehrere Schreiben ihrer Kinder in dieser Angelegenheit bei dem Vorsitzenden der „Söl'ring Foriining" eingingen,[468] schien Riewerts die Familie schließlich von dem Anliegen der „Söl'ring Foriining" überzeugt zu haben. So schrieb Frau Clemenz am 15. Dezember 1906, dass sie doch bereit sei, das Haus für den gebotenen Preis von 4.500 Mark an die „Söl'ring Foriining" zu verkaufen.[469] Endgültig konnte der Kauf im Januar 1907 abgeschlossen werden. Am 19. Januar bestätigte Clemenz, ein Telegramm Riewerts mit den Worten *wir kaufen Haus für 4.500 M* erhalten zu haben und gab zudem an,

466 Hier und für die folgenden Zitate: Sylter Archiv, SF-T001, Sauermann an Riewerts, 24.11.1906, Bl. 16.

467 Ebd., Clemenz an Riewerts, 17.11.1906, Bl. 21.

468 Ebd., Clemenz an Riewerts, 20.11.1906, Bl. 22; ebd., Clemenz an Riewerts, 01.12.1906, Bl. 24; ebd., Clemenz an Riewerts, 08.12.1906, Bl. 25.

469 Ebd., Clemenz an Riewerts, 15.12.1906, Bl. 26.

mit dem Verkauf des Hansenschen Hauses an den Sylter Verein „Söl'ring Foriining" einverstanden[470] zu sein.

Am 21. Januar 1907 fand im Badedirektionszimmer in Westerland eine Vorstandsversammlung der „Söl'ring Foriining" statt. Als Tagesordnungspunkt Nummer eins verkündet der Vorsitzende Riewerts den Anwesenden den Ankauf des Hauses für 4.500 Mark.[471] Daran anschließend wurde besprochen, wie dieses ausgestattet und mustergültig ausgebaut werden sollte. Da die Aufgabe ohne fachmännische Aufsicht nicht zu bewältigen sei, stellte Riewerts den Antrag, Herrn Dr. Sauermann, dem Flensburger Museumsdirektor, die fachwissenschaftliche Leitung zu übertragen. Die Anwesenden waren mit diesem Vorhaben per se einverstanden, beschlossen jedoch, dass zunächst das Museum in Flensburg kontaktiert werden müsse, *um die Bedingungen zu erfahren, nach denen die gemeinschaftliche Zusammenarbeit beider Interessenten erfolgen*[472] könne.

Am 28. Februar erreichte Riewerts daraufhin ein Brief von Dr. Sauermann, welchem dieser einen Vertragsentwurf beilegte und ergänzend anführte: *Ich kann es mir vorstellen, dass der Entwurf nicht gerade den Keitumern nach Geschmack sein wird*[473]. Zudem forderte Sauermann den Vorsitzenden Riewerts auf, sich mit etwaigen Änderungswünschen zurückzumelden, da ihm sehr daran gelegen sei, dass eine Zusammenarbeit zu Stande komme.

Der *Vertrag zwischen der Stadt Flensburg und der „Söl'ring Foriining, eingetragener Verein" in Keitum auf Sylt*[474] sah dabei vor, dass das Museum in Keitum dem Kunstgewerbe-Museum in Flensburg angegliedert werden sollte. Zudem müsse die „Söl'ring Foriining" einige Sonderrechte für die Stadt Flensburg in ihre Satzung aufnehmen. So sollte diese unter anderem dazu berechtigt sein, *das Keitumer Museum durch den Direktor ihres Kunstgewerbe-Museums wissenschaftlich leiten und überwachen zu lassen*. Darüber hinaus habe dieser *allein über Aufstellung, Anbringung und Renovierung der Gegenstände im Museum zu entscheiden*. Selbiges sollte für Ankäufe sowie Veräußerungen von Gegenständen, die dem Museum gehören, gelten. Im Gegenzug wollte sich die Stadt Flensburg dazu verpflichten, die in ihrem Eigentum liegenden sylterfriesischen Altertümer an das Museum zu übergeben. Allerdings sah der Vertrag in dieser Hinsicht vor, dass die

---

470 Ebd., Clemenz an Riewerts, 19.01.1907, Bl. 28.

471 Archiv SF, Vereinsgeschichte SF Ordner 1, Protokollbuch, Eintrag vom 21.01.1907, Bl. 40.

472 Ebd., Bl. 41.

473 Sylter Archiv, SF-T001, Sauermann an Riewerts, 28.02.1907, Bl. 38.

474 Hier und für die folgenden Zitate: Sylter Archiv, SF-T001, Vertrag zw. der Stadt Flensburg und der „Söl'ring Foriining", Bl. 47.

„Söl'ring Foriining" auf das Verlangen der Stadt Flensburg hin diese Gegenstände zurückgeben müsse.

Am 4. April wurde eine Vorstandssitzung der „Söl'ring Foriining" abgehalten, auf der Riewerts den Anwesenden den Vertragsentwurf vorließ.[475] Grundsätzlich waren die Mitglieder bereit, diesem zuzustimmen, hatten jedoch einige Änderungswünsche. So lässt sich dem Protokoll unter anderem Folgendes entnehmen: *Wir wünschen nicht, daß uns die Hände so gebunden werden, daß wir Sylter nicht auch solche Gegenstände erwerben, die uns für ein anzulegendes Sylter Museum zweckmäßig erscheinen*[476]. Es wurde beschlossen, Sauermann zu einer weiteren Sitzung einzuladen, um mit ihm die beanstandeten Aspekte des Vertrags zu besprechen.

Schon wenige Tage später, am 9. April, fand eine Generalversammlung im „Landschaftlichen Haus" statt, auf der neben 14 Vereinsmitgliedern nun auch der Flensburger Museumsdirektor zugegen war.[477] Nachdem Riewerts die Versammlung darüber informierte, warum die „Söl'ring Foriining" mit der Stadt Flensburg verhandele und dass diese Verbindung den Verein *am besten und schnellsten zum* [...] *gesteckten Ziel bringen*[478] würde, verwies er ebenso auf die finanziellen Mittel, die zunächst aufgebracht werden müssten und die sich nach einer Schätzung Sauermanns für die Einrichtung des „Altfriesischen Hauses" auf etwa 9.500 Mark belaufen würden. In der auf diese Ausführungen anschließenden Debatte wurden unter anderem die *zu großen Kosten* kritisiert, *in die sich der Verein stürzen würde, wenn das Projekt zur Ausführung käme*[479]. Infolgedessen kam der Wunsch auf, die Versammlung zu vertagen, *damit die Mitglieder Zeit haben, sich über die Wichtigkeit der Tagesordnung klar zu werden*[480]. Im „Sylter Intelligenz-Blatt" hieß es diesbezüglich:

> [...] *tatsächlich war die Höhe der Summe, sowohl wie die rechtsverbindlichen dauernden Verpflichtungen, welche der Vorstand der Sölring Foriining* [...] *empfahl mit der Stadt Flensburg einzugehen, derartig schwerwiegend, daß der glückliche Antrag gestellt wurde von einer endgültigen Beschlußfassung einstweilen abzusehen und den Vorstand zu beauftragen, erst dahin zu wirken, daß die Stadt Flensburg ihre Forderungen ermäßigt.*[481]

---

475 Archiv SF, Vereinsgeschichte SF Ordner 1, Protokollbuch, Eintrag vom 04.04.1907, Bl. 42.
476 Ebd.
477 Ebd., Bl. 44.
478 Ebd.
479 Ebd., Bl. 45.
480 Ebd., Bl. 46.
481 Archiv SF, Vereinsgeschichte SF Ordner 1, Sylter Intelligenz-Blatt, Eingesandt.

Laut Protokollbuch der „Söl'ring Foriining" erfolgte die nächste Versammlung am 29. Mai.[482] Unter Tagesordnungspunkt Nummer eins, der *Herrichtung des Hauses*[483], findet sich der Vermerk, dass sich *der Vertrag mit Flensburg scheinbar zerschlagen* habe und der Verein daher versuchen müsse, *andere Wege zu gehen.* Das Protokoll liefert zwar keine weiteren Informationen bezüglich der Gründe, warum der Vertrag nicht zustande kam, allerdings gibt ein späterer Brief Riewerts an Sauermann Aufschluss darüber, dass die Stadt Flensburg nicht auf die Forderungen der „Söl'ring Foriining" eingehen wollte. So schrieb Riewerts in Bezug auf die angebrachten Änderungswünsche: *Darüber sollte der Vorstand mit Flensburg verhandeln. Sie erklärten ja allerdings gleich, daß das aussichtslos sei. Und so ist die Sache dabei geblieben.*[484]

Nachdem der Vorsitzende die Anwesenden der Vorstandssitzung ferner über die gescheiterte Zusammenarbeit mit der Stadt Flensburg in Kenntnis gesetzt hatte, wurden zwei weitere Hindernisse angesprochen, die es zu überwinden galt, bevor sich der Verein der Errichtung des „Altfriesischen Hauses" annehmen könne. So ergab sich einerseits der Umstand, dass für das Hansen'sche Haus bis zum 1. Oktober noch ein Mietsverhältnis bestand und der Mieter, Gastwirt Nicolai Bleicken, nicht gewillt war, vor dem Ende der Saison aus dem Haus auszuziehen.[485] Auf der anderen Seite befand sich die Sammlung C.P. Hansens zwar im Haus, lag jedoch im Besitz des Mieters Bleicken, der für diese eine Summe von 5.000 Mark vom Verein forderte. Bezüglich eines möglichen Ankaufs schlug Bürgermeister und Mitglied des Verwaltungsrates Dr. Pauly vor, *daß es durch Sachverständige festgestellt werde, wie groß der reelle Wert der einzelnen Abteilungen an der Sammlung*[486] sei, bevor mit Bleicken verhandelt werden könne. Um das Einholen sachkundiger Einschätzungen wollte sich Riewerts, unter anderem bei Sauermann, bemühen. Nur wenige Tage nach dieser Sitzung schickte er einen Brief folgenden Inhalts nach Flensburg:

> *Die Hauptsache ist für uns zunächst, daß wir den Mieter mit seiner Sammlung loswerden aus dem Haus. Weil es nun aber schon so spät geworden ist, erklärt er, nicht weichen zu wollen. So stehen wir vor der Frage, seine Sammlung anzukaufen.*

---

482 Ebd., Protokollbuch, Eintrag vom 29.05.1907, Bl. 48.

483 Hier und für die folgenden Zitate: ebd.

484 Archiv Museumsberg Flensburg, Verbände und Vereine II, Söl'ring Foriining II (Sylter Museum), Riewerts an Sauermann, 13.10.1907.

485 Archiv SF, Vereinsgeschichte SF Ordner 1, Protokollbuch, Eintrag vom 29.05.1907, Bl. 48.

486 Ebd.

Sie kennen ja die Sache. Darf ich Sie um ein sachverständiges Gutachten über den Wert der kulturell-historischen Abteilung bitten? [487]

An diese Ausführungen anschließend griff Riewerts das Treffen vom 9. April auf und schilderte seine Unzufriedenheit über den Ausgang der Verhandlungen. Den Standpunkt der „Söl'ring Foriining" versuchte er wie folgt zu erklären: *Es ist nicht so leicht, sein eigen Kind umzubringen und ein fremdes unterzuschieben.*[488] Darüber hinaus führt Riewerts an, dass er sich trotz der vergangenen Uneinigkeiten der beiden Parteien darüber freuen würde, wenn eine gegenseitige Förderung und Zusammenarbeit zwischen den Museen stattfinden könne. Auch eine Überarbeitung des Vertragsentwurfes sei dabei seines Erachtens noch immer möglich.

Die Antwort auf sein Schreiben erhielt Riewerts am 5. Juni.[489] In diesem führte Sauermann zunächst aus, die Empfindungen des Pastors *fast vollständig* zu teilen, allerdings sei er der Meinung, dass zunächst noch etwas mehr Zeit vergehen müsse, bevor er um eine erneute Änderung des Vertragsentwurfes bei den städtischen Kollegien bitten könne. Zukünftig würde er sich jedoch gerne darum bemühen wollen. Für die Unterstützung hinsichtlich der Einschätzung und Ausgestaltung des C. P. Hansen'schen Hauses sei er sehr gerne bereit, behilflich zu sein. Aus seiner Sicht würde es sich empfehlen, das *Haus möglichst so auszugestalten, wie es wohl z. Zt. Hansens war.* Dazu wäre es erforderlich, das Haus vor allem mit Gegenständen des alltäglichen Gebrauchs auszustatten. *Aller überflüssiger und neuzeitlicher Plunder* müsse aus dem Haus entfernt werden. Darüber hinaus sei es geboten, eine Stimmung zu vermitteln, die jedem Gast einpräge, *sieh: hier lebte ein Mensch mit warmem Herzen und mit offenem Blick für Natur und Heimat.* Bezüglich des Wertes der Sammlung führte er an:

Was nun die Sammlung anbetrifft, so ist meine Ansicht die, dass die Sammlung für Sie mehr Wert halt als für irgend jemand sonst, insbesondere deswegen weil Sie gerade das Haus als das Hansensche charakterisiert wissen wollen.
Indessen ist damit ja nicht gesagt, dass Sie dem Besitzer mehr zu geben brauchen als wie der reelle Wert der Sammlung beträgt. Und den veranschlage ich nicht allzuhoch.

Abschließend gab Sauermann Riewerts noch den Rat, sich eine Vollmacht bezüglich der Einrichtung des Hauses ausstellen zu lassen, da es sinnvoller sei, diese Sache in die Hände einer einzelnen Person statt einer gewählten Kommission zu legen. Nur auf diese Wiese sei garantiert, dass die Umgestaltung

---

487 Archiv Museumsberg Flensburg, Verbände und Vereine II, Söl'ring Foriining II (Sylter Museum), Riewerts an Sauermann, 02.06.1907.

488 Ebd.

489 Hier und für die folgenden Zitate: Sylter Archiv, SF-T001, Sauermann an Riewerts, 05.06.1907, Bl. 38.

nach seinen Vorstellungen vorgenommen werden könne und das Haus *eine charaktervolle Persönlichkeit* erhalte.

Bereits am 9. Juni wurde auf der nächsten Vereinsversammlung mit *12 gegen 1 Stimme*[490] beschlossen, die Hansen'sche Sammlung von Herrn Bleicken für 4.200 Mark anzukaufen. Zudem wurde vereinbart, diesem 400 Mark als Entschädigung dafür zu zahlen, frühzeitig aus dem Mietsverhältnis auszutreten. Die sich auf diese Weise ergebene Gesamtsumme von 4.600 Mark sollte dabei *mit 4 ½ % p. a. verzinst und 200 M jährlich Amortisation* geleistet werden.

Der Kaufvertrag zwischen den beiden Parteien, *nämlich dem Gastwirt Nicolai Bleicken in Keitum als Verkäufer einerseits und der „Söl'ring Foriining", eingetragener Verein, in Keitum* [...] *als Käufer andererseits*[491], kam bereits einen Tag später, am 10. Juni 1907, zustande.

Laut Protokollbuch wurde die folgende Vorstandsversammlung nach einer Lücke von mehreren Monaten erst wieder am 29. November abgehalten.[492] Auf dieser wurde angeführt, dass das Museum *seine Rentabilität erwiesen* habe und daher das Haus C. P. Hansens *nun als altsylter Wohnhaus hergerichtet werden* soll. Da die Sammlung Hansens zu diesem Zeitpunkt eine „drangvolle Enge der Räumlichkeiten"[493] des Hauses bewirkte und unter diesen Umständen nicht zweckmäßig gearbeitet werden konnte, wurde zudem festgelegt, diese zunächst auszulagern und sich zu einem späteren Zeitpunkt Gedanken über die Frage nach einer ordnungsgemäßen Unterbringung zu machen.[494]

Auch über diese Entscheidungen setzte Riewerts Sauermann in Kenntnis: *Wir machen jetzt folgendes: Das Haus, das wir gekauft haben, richten wir als altes Sylter Wohnhaus wieder ein. Die Hansen'sche Sammlung tun wir hinaus, soweit wir sie zu diesem Zwecke nicht zu gebrauchen können*[495]. Ebenso der tatsächliche Beginn der Arbeiten im „Altfriesischen Haus" lässt sich über den Schriftverkehr zwischen Riewerts und Sauermann ausmachen. So verfasste der Vorsitzende der „Söl'ring Foriining" am 13. Oktober einen Brief, in welchem er anmerkte, dass *in diesen Tagen mit den Arbeiten im Hause*[496] angefangen werde.

490 Archiv SF, Vereinsgeschichte SF Ordner 1, Protokollbuch, Eintrag vom 09.06.1907, Bl. 50.

491 Ebd., Kaufkontrakt zwischen N. Bleicken u. der „Söl'ring Foriining" vom 10.06.1907.

492 Hier und für die folgenden Zitate: Archiv SF, Vereinsgeschichte SF Ordner 1, Protokollbuch, Eintrag vom 09.06.1907, Bl. 51.

493 Jessel, Volkskundlicher Wert, S. 139.

494 Archiv SF, Vereinsgeschichte SF Ordner 1, Protokollbuch, Eintrag vom 09.06.1907, Bl. 52.

495 Archiv Museumsberg Flensburg, Verbände und Vereine II, Söl'ring Foriining II (Sylter Museum), Riewerts an Sauermann, 30.10.1907.

496 Ebd., Riewerts an Sauermann, 13.10.1907.

Unter dem Tagesordnungspunkt „Ausgestaltung des Museums" berichtet ein Sitzungsprotokoll vom 1. Dezember 1907 über die Unterstützung, die der Verein durch Außenstehende erhielt: *Herr Katzenstein, Westerland will uns bei der stilvollen Herrichtung der Wände u. s. w. behilflich sein. Auch Herr Dr. Sauermann wird uns bei der Ausstattung seine Kenntnisse leihen.*[497] Bezüglich der Zusammenarbeit zwischen der „Söl'ring Foriining" und dem Kunstmaler Katzenstein wurde am 11. Dezember auf einer Vorstandssitzung im „Landschaftlichen Haus" einstimmig beschlossen, diesen zu bitten, korrespondierendes Mitglied des Vereins zu werden und somit gleichermaßen *die Stellung eines Beraters in Museumsangelegenheiten*[498] zu übernehmen. Noch am selben Tag verschickte Riewerts die Anfrage des Vereins an Katzenstein. Dieser erklärte sich *gerne bereit* [...] *dem Vorstand der Sölring Foriining als Beirat in Museumsangelegenheiten anzugehören*[499]. Ergänzend wolle er *nach Kräften bemüht* sein, *in jeder nur möglichen Art* die Absichten des Vereins zu unterstützen.

Über die konkret durchgeführten Arbeiten liegen kaum Informationen vor. Im Protokollbuch des Vereins findet die Errichtung des „Altfriesischen Hauses" nach 1907 keine Erwähnung mehr. Sicher ist jedoch, dass bereits im Juni 1908 das ehemalige Haus C. P. Hansens in seinen ursprünglichen Zustand versetzt als „Altfriesisches Haus" eröffnet und dem interessierten Publikum in folgender Gestalt zugänglich gemacht werden konnte:

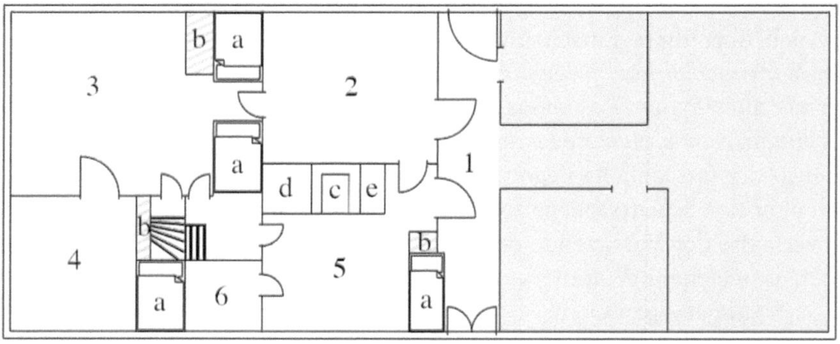

Abb. 4.1: Grundriss „Altfriesisches Haus"[500]

1. Flur (Taal), 2. Wohnstube (Kööv), 3. Pesel (Piisel), 4. Kellerkammer (Kelerkaamer), 5. Küche (Kööken), 6. Speisekammer (Spiiskaamer), a. Alkoven, b. Wandschrank, c. offene Feuerstelle, d. Backofen, e. Nebenherd.

497 Archiv SF, Vereinsgeschichte SF Ordner 1, Protokollbuch, Eintrag vom 01.12.1907, Bl. 57 f.

498 Ebd., Eintrag vom 01.12.1907, Bl. 59.

499 Archiv SF, Schriftwechsel 1900–1929, Katzenstein an Riewerts, 16.12.1907.

500 Grundriss angefertigt nach einer Vorlage in: WINGER/LASSEN, Das Altfriesische Haus, S. 3.

Der Grundriss des längsgestreckten Hauses wird gemäß des Haustyps durch den Flur in den Wohn- sowie den Wirtschaftsbereich geteilt. Der westlich gelegene Wirtschaftsbereich des „altfriesischen Hauses“ – ehemals Stall, Gerätekammer und Dreschtenne – wurde bereits im Laufe des 19. Jahrhunderts zu privaten Wohnzwecken umgestaltet und war daher für die Besucher nicht zugänglich.[501] Die östlich vom Flur gelegene Seite gibt hingegen „die typische Raumfolge des uthlandfriesischen Hauses“ wieder: Wohnstube, Pesel, Kellerkammer und Küche.

Die Wohnstube war der Aufenthaltsraum für die Familie und Nachbarn.[502] Neben der Küche war dies der einzig beheizbare Raum. Wie für uthlandfriesische Häuser ab dem 17./18. Jahrhundert üblich, ist der zentrale Punkt der Wohnstube auch im „Altfriesischen Haus“ der „Bilegger“.[503] Der gusseiserne Beilegeofen steht an der Wand zur Küche und wurde in früheren Zeiten durch eine Öffnung in der Wand vom Herd der Küche aus beheizt. Generell wurde über dieser Art von Ofen häufig Kleidung getrocknet.[504]

Die Wand hinter dem Ofen sowie die Wand zum Flur und die Außenwand sind mit Fliesen eingekleidet. Es ist überliefert, dass Bleick Peters, der Sohn Peter Uwens, insgesamt 2.500 Fliesen durch einen Verwandten in Holland für den Umbau des Hauses bestellen ließ.[505] Die verwendeten Fliesen zeigen das beliebte Motiv der „Blompotjes“ in kobaltblau. Hinter dem Ofen befindet sich eine aus 16 Fliesen bestehende Abbildung des holländischen Schiffes „Eendragt von Holland“, umrahmt von halbierten Fliesen mit Akanthusranken.[506]

Links und rechts von der Tür, die in den Pesel führt, befinden sich in die Wand eingelassene Betten.[507] Diese sogenannten „Alkoven“ waren für zwei bis vier Personen angedacht, die sich nachts gegenseitig wärmen sollten. Die Türen wurden dabei geschlossen, damit die Eigenwärme nicht verloren ging.[508] Da die Betten nur eine Länge von etwa 1,70 Meter aufweisen, schliefen Erwachsene überwiegend in einer sitzenden Haltung. Ein Bettband, das an der Decke der Betten befestigt war, half ihnen morgens beim Aufrichten.[509] Diese Betten sind im besonderen Maße exemplarisch für die optimale Raumausnutzung der uthlandfriesischen Häuser. So befindet sich in dem Alkoven rechts der Tür zum Pesel am Fußende des Bettes ein Schrank

501 Hier und für das folgende Zitat: THIES/BREMEN-JESSEL, Museen, S. 13.
502 Ebd., S. 17.
503 KUNZ/STEENSEN, Sylt Lexikon, S. 40 (Bilegger).
504 THIES/BREMEN-JESSEL, Museen, S. 17.
505 WINGER/LASSEN, Das Altfriesische Haus, S. 4.
506 Ebd., S. 3; siehe Anhang Abb. A.2.
507 Siehe Anhang Abb. A.3.
508 THIES/BREMEN-JESSEL, Museen, S. 17.
509 WINGER/LASSEN, Das Altfriesische Haus, S. 6.

samt Schublade und Regalen verbaut.[510] Das linke Bett wurde hingegen so errichtet, dass es sich unter der Schräge der Treppe befindet, die von der Küche zum Dachboden führt.[511]

Bis auf die Wand des Schornsteins sind alle Wände des Hauses aus Kiefernholz gefertigt, welches ursprünglich roh belassen wurde. Erst im Laufe des 18. Jahrhunderts wurde Farbe aus dem Ausland mitgebracht, sodass die Wände und Türen schließlich bemalt wurden. Sämtliche Malerei der Wohnstube wurde durch die Arbeit Katzensteins erneuert.[512]

Der Pesel, der nur für Feierlichkeiten genutzt wurde, war in uthlandfriesischen Häusern der größte und schmuckvollste Raum.[513] Während an den Außenwänden die gleichen holländischen Fliesen wie in der Wohnstube angebracht sind, sorgen vor allem die aufwändigeren Wand- und Deckenmalereien für einen festlichen Charakter. So sind die Türrahmen marmoriert und an der Decke befindet sich eine Darstellung der Kreuzigung Jesu.[514] Es lässt sich zwar nicht rekonstruieren, aus welchem Jahr die Malereien stammen, jedoch waren diese bereits beim Ankauf durch die „Söl'ring Foriining" vorhanden, sodass zu vermuten ist, dass Katzenstein auch hier restaurierend tätig wurde.[515] Dasselbe gilt für die Spruchbretter am tragenden Balken und über dem Ostfenster des Pesels, auf denen Sprüche in niederdeutscher Sprache eingeschnitzt sind.[516] Ursprünglich stammten diese aus der St.-Severin-Kirche in Keitum, bis sie infolge von Renovierungsarbeiten aussortiert und durch C. P. Hansen bei sich zu Hause angebracht wurden.[517]

Da der Pesel kein Raum des alltäglichen Familienlebens war, wurde in diesem auch kein Alkoven verbaut. Stattdessen lässt sich allerdings ein in die Wand eingelassener Vitrinenschrank ausmachen, der ebenso charakteristisch für die Einrichtung des uthlandfriesischen Haustypus war und auch an dieser Stelle zur originalen Einrichtung gehört.[518]

Die Kellerkammer trägt ihren Namen, da sie über dem Vorratskeller des Hauses liegt. Ursprünglich wurden diese Räume als Hauswirtschaftsräume, in denen beispielsweise Kleidung gelagert wurde oder auch als Arbeitsbereiche, die direkt mit der Küche verbunden waren, genutzt.[519] Im „Altfriesischen

---

510 Siehe Anhang Abb. A.4.
511 WINGER/LASSEN, Das Altfriesische Haus, S. 6.
512 Ebd.; siehe Anhang Abb. A.5.
513 THIES/BREMEN-JESSEL, Museen, S. 21.
514 Siehe Anhang Abb. A.6 u. Abb. A.7.
515 WINGER/LASSEN, Das Altfriesische Haus, S. 7.
516 Siehe Anhang Abb. A.8.
517 WINGER/LASSEN, Das Altfriesische Haus, S. 14.
518 AHRENS/JAHNKE/LAPPOEHN, Altfriesisches Haus, S. 14; siehe Anhang Abb. A.9.
519 WINGER/LASSEN, Das Altfriesische Haus, S. 16.

Haus“ liegt die Besonderheit vor, dass – vermutlich von Bleick Peters im Zuge von Umbauarbeiten im Jahr 1784 – die Tür zur Küche verschlossen und stattdessen ein Alkoven sowie ein weiterer Vitrinenschrank eingesetzt wurden.[520] Somit entstand eine weitere Schlafkammer, die überdies aufwendig malerisch gestaltet wurde. Es finden sich neben einem marmorierten Türrahmen an der Wand zur Küche dekorative Malereien von sogenannten „Pilastern“, senkrechten Pfeilerelementen, umgeben von Weinranken sowie Darstellungen von Engeln über dem Alkoven und der Glastür des Schrankes. Ergänzend dazu wurde auch die Zimmerdecke mit schmückenden Ornamenten bemalt.[521]

In der Küche, die als Arbeits- und Essraum diente, spielte sich ein großer Teil des alltäglichen Lebens ab.[522] Den Mittelpunkt dieses Raumes bildet die offene Feuerstelle, die aus Gründen der Sicherheit dreiseitig ummauert wurde.[523] In der Feuerstelle befand sich ein Kessel auf einem Dreifuß.[524] Links der Feuerstelle konnte in früherer Zeit das Gewölbe des Backofens beheizt werden, rechts der Nebenherd mit seinen zwei eingelassenen Töpfen.

Auch in der Küche wurde aufgrund der Enge auf eine optimale Nutzung des Raumes geachtet, sodass neben einer schmaleren Variante des Alkovens Schränke in die Wand verbaut wurden.[525] Dazu sind am Längsbalken und über der Tür zum Wohnzimmer Regale angebracht worden.

Links des Herdes befinden sich die Tür zum Keller und Dachboden sowie die Speisekammer. Dass bereits für die Eröffnung des „Altfriesischen Hauses“ Küche und Speisekammer eingerichtet und dekoriert waren, zeigt ein Ausschnitt des „Sylter Intelligenz-Blattes“ vom 27. Juni 1908: *Anheimelnd und appetitlich liegen Küche und Speisekammer da, mit blitzenden Tellern und Töpfen, Kanne und Krugen von jeder Form und Farbe*[526].

Ergänzend zur Inneneinrichtung der Räume lässt sich noch eine Gedenktafel an der Ostwand des Hauses hervorheben, die zum originalen Bestand gehört. Bei der mit Akanthusranken und versteinerten Seeigeln verzierten Steintafel handelt es sich um eine Grabplatte, die ursprünglich vom Keitumer Friedhof stammt. C. P. Hansen hat diese zu einer Gedenktafel für Uwe Jens Lornsen umgearbeitet und im Jahr 1874 an der Außenwand seines Hauses, das gleichermaßen das Haus der Vorfahren Lornsens war, angebracht.[527]

---

520 Ahrens/Jahnke/Lappoehn, Altfriesisches Haus, S. 18; siehe Anhang Abb. A.10.
521 Siehe Anhang Abb. A.11.
522 Winger/Lassen, Das Altfriesische Haus, S. 19.
523 Thies/Bremen-Jessel, Museen, S. 19.
524 Sylter Intelligenz-Blatt, 27.06.1908, Eröffnung des Sylter Museums.
525 Siehe Anhang Abb. A.12.
526 Sylter Intelligenz-Blatt, 27.06.1908, Eröffnung des Sylter Museums.
527 Winger/Lassen, Das Altfriesische Haus, S. 24; Jensen, Der Fremdenführer, S. 5; siehe Anhang Abb. A.13 u. Abb. A.14.

Insgesamt kann festgehalten werden, dass das „Altfriesische Haus“ dem interessierten Publikum nicht nur die Besichtigung eines altsylter Hauses ermöglichte, sondern zudem einen besonderen Einblick in das Leben C. P. Hansens. Dass die Herrichtungsarbeiten dabei als besonders erfolgreich wahrgenommen wurden, belegt folgender Beitrag im „Sylter Intelligenz-Blatt“:

> *Wer das Haus in seinen früheren Zustand gekannt hat, wird erstaunt sein, wieviel Wohnlichkeit und Behaglichkeit in diesen alten Räumen steckt. [...] Alles wirkt zusammen und schafft eine Stimmung, die den Besucher gefangen nimmt. Die Schönheit und Traulichkeit des alten Sylter Hauses konnte nicht sprechender zum Ausdruck gebracht werden. Wohin das Auge geht: jede Kleinigkeit wirkt an ihrem Teil mit zur Erzielung einheitlicher Stimmung. Viele Einzelheiten nehmen für sich das Interesse in Anspruch. Es darf wohl gesagt werden, daß hier ein Werk geschaffen ist, dessen Bedeutung über das Gebiet der Heimatkunde hinausgeht, und das getrost den Vergleich mit andern derartigen Schaustellungen aufnehmen kann.*[528]

Noch während der Zeit der Instandsetzung des „Altfriesischen Hauses“ war sich der Vorstand der „Söl'ring Foriining“ einig darüber, dass in dem Haus bis auf das ursprüngliche Inventar keine weiteren Gegenstände ausgestellt werden sollten, *damit nicht durch Anhäufung von sehenswerten u. interessanten Einzelheiten der Gesamt-Eindruck gestört würde*[529]. Zudem wäre eine übersichtliche und angemessene Ausstellung der Sammlung ohnehin nicht in den vorhandenen Räumlichkeiten möglich gewesen, sodass auf einer Vorstandssitzung im Dezember 1907 beschlossen wurde, ein vom „Altfriesischen Haus“ gänzlich getrenntes Haus für Ausstellungszwecke einzurichten.[530]

4.3.1.2 Das Sylter Heimatmuseum

Wie bereits beim „Altfriesischen Haus“ wurde auch hinsichtlich des zweiten Museumsgebäudes zunächst ein Neubau vorgesehen. So heißt es im Protokollbuch zur Vorstandssitzung am 1. Dezember 1907: *Neben dem Sylter Haus soll ein Ausstellungsgebäude errichtet werden zur Aufbewahrung unserer Altertumsschätze u. der noch zu erwerbenden Gegenstände*[531]. Durch die Errichtung eines Hauses zu dem bestimmten Zweck der Ausstellung von

---

528 Sylter Intelligenz-Blatt, 27.06.1908, Eröffnung des Sylter Museums.

529 Archiv SF, Söl'ring Foriining Entwicklungsgeschichte, Manuskript „Sölring Foriining. Rückblick und Ausblick“, Riewerts, 11.1908, Bl. 4.

530 Archiv SF, Vereinsgeschichte SF Ordner 1, Protokollbuch, Eintrag vom 01.12.1907, Bl. 57.

531 Archiv SF, Vereinsgeschichte SF Ordner 1, Protokollbuch, Eintrag vom 01.12.1907, Bl. 58.

Exponaten erhoffte sich der Vorstand zugleich, die Bereitschaft der Sylterinnen und Sylter dahingehend zu steigern, ihre privaten Sammlungen *durch geschenkweise oder leihweise Ueberlassung*[532] an das Museum der Öffentlichkeit zugänglich zu machen. Diese hatte sich im Vorfeld noch als äußerst gering herausgestellt.[533]

Auf einer weiteren Sitzung am 11. Dezember wurde vor diesem Hintergrund beschlossen, den Architekten Heinrich Bomhoff zu bitten, einen Plan für das angedachte Museum zu entwerfen.[534] Bomhoff war vor allem dafür bekannt, „Backsteinbauten im Stil des Heimatschutzes"[535] zu errichten, und bot sich daher auf besondere Weise für diese Auftragsarbeit an. Dass Riewerts noch am selben Tag den Brief mit einer diesbezüglichen Anfrage verschickte, ergibt sich durch das Antwortschreiben des Architekten vom 15. Dezember.[536] In diesem bedankte sich Bomhoff bei Riewerts für sein Schreiben vom 11. des Monats und gab an, dass er gerne bereit sei, *die Söl'ring Foriining bei dem Museumsbau mit Rat und Tat zu unterstützen.* Zudem informierte er Riewerts darüber, dass er ab dem 20. Dezember über die Feiertage auf der Insel sei und sich daher eine Besprechung des Anliegens vor Ort anbieten würde. Nachdem dieses Treffen vermutlich stattgefunden hat, schrieb Bomhoff am 13. März 1908 einen weiteren Brief, in welchem er die Kosten des geplanten Ausstellungsgebäudes auf etwa 15.000 Mark schätzte.[537]

Schon vor dieser Einschätzung des Architekten war es der „Söl'ring Foriining" bewusst gewesen, die angestrebten Pläne nur umsetzen zu können, wenn sie *ganz anders als bisher die finanzielle Unterstützung der Gemeinden der Insel*[538] finden würden. Nachdem die Gemeinde Keitum und die Stadt Westerland bereits 500 Mark für die Errichtung des Museums bewilligt hatten, erließ der Vorsitzende Riewerts im Namen des Vereins am 16. Januar 1908 einen Aufruf an alle weiteren Gemeinden der Insel, der unter anderem folgende Zeilen enthielt:

> *Ehe Sylt sein Weltbad bekam, hat sich hier auf der Abgeschiedenheit der Insel eine eigene national-friesische Kultur mit charaktervoller u. origineller Eigentümlichkeit*

---

532 Sylter Zeitung, 04.12.1908, Söl'ring Foriining (Wie steht es mit dem Sylter Museum?).

533 Archiv SF, Vereinsgeschichte SF Ordner 1, Protokollbuch, Eintrag vom 01.12.1907, Bl. 55.

534 Ebd., Eintrag vom 11.12.1907, Bl. 59.

535 KUNZ/STEENSEN, Sylt Lexikon, S. 44 (Bomhoff, Johann Ehlert).

536 Hier und für das folgende Zitat: Sylter Archiv, SF-T001, Bomhoff an Riewerts, 15.12.1907, Bl. 64.

537 Ebd., Bomhoff an Riewerts, 13.03.1908, Bl. 65.

538 Sylter Zeitung, 04.12.1908, Söl'ring Foriining (Wie steht es mit dem Sylter Museum?).

entfaltet. [...] Die weitere Entwicklung dieser Kultur ist durch das Aufkommen des Bads mit abgebrochen. Und der Sammeleifer der vielen Altertumsfreunde [...] ist mit Macht dabei, auch die letzten Spuren dieser alten Zeit zu vernichten. Das Sylter Museum will für künftige Zeiten ein Bild des alten Sylter Friesentums festhalten. Wir sind uns bewusst, eine Ehrenpflicht gegen die Heimat zu erfüllen.
Eine Ehrenpflicht, die der ganzen Insel obliegt. Das Werk gilt der Heimat, der wir so viel verdanken. Darum wenden wir uns voll Vertrauen an alle Gemeinden der Insel um Unterstützung.[539]

Die Rückmeldungen der Gemeinden trafen alle bis zum Ende des Monats bei der „Söl'ring Foriining“ ein. Kampen[540] als Vertretung der Norddörfer ebenso wie Rantum[541] gewährten der „Söl'ring Foriining“ eine einmalige Beihilfe von 50 Mark, die Gemeinde List[542] bewilligte eine einmalige Zahlung von 30 Mark und die Gemeinde Tinnum[543] beschloss, eine Beihilfe von zehn Mark jährlich für die Dauer von zehn Jahren leisten zu wollen. Die im Osten der Insel liegenden Gemeinden zeigten hingegen keine Unterstützungsbereitschaft für die Errichtung eines Sylter Heimatmuseums. So erhielt die „Söl'ring Foriining“ von der Gemeinde Archsum die Rückmeldung, dass *die Bewilligung einer Beihilfe seitens der Gemeinde abgelehnt*[544] worden sei und auch der Gemeindevorsteher aus Morsum teilte dem Verein einen gleichartigen Ausgang der Besprechung ihres Antrags mit: *Das Ergebnis war folgendes: Der Antrag wurde abgelehnt.*[545]

Insgesamt betrachtet hatte sich die finanzielle Situation der „Söl'ring Foriining“ durch den getätigten Aufruf zur Beihilfe zwar verbessert, der Neubau eines Ausstellungsgebäudes war zu diesem Zeitpunkt dennoch schlicht nicht tragbar. Zu weiteren Besprechungen mit dem Architekten Bomhoff sowie der generellen Umsetzung des angedachten Vorhabens kam es jedoch auch gar nicht mehr, da sich im April eine „unerwartet günstige Lösung aller Schwierigkeiten durch den Erwerb eines zweiten Hauses am Kliff“[546] anbot.

So wurde auf der Vorstandssitzung am 3. April 1908 unter Tagesordnungspunkt zwei verkündet, dass das *Haus der Witwe Nissen*[547] zu verkaufen sei.

---

539 Archiv SF, Söl'ring Foriining Entwicklungsgeschichte, Riewerts an die Gemeindevertretungen in Archsum, Morsum, Tinnum, Rantum, Norddörfer u. List, 16.01.1908.
540 Ebd., Bleicken an Riewerts, 30.01.1908.
541 Ebd., Abschrift Protokoll Gemeindevertretung Rantum, 26.01.1908.
542 Ebd., Diedricksen an Riewerts, 25.01.1908.
543 Ebd., Abschrift Protokoll Gemeindevertretung Tinnum, 20.01.1908.
544 Ebd., Truelsen an die „Söl'ring Foriining“, 23.01.1908.
545 Ebd., Protokoll Gemeindevertretung Morsum, 22.01.1908.
546 Riewerts, Ein nordfriesisches Heimat-Museum, S. 88.
547 Archiv SF, Vereinsgeschichte SF Ordner 1, Protokollbuch, Eintrag vom 03.04.1908, Bl. 60.

Eine Besprechung der anwesenden Vereinsmitglieder ergab, dass dieses für die Zwecke des Vereins als überaus geeignet eingeschätzt wurde und daher angekauft werden solle. Begründet wurde dies einerseits dadurch, dass sich das Haus in unmittelbarer Nähe des „Altfriesischen Hauses" in Keitum am Kliff befand, ebenso dem uthlandfriesischen Haustyp entsprach und „in seinen Räumlichkeiten wie geschaffen für Ausstellungszwecke"[548] sei. Andererseits wurde das Haus im Jahr 1759 von dem Kapitän Uwe Peters, dem Sohn Peter Uwens, errichtet. Daher kann „von einer familiären Bindung zwischen den beiden Häusern"[549] – dem „Altfriesischen Haus" und dem Haus der Familie Nissen – gesprochen werden. Der Vorsitzende Riewerts wurde daher von den Vereinsmitgliedern angewiesen, eine Verhandlung mit den Erben anzustreben und dabei *den Kauf möglichst zu 6.000 M bei Barzahlung zu erwirken*[550]. Für den Fall, dass dies nicht möglich sei, solle Riewerts versuchen, zumindest eine Anmietung des Hauses zu erreichen.[551]

Etwa zwei Wochen später wurde eine Generalversammlung einberufen, um erneut über den Ankauf des Hauses zu diskutieren. Es ist davon auszugehen, dass Riewerts in der Zwischenzeit bereits Kontakt mit der Familie Nissen aufgenommen hatte und diese die angebotenen 6.000 Mark als zu gering empfand, denn die Versammlung fasste den neuen Beschluss, der Familie nun einen Ankaufspreis von 6.500 Mark bieten zu wollen.[552] Dieses Angebot wird Riewerts vermutlich im Anschluss der Sitzung übermittelt haben, denn bereits einen Tag später erreichte ihn ein Telegramm mit folgendem Inhalt: *das haus wird nicht unter 7.000 verkauft*[553].

In den darauffolgenden Tagen müssen sich die beiden Parteien einig geworden sein, denn vom 2. Mai liegt ein Schreiben vor, in welchem der Verkauf des Hauses für eine Summe von 6.750 Mark von der Familie Nissen bestätigt wurde.[554] Im Rechnungsbuch der „Söl'ring Foriining" findet sich diese Summe unter der Angabe *Kaufgeld des erworbenen Nissenschen Hauses (Heimatmuseum)*[555] wieder. In der Folgezeit „ging es an ein eifriges Arbeiten, Herrichten, Umstellen, Ordnen, Sichten. Viele fleißige Hände

---

548 Riewerts, Ein nordfriesisches Heimat-Museum, S. 88.

549 Lassen, Das Sylter Heimatmuseum, S. 3.

550 Archiv SF, Vereinsgeschichte SF Ordner 1, Protokollbuch, Eintrag vom 03.04.1908, Bl. 60.

551 Ebd., Bl. 61.

552 Ebd., Eintrag vom 20.04.1908, Bl. 61.

553 Sylter Archiv, SF-T001, Nissen an Riewerts, 21.04.1908, Bl. 70.

554 Ebd., Nissen an Riewerts, 02.05.1908, Bl. 71.

555 Archiv SF, Vereinsgeschichte SF Ordner 2, Haupt-Rechnungsbuch der „Söl'ring Foriining", Bl. 5.

haben sich regen müssen"[556], um das Heimatmuseum in nur wenigen Wochen fertigzustellen.

Über die einzelnen Räume des Hauses, die zu Ausstellungszwecken genutzt wurden, die unterschiedlichen Sammlungen sowie die Personen, die an der Ordnung dieser Sammlungen beteiligt waren, berichtet der Vorsitzende Riewerts in einem kurzen Aufsatz unter dem Titel „Ein nordfriesisches Heimat-Museum auf Sylt"[557], der im Jahrgang 1908/09 der „Mitteilungen des Nordfriesischen Vereins für Heimatkunde und Heimatliebe" veröffentlicht wurde.

Das erste von Riewerts beschriebene Zimmer barg die naturkundliche Sammlung des Vereins, welche vor allem aus Muscheln, Seetieren, Schnecken und Seegewächsen bestand.[558] Ein Zeitungsartikel vom 15. Juli 1908 überliefert zudem, dass die Sammlung um *einen Seehund, den Cap. Andr. Bleicken überwies*[559], ergänzt worden sei. Für einen Großteil der Ausstellungsstücke ist allerdings anzunehmen, dass diese – zumindest zunächst – nicht aus Schenkungen herrührten, sondern aus dem durch die „Söl'ring Foriining" angekauften Nachlass C. P. Hansens.[560]

In einem weiteren Zimmer des Ausstellungsgebäudes wurde die geologische Sammlung C. P. Hansens untergebracht.[561] Zum Zeitpunkt der Verhandlung mit Nicolai Bleicken um den Ankauf der Sammlung hatte die „Söl'ring Foriining" den Direktor des mineralogischen-geologischen Instituts in Hamburg, Professor Dr. Carl Gottsche, um eine Einschätzung des geologischen Teils gebeten. Dieser hatte die Sammlung daraufhin wie folgt beschrieben: *Die Sammlung Hansen – ich spreche immer von dem geologischen Teil – ist eine ausgesprochene Localsammlung; sie umfaßt nicht etwa*

556 Riewerts, Ein nordfriesisches Heimat-Museum, S. 88.

557 Ebd., S. 85–90. Bis auf die in diesem Aufsatz getätigten Aussagen liegen keine weiteren Belege für den räumlichen Aufbau des Museums zum Zeitpunkt seiner Eröffnung vor. Da das Gebäude im Laufe der Jahre mehrfach umgebaut und erweitert wurde, ist der Artikel die diesbezüglich verlässlichste Quelle.

558 Ebd., S. 90.

559 Sylter Archiv, SF-T001, unspezifizierter Zeitungsausschnitt, 15.07.[1908], Insel-Nachrichten, Bl. 91.

560 1875 gab C. P. Hansen die „Sagen und Erzählungen der Sylter Friesen" samt eines umfassenden Verzeichnisses seiner ethnographischen Sammlung heraus. Allerdings lässt sich von diesem nicht per se auf den durch die „Söl'ring Foriining" erworbenen Bestand schließen, da Christian Jensen, der die Sammlung für eine Zeit verwaltete, einen Großteil der Sammlungsstücke entnahm und an seine Familie vererbte. Siehe dazu Hansen, Sagen, S. 216–221; Kunz/Steensen, Sylt Lexikon, S. 14 (Altfriesisches Haus).

561 Riewerts, Ein nordfriesisches Heimat-Museum, S. 90.

Sylt (denn Hörnum, List, Braderup, Kampen und das Rothe Kliff sind darin sogut wie nicht vertreten), sondern nur Keitum u. Morsumkliff.[562]

Gottsche selbst sei im Besitz einer Sammlung, die *mit Bezug auf Sylt reicher und vollständiger, als irgend eine andere* sei. Allein, dass die Sammlung Hansens einige Stücke verwahre, die ihm noch fehlten, hätten zu der *ungewöhnlich hohen Werthschätzung* von 1.200 Mark seinerseits geführt. Ergänzend gab er an, dass geologische Fundstücke – anstatt in ein Heimatmuseum – *in die großen Zentren, wo sie wissenschaftlich nutzbar gemacht werden können,* gehörten.

Als es dann im Frühjahr 1908 um die Ordnung der Sammlung ging, schlug die „Söl'ring Foriining" Gottsche ein Abkommen vor, von dem beide Parteien profitieren sollten. Da dieses jedoch über Dritte an Gottsche herangetragen wurde, versicherte sich dieser zunächst per Brief über die Richtigkeit der ihm vermittelten Informationen:

> *Ich habe nur soviel verstanden, daß die Sammlung Hansen von der Gemeinde Keitum erworben sei, aufgestellt, bez. Geordnet und ergänzt, bes. aber von ausländischen Zutaten gesäubert werden soll, daß Sie an mich die Frage gestellt haben, ob ich dabei mitarbeiten wolle, und daß Sie bereit seien, eventuell einzelne Gegenstände die ein mehr wissenschaftliches, als lokales Interesse besitzen, dafür zur Verfügung zu stellen.*[563]

Er fügte ergänzend an, dass er unter den genannten Umständen bereit sei, *einige Tage zu opfern um die Sammlung Hansen zu ordnen, mit Ihnen zu überlegen, was zur Ergänzung nothwendig ist und soweit es möglich ist, diese Ergänzung mit unseren Beständen durchzuführen.* Für einen möglichen Termin auf der Insel stünde er allerdings erst ab Juni zur Verfügung, da er sich zunächst noch von einer Lungenentzündung erholen müsse.

In Bezug auf ein mögliches Antwortschreiben des Vorsitzenden entgegnete Gottsche am 14. Mai: *Auf Ihren Brief weiß ich nur zu antworten, daß alles, ob wir Ihnen und Sie uns gegenseitig aushelfen können,* [...] *nur mündlich und angesichts der Sammlung zu erörtern ist.*[564]

Das Treffen zur Besichtigung und Ordnung der Sammlung in Keitum fand schließlich am 13. Juni statt.[565] Über den Ausgang dieses Treffens unterrichtet erneut ein Brief Gottsches.[566] In diesem gibt er seinem Bedauern darüber Ausdruck, die Wünsche der „Söl'ring Foriining" im Vorfeld nicht genauer gekannt zu haben, da er sonst die Ordnung der Sammlung noch weiter hätte

562 Hier und für die folgenden Zitate: Sylter Archiv, SF-T001, Gottsche an Riewerts, 04.06.1907, Bl. 71.

563 Hier und für das folgende Zitat: ebd., Gottsche an Riewerts, 07.05.1908, Bl. 73.

564 Ebd., Gottsche an Riewerts, 14.05.1908, Bl. 74.

565 Ebd., Gottsche an Riewerts, 09.06.1908, Bl. 75.

566 Ebd., Gottsche an Riewerts, 21.06.1908, Bl. 74.

fördern können, als es ihm spontan möglich war. Er sei aber bereit, erneut nach Keitum zu reisen und die Ordnung weiter fortzuführen. Auch über die Gegenleistung des Vereins für seinen Einsatz äußert er sich: *Ich habe heute früh auch das Kistchen ausgepackt, das Sie mir mitgegeben haben und sehe mit Befriedigung, daß ich in meinen Ansprüchen so bescheiden gewesen bin, daß meine Thätigkeit als volles Äquivalent dafür gelten kann.*[567]

Hinsichtlich der Ausgestaltung des Museums lässt sich weiterhin anführen, dass es neben den Räumen für die naturkundliche wie für die geologische Sammlung einen dritten Raum gab, in welchem thematisch unterschiedliche Ausstellungsstücke untergebracht waren. Unter anderem war hier die prähistorische Sammlung der „Söl'ring Foriining" deponiert, die vor allem „Urnen und Knochen aus den Hühnengräbern, Steinwaffen, Bronze-Gerät und Gewebe-Reste"[568] aufwies. Auch diese Gegenstände werden zu einem Großteil der Sammlung C. P. Hansens entsprungen sein, da dieser ein großes Interesse für archäologische Funde hegte und diese oftmals in den zahlreichen Grabhügeln oder im Watt aufgespürt hatte.[569] Ferner liegt ein Brief Koopmanns vor, in welchem dieser Riewerts davon berichtet, dass seine Tochter der „Söl'ring Foriining" keine Urne stiften würde, da die Sammlung C. P. Hansens über ausreichend Urnen verfügen würde.[570] Auch lässt sich diesbezüglich eine Schenkung Jens Mungards an das Museum nachweisen. So hat dieser im Juni 1908 einen Brief folgenden Inhalts an den Verein geschickt: *Anbei schenke ich der Foriining einige Funde aus prähistorischer Zeit unter der Bedingung, daß die Schenkung bei Besitzwechsel oder verlassen der Insel wieder an mich oder meinen Nachfolger zurückgeht*[571]. Unter den übermittelten Gegenständen befanden sich unter anderem *2 Urnen aus dem nordwestlichen Boikenhoog* sowie *1 Teil einer Urne mit Inhalt gefunden am Thinghoog*. Es ist wahrscheinlich, dass auch diese Stücke einen Platz in dem neu errichteten Ausstellungszimmer einnahmen.

Ergänzend zu der prähistorischen Sammlung umfasste das Zimmer ebenso Gegenstände aus dem Bereich „Kunsthandwerk und Hausfleiß"[572], darunter vor allem „eine schöne Anzahl von Holz-Schnitzereien". Eine Bereicherung der Ausstellung stellte zudem eine Altertumssammlung aus dem Nachlass des Lehrers Lorenz Christiansen dar. Diese befand sich in Privatbesitz und wurde der „Söl'ring Foriining" leihweise überlassen, um sie im Heimatmuseum der

567 Ebd.

568 Riewerts, Ein nordfriesisches Heimat-Museum, S. 90.

569 Ahrens, Die Sammlung C. P. Hansens, S. 83.

570 Sylter Archiv, SF-T001, Koopmann an Riewerts, 13.08.1906, Bl. 12.

571 Hier und für das folgende Zitat: ebd., Mungard an die „Söl'ring Foriining", 10.06.1908, Bl. 78.

572 Hier und für das folgende Zitat: Riewerts, Ein nordfriesisches Heimat-Museum, S. 90.

Öffentlichkeit zugänglich machen zu können.[573] Eine von Riewerts angefertigte Abschrift des von Lorenz Christiansen angelegten Verzeichnisses der Sammlung liefert Aufschluss über die ausgestellten Gegenstände.[574] So lassen sich unter diesen beispielsweise die *beiden Seitenflügel vom Altarblatt der wahrscheinlich 1436 untergegangenen Kirche zu Rantum*, *12 Mangelbretter mit Schnitzwerk*, ein *Waschholz* oder auch zwei *Bretter mit Bildhauer-Arbeit, einem Engel auf jedem nebst anderem sinnigen Schnitzwerk* finden.

In einem vierten Zimmer waren Gegenstände des alltäglichen Gebrauchs, Küchengeräte *in Eisen, Kupfer, Messing, Porzellan und Glas, sowie Schmucksachen und Geräte aus edlem Metall*[575] untergebracht. Ein Großteil der Ausstellungsstücke stammte dabei vermutlich erneut aus einer privaten Leihgabe. So liegt ein von Riewerts im Mai 1908 angefertigtes *Verzeichnis der Gegenstände* vor, *die dem Sylter Heimatsmuseum von Frau Rosa Hansen in Westerland leihweise überlassen*[576] wurden. Unter den insgesamt 50 Gegenständen, die in die Kategorien „Holz“, „Horn“, „Metall“ sowie „Ton und Porzellan“ aufgegliedert waren, befanden sich unter anderem *1 Nähkästchen, 1 Zunderkasten, 3 Rasierkisten, 2 Hornschachteln, 1 Messing-Wachsstockhalter, 1 Sanduhr, 3 Teller, 1 Zuckerdose und 1 Kaffee-Kanne.*

Über Zeitungsannoncen, welche die „Söl’ring Foriining“ regelmäßig nutzte, um sich für Leihgaben und Schenkungen zu bedanken und für eben solche aufzurufen, lassen sich noch weitere Ausstellungsstücke identifizieren, die vermutlich in demselben Zimmer untergekommen waren. So berichtete das „Sylter Intelligenz-Blatt“ am 15. Juli 1908 davon, dass der Verein *Altertümer an Hausgeräten und Gebrauchsgegenständen* [...] *von mehreren Seiten geschenkt*[577] bekommen habe. Unter anderem spendete Boy Dirksen aus Keitum einen Baukessel sowie Milchfatten, Hans Nielsen aus Braderup überließ dem Museum alte landwirtschaftliche Geräte, Frau Paulsen ein geschnitztes Waschholz und Adolf Hoffmann aus Keitum mehrere Hausgeräte.

Das letzte Ausstellungszimmer, das ursprüngliche Wohnzimmer des Hauses, war schließlich noch der urtümlichen Sylter Hausindustrie gewidmet. So waren an dieser Stelle *Spinnrad, Spulrad, Webstuhl, Bandweberei,*

---

573 Archiv SF, Söl’ring Foriining Entwicklungsgeschichte, Manuskript „Sölring Foriining. Rückblick und Ausblick“, Riewerts, 11.1908, Bl. 4.

574 Hier und für die folgenden Zitate: Sylter Archiv, SF-T001, Abschrift. Altertums-Sammlung von Lorenz-Christiansen. Bl. 82.

575 Riewerts, Ein nordfriesisches Heimat-Museum, S. 90.

576 Sylter Archiv, SF-T001, Verzeichnis der Gegenstände, die dem Sylter Heimatsmuseum von Frau Rosa Hansen leihweise überlassen waren, Bl. 81.

577 Ebd., unspezifizierter Zeitungsausschnitt, 15.07.[1908], Insel-Nachrichten, Bl. 91.

Flachsbearbeitung und dergl.[578] untergebracht. Erneut lässt sich eine Schenkung an das Museum nachweisen. So ist überliefert, dass *Witwe Erkel Jansen-Keitum ein Webebrett mit einer angefangenen Bandwebe-Arbeit zur Illustration*[579] dieser in früheren Zeiten auf Sylt sehr verbreiteten Hausarbeit der Frauen spendete.

In dieser Gestalt stand das Heimatmuseum im Sommer des Jahres 1908 dar. Die „Söl'ring Foriining“ war besonders stolz darauf, dass der Standort des Museums nicht „im modernen Weltbad Westerland, sondern in Keitum, dem so malerisch am Wattenmeer gelegenen einstigen Mittelpunkt des alten Sylt“[580] lag. Hinsichtlich der Erwartungen, die mit dem neuen Museum verbunden waren, erklärte Riewerts:

> „Anschauung tut oft mehr als das Wort. So erwarten wir von dem Museum viel für die Weckung des Heimatsinnes und der Liebe zum angestammten friesischen Volkstum.
> Grade Sylt bedarf eines starken Bollwerkes gegen den nivellierenden Einfluß des Badeverkehrs. Und die Leute, die so eifrig bemüht sind, aus unsern Häusern fortzuschleppen, woran die Erinnerung haftet: die sollen uns helfen. Sie sollen als Besucher unseres Museums uns die Mittel schaffen, daß wir die vielen Arbeiten zur Heimatpflege, die nach uns rufen, treiben können. Denn nicht Endzweck ist uns das Museum, sondern Mittel zum Zweck.“

An anderer Stelle wurden diese Ausführungen dadurch ergänzt, dass es nicht der Anspruch der „Söl'ring Foriining“ war, ein wissenschaftliches Museum zu schaffen und dass Gäste, die ihren Besuch mit einer solchen Erwartungshaltung begehen, sicherlich enttäuscht würden und vielerlei Mängel zu entdecken hätten.[581] Stattdessen solle das Museum „ein Denkmal der Heimat [...] sein, das von ihrer Vergangenheit und Gegenwart redet: ein ‚Sylter Heimat-Museum'.“[582]

Der Gedanke der Errichtung eines Sylter Museums als *Erbe von anderen Vereinen und Einzelpersonen*[583] ist somit im Sommer 1908 *begünstigt von mehreren guten Umständen, schnell zum grundlegenden Abschluß gekommen* und das Museum stand in seiner *Doppelgestalt* da, als ein vollständig

578 RIEWERTS, Ein nordfriesisches Heimat-Museum, S. 90.

579 Sylter Archiv, SF-T001, unspezifizierter Zeitungsausschnitt, 15.07.[1908], Insel-Nachrichten, Bl. 91.

580 Hier und für das folgende Zitat: RIEWERTS, Ein nordfriesisches Heimat-Museum, S. 85.

581 Archiv SF, Söl'ring Foriining Entwicklungsgeschichte, Festzeitung zum Friesentag, S. 5.

582 RIEWERTS, Ein nordfriesisches Heimat-Museum, S. 90.

583 Hier und für die folgenden Zitate: Sylter Zeitung, 05.12.1908, Die Söl'ring Foriining in ihrer Bedeutung für Sylt.

eingerichtetes urtümliches „Altfriesisches Haus“ sowie als Ausstellungsgebäude für die unterschiedlichen heimatkundlichen Sammlungen.

Hinsichtlich der offiziellen Eröffnung beider Häuser wurde am 19. Juni durch die Vorstandsmitglieder beschlossen, dass von *der Veranstaltung einer öffentlichen Feier* [...] *Abstand genommen*[584] werde. Stattdessen sollte eine Bekanntmachung der Eröffnung mittels der lokalen Zeitungen erfolgen. Darüber hinaus wurde über die Eintrittspreise beraten. Dem Protokollbuch lässt sich diesbezüglich Folgendes entnehmen: *Für jedes Haus soll der Eintrittspreis 50 Pf. betragen. Eine Gesamtkarte für beide Häuser soll 80 Pf. Kosten. Die Sylter Mitglieder sollen freien Eintritt haben u. erhalten deshalb Ausweiskarten.*[585]

Am 27. Juni 1908 erschien im „Sylter Intelligenz-Blatt“ ein Artikel mit der Überschrift *Eröffnung des Sylter Museums*[586]. In diesem hieß es unter anderem:

> *Rascher, als noch vor kurzem zu erwarten stand, ist der Gedanke eines Sylter Museums zur Tat geworden. In diesen Tagen werden in Keitum 2 Häuser fertig dastehen, die den Gedanken verwirklichen.* [...] *Der Vorstand der Söl'ring Foriining hat beschlossen von einer eigentlichen Eröffnungsfeier abzusehen. Wegen der Bedeutung aber, die das Sylter Museum grade auch für die Weckung des Heimatsinnes und der Liebe zum angestammten friesischen Volkstum hat und hoffentlich immer mehr bekommen wird, dürfen wir es uns nicht versagen, auf dieses Ereignis hinzuweisen* [...].

Ferner nutzte der Verein diese Möglichkeit, um sich bei der Badedirektion der Stadt Westerland und den einzelnen Gemeinden, die *finanziell das Unternehmen so gefördert haben, daß es auf eigenen Füßen stehen kann,* zu bedanken. Dabei ließen sie nicht unerwähnt, dass allein die Gemeinden Archsum und Morsum eine Beihilfe zur Errichtung der Museen abgelehnt hatten.

Ergänzend führten sie an, dass die Sammlungen in den Häusern *noch sehr erweiterungsfähig* seien und sie diesbezüglich auf *die Mitarbeit der ganzen Insel* hoffen würden. Das Vervollständigen der Sammlungen beider Häuser, das weitere Ordnen und Sichten stellte generell eine Aufgabe dar, die es von der „Söl'ring Foriining“ als langfristig zu verfolgen galt.[587] In der direkten Folgezeit wurde sich jedoch vor allem dem weiteren Ausbau und der Ausgestaltung des Heimatmuseums gewidmet, da zwischen dem Ankauf

584 Archiv SF, Vereinsgeschichte SF Ordner 1, Protokollbuch, Eintrag vom 19.06.1908, Bl. 62.

585 Ebd.

586 Hier und für die folgenden Zitate: Sylter Intelligenz-Blatt, 27.06.1908, Eröffnung des Sylter Museums.

587 Archiv SF, Söl'ring Foriining Entwicklungsgeschichte, Manuskript „Sölring Foriining. Rückblick und Ausblick“, Riewerts, 11.1908, Bl. 5.

des Kapitänshauses der Familie Nissen und der Eröffnung der Museen keine zwei Monate gelegen hatten.

Als eine diesbezüglich bedeutende Handlung ist der *Ankauf der Selmerschen Vogelsammlung*[588] für 1.200 Mark hervorzuheben, welche im November 1908 im Zuge einer Generalversammlung der „Söl'ring Foriining“ beschlossen wurde. Das Rechnungsbuch des Vereins bestätigt diese Summe[589] sowie einen jährlichen Abtrag zu diesem Zwecke an die Familie Selmer in Höhe von 100 Mark[590]. Die Sammlung umfasste alle auf den Nordseeinseln vorkommenden Vogelarten[591] und stellte für das Museum eine *wertvolle Abrundung des* [...] *vereinigten Anschauungsmaterials*[592] dar. Sie wurde im Raum der naturkundlichen Sammlungen untergebracht.[593]

Darüber hinaus lässt sich anführen, dass, nachdem bereits von Prof. Gottsche die geologische Sammlung des Museums geordnet worden war, auf einer Versammlung am 7. Mai 1909 die *Ordnung der prähistor. Sammlung durch einen Fachmann*[594] Gegenstand des ersten Tagesordnungspunktes war. Der Vorschlag des Vorsitzenden Riewerts, den *Lehrer Kröger aus Bösdorf*[595] zu diesem Zwecke anzufragen, fand die Zustimmung der anwesenden Mitglieder. Ob und falls ja, wann und auf welche Weise dieser der Bitte der „Söl'ring Foriining“ nachgekommen ist, wird jedoch durch das Protokollbuch nicht wieder aufgegriffen.

Als letzte entscheidende Maßnahme, die im Kontext der Museumsausgestaltung überliefert wird, ist die erneute Unterstützung durch Sally Katzenstein anzuführen. Nachdem dieser bereits im „Altfriesischen Haus“ restaurierende Arbeiten geleistet hatte, wurde ebenso im Mai 1909 beschlossen, diesen mit den notwendigen Umbauarbeiten im Heimatmuseum zu beauftragen. Im Protokollbuch des Vereins heißt es diesbezüglich: *Der Flur muss notwendig ausgestaltet werden und zwar durch die Bilderwände die im oberen östlichen Zimmer vorhanden sind.* [...] *Herr Katzenstein übernimmt die Oberleitung dieser Arbeiten.*[596] Doch Katzenstein unterstützte die „Söl'ring Foriining“

---

588 Archiv SF, Vereinsgeschichte SF Ordner 1, Protokollbuch, Eintrag vom 28.11.1908, Bl. 74.

589 Archiv SF, Vereinsgeschichte SF Ordner 2, Haupt-Rechnungsbuch der „Söl'ring Foriining“, Bl. 15.

590 Ebd., Bl. 25, 31, 37 u. 43.

591 Für eine Auflistung der in der Sammlung enthaltenen Exponate siehe: Sylter Archiv, SF-T001, Ornithologische Ausstellung. Sammlung aller auf den Nordseeinseln vorkommenden Vogelarten, P. Selmer, Nordseebad Sylt, Bl. 83–90.

592 Sylter Land und Leute, 11.1930, 25 Jahre im Dienste Sylter Eigenkultur.

593 RIEWERTS, Ein nordfriesisches Heimat-Museum, S. 90.

594 Archiv SF, Vereinsgeschichte SF Ordner 1, Protokollbuch, Eintrag vom 07.05.1909, Bl. 82.

595 Ebd., Bl. 83.

596 Ebd., Bl. 84.

nicht nur durch die Ausgestaltung des Museums, er fertigte zudem eine Zeichnung an, die von dem Verein für Werbezwecke genutzt wurde.[597]

Vor dem Kontext der Zeit kann an dieser Stelle festgehalten werden, dass sich die „Söl'ring Foriining" mit dem „Altfriesischen Haus" sowie dem Heimatmuseum in jene Museumsgründungen einreihte, die zu Beginn des 19. Jahrhunderts überall in Deutschland, insbesondere in kleineren Orten und Dörfern, im Zuge der Heimatbestrebungen aufkamen.[598]

Der Anforderung an diese Art von Museum, „ganz der betreffenden Gegend entsprechend"[599] eingerichtet zu sein, kamen die Gebäude der „Söl'ring Foriining" in besonderem Maße nach. Auch dem Kriterium des „kulturvermittelnden Mediums"[600], das mit einer beständigen Anzahl an Besuchern einhergeht, entsprachen die beiden Museen, wie folgende Grafik veranschaulicht:

Abb. 4.2: Besucherzahlen Museen 1907 – 1908

Die Besucherzahlen, die sich auf der Grundlage der Eintrittspreise ergeben,[601] konnten von der Eröffnung der beiden Museen im Jahre 1908 bis zum Ende des Jahres 1913 – der letzten Saison vor dem Ausbruch des Ersten Weltkrieges – konstant gehalten werden und beliefen sich in einem Mittelwert auf etwa 4.513 Personen pro Jahr bei einer anhaltenden Gästezahl des Seebades

597 Ahrens, Der Eindruck, S. 79.

598 Schlag, Heimat- und Dorfmuseen, S. 341; Ringbeck, Dorfsammlung, S. 289.

599 Schlag, Heimat- und Dorfmuseen, S. 341.

600 Döring, Das kulturgeschichtliche Museum, S. 59.

601 Für das Jahr 1907 liegt im Protokollbuch des Vereins eine ausführliche Auflistung der verkauften Eintrittskarten vor, sodass anhand dieser die prozentuale Verteilung der Doppel-, Einzel- sowie Kinderkarten an den Einnahmen der fortlaufenden Jahre, welche sich durch das Rechnungsbuch ergeben, errechnet werden konnte. Die Zahlen bilden hier somit nur einen ungefähren Wert ab. Siehe dazu Archiv SF, Vereinsgeschichte SF Ordner 1, Protokollbuch, Eintrag vom 28.11.1908, Bl. 71 f.; Archiv SF, Vereinsgeschichte SF Ordner 2, Rechnungsbuch, Bl. 6, 10, 18, 24, 30, 36 u. 42.

Westerland von über 20.000.[602] Die Bevölkerungszahl Sylts lag derweil bei etwa 5.000 Personen insgesamt.[603] Für die Insulaner selbst boten die Museen vor allem für den heimatkundlichen Schulunterricht reiches Material an.[604] Gleichermaßen war für die Gäste der Insel eine Sehenswürdigkeit geschaffen, die diese für die Sylter Kultur sensibilisieren sollte.

4.3.2 Erhaltung und Pflege der Sylter Sprache

Bereits im Jahr 1906 hatte der Vorsitzende Riewerts in einer Generalversammlung gegenüber den anwesenden Mitgliedern deutlich betont, dass die „Söl'ring Foriining" kein *„Museums-Verein"* [...], *sondern eine Stütze des Friesentums auf Sylt*[605] sein wolle. Der Pflege und Förderung der sylterfriesischen Sprache, die mit dem Aufgehen der „Foriining fuar Söl'ring Spraak en Wiis" in die „Söl'ring Foriining" zu einem fundmentalen Ziel des neugegründeten Vereins geworden war, kam dieser im Laufe der Jahre in unterschiedlicher Intensität nach. Als übergeordnete Tätigkeitsbereiche lassen sich in diesem Kontext die Herausgabe des ersten Sylter Wörterbuches sowie die Bemühungen hinsichtlich Sylter Literatur und Theater nennen, die im Folgenden herausgestellt werden. Zudem erfolgt eine Untersuchung der Positionierung des Vereins hinsichtlich des Verbots von Friesischunterricht in Westerland im Jahr 1910.

4.3.2.1 Das Sylter Wörterbuch

Tatsächlich war es C. P. Hansen, der das erste Manuskript eines Sylter Wörterbuches anfertigte. Mit seinem Tod im Jahr 1879 verließ dieses jedoch die Insel und wurde folglich „im Preise derartig hoch gehalten"[606], dass die „Foriining fuar Söl'ring Spraak en Wiis" auf den Ankauf desselben aus finanziellen Gründen verzichten musste.

So kam es, dass der frühere Kapitän Nann Mungard von dieser mit der Schaffung eines Wörterbuches beauftragt worden war und daher bereits ab 1904 an einer Zusammenstellung des sylter-friesischen Wortschatzes arbeitete.[607] Bei der Entwicklung seiner eigenen Rechtschreibung orientierte Mungard sich dabei vor allem an Jap P. Hansen, welcher im Jahr 1809 mit „Di Gadshals of di Söl'ring Pid'ersdei" das erste Werk auf Sylterfriesisch veröffentlicht hatte.[608]

---

602 Voigt, Konjunkturen, S. 283.
603 Krohn, Die Bevölkerung, S. 30.
604 Archiv SF, Söl'ring Foriining Entwicklungsgeschichte, Manuskript „Sölring Foriining. Rückblick und Ausblick", Riewerts, 11.1908, Bl. 6.
605 Ebd., unspezifizierter Zeitungsausschnitt, 21.11.1906, Inselnachrichten.
606 Mungard, For Sölring Spraak en Wiis, S. 7.
607 Steensen, Die friesische Bewegung, S. 91.
608 Ebd.; Århammar, Die syltringer Sprache, S. 190.

Im Kontext des Tätigkeitsfeldes der „Söl'ring Foriining" lässt sich die diesbezüglich erste Anmerkung im Protokollbuch am 18. November 1906 ausmachen. An diesem Tag berichtete Mungard den anwesenden Mitgliedern auf der Generalversammlung, *daß er am Altsylter Wörterbuch fleißig weiter arbeite u. im Laufe des n. Winters fertig zu werden hofft*[609].

Der zweite diesbezügliche Eintrag folgte erst eineinhalb Jahre später, im Mai 1908. Unter dem Tagesordnungspunkt *No. 3 betrf. Nan Mungards Wörterbuch*[610] wurde ein Ersuchen zur Unterstützung der Drucklegung des Wörterbuches vorgetragen. Konkret wurde der Verein darum gebeten, zu diesem Zwecke jährlich eine Summe von 100 Mark zurückzulegen, bis die Kosten des Drucks abgedeckt seien. Es wurde zwar kein ergänzender Beschluss zu diesem knappen Eintrag im Protokollbuch festgehalten, jedoch schrieb Mungard selbst in einem Brief darüber, dass Carl Meyer, der stellvertretende Vorsitzende der „Söl'ring Foriining", ihm nach der Sitzung mitgeteilt habe, dass sein Antrag einstimmig angenommen worden sei.[611]

Allerdings führte Mungard weiterhin aus, dass etwa einen Monat später – in krankheitsbedingter Abwesenheit Meyers – eine weitere Mitgliederversammlung der „Söl'ring Foriining" stattfand, auf der Riewerts *so lange und in solcher Weise* sprach, *daß die Versammlung den pflichtschuldigen Antrag des Vorstandes auf Bewilligung der 100 Mark einstimmig ablehnte*[612].

Auch in seiner Autobiographie „Der Friese Jan"[613] griff Mungard diesen Vorfall auf. So beschreibt er hier, dass sein Antrag allein aufgrund des Vorsitzenden Riewerts abgewiesen wurde und dieser ihm zudem „recht höhnisch empfohlen" habe, „lieber Sylter ‚Döntjes' zu schreiben und diese in der Sylter Zeitung zu veröffentlichen". Mungard berichtete somit von einer starken Antipathie, die der Vorsitzende Riewerts ihm entgegengebracht haben soll.

Auf der folgenden Generalversammlung der „Söl'ring Foriining" am 1. Dezember soll Meyer schließlich *seiner Verwunderung über die einstimmige Ablehnung der 100 Mark Ausdruck*[614] verliehen und die erneute Abstimmung über diesen Sachverhalt beantragt haben.[615] Von 108 anwesenden

609 Archiv SF, Vereinsgeschichte SF Ordner 1, Protokollbuch, Eintrag vom 18.11.1906, Bl. 37.

610 Ebd., Eintrag vom 29.05.1907, Bl. 49.

611 Mungard an de Clercq, 05.05.1908, abgedruckt in: STEENSEN, Dokumente, S. 46.

612 Ebd. Im Protokollbuch der „Söl'ring Foriining" findet sich innerhalb des genannten Zeitraumes kein Eintrag.

613 Hier und für die folgenden Zitate: HOEG (Hrsg.), Nann Peter Mungard, S. 223. In diesem tritt Mungard selbst als „Jan" auf, der Vorsitzende Riewerts als „R II".

614 Mungard an de Clercq, 05.05.1908, abgedruckt in: STEENSEN, Dokumente, S. 46.

615 Diese Aussage Mungards deckt sich mit dem Protokollbucheintrag vom 01.12.1907: Archiv SF, Vereinsgeschichte SF Ordner 1, Protokollbuch, Eintrag vom 01.012.1907, Bl. 56.

Mitgliedern sei die Abstimmung mit 106 gegen 2 angenommen worden, wobei die ablehnenden Stimmen von Riewerts und Hoffmann gekommen seien.[616] So verpflichtete sich der Verein schließlich doch dazu, das Manuskript des Wörterbuches drucken zu lassen, die Druckkosten durch die Vereinskasse zu unterstützen und das Werk zudem zu verlegen. Über sein Verhältnis zu Riewerts führte Mungard in seinem autobiographischen Werk abschließend an: „Jan freute sich seines Sieges über R. II und stand seitdem mit ihm auf dem Kriegsfuß"[617].

Dass sich Riewerts hinsichtlich des Wörterbuches in solch einem Maße unkooperativ zeigte, erklärt Mungard vor allem dadurch, dass dieser ursprünglich gar nicht von Sylt stammte:

> „Da er von der Sylter Sprache und Art nichts verstand, so setzte er diejenigen Bestrebungen, welche darauf hinausgingen, diese zu erhalten und zu heben, völlig beiseite. Er konzentrierte alles auf die Errichtung des Altfriesischen Hauses und des Museums, Schaustücke, welche in erster Linie dazu dienen sollten, den Verkehr der Badegäste für die Wirtshäuser nach Keitum zu ziehen."

Seine Haltung zur Arbeit der „Söl'ring Foriining" machte Mungard in seinen Briefen immer wieder deutlich. So schrieb er Pieter de Clercq im Mai 1908:

> *Ich bin Mitglied der Söl'ring Foriining, dessen Vorsitzender Herr Pastor Riewerts ist und ich habe in den Vereinsversammlungen des öfteren hervorgehoben, daß der Verein sich allzu einseitig als reiner Schaustellungs-Verein herausschält, der seine Bestrebungen nur darauf beschränkt, ein Zugstück für die Westerländer Badegäste nach Keitum zu schaffen* [...].[618]

Angesichts der mangelnden Unterstützung des Vereins für die Arbeit am Wörterbuch äußert er sich in einem späteren Schreiben kritisch: *Es kommt mir so vor, als ob die Leitung der ‚Söl'ring Foriining' denke: ‚Jammerschade, daß das Wörterbuch sich nicht als Museumsstück eignet'.*[619]

Auch der Hamburger Überseekaufmann und Mitglied des „Sylter Vereins Altona" Andreas Hübbe schloss sich dieser Kritik an. Die Sylter *scheinen auf das nationale Leben zu verzichten & ihre Eigenart ins Museum zu schicken, als etwas ‚Gewesenes'*[620] schrieb dieser im September 1908 an den Vorsitzenden Riewerts.

Nur kurze Zeit später – mit dem Ende der Arbeiten an den Museen – schien sich innerhalb der „Söl'ring Foriining" allerdings ein „Sinneswandel"[621]

---

616 Hoeg (Hrsg.), Nann Peter Mungard, S. 223.
617 Hier und für die folgenden Zitate: ebd.; siehe Anm. 613.
618 Mungard an de Clercq, 05.05.1908, abgedruckt in: Steensen, Dokumente, S. 45.
619 Ders., Die friesische Bewegung, S. 85 mit Anm. 259: Provinciale Bibliotheek van Friesland, Hs. 993, Mungard an de Clercq, 04.09.1909.
620 Ebd., S. 85 mit Anm. 260: Privatbesitz, Hübbe an Riewerts, 19.09.1908.
621 Ebd., S. 93.

vollzogen zu haben, sodass zum Ende des Jahres 1908 die Spracharbeit immer mehr in den Vordergrund der Vereinstätigkeit gerückt ist. Riewerts erklärte, dass *die Kräfte des Vereins frei geworden* waren, *für andere Aufgaben, die dem Schutz und der Erhaltung der Heimat dienen*[622] sollten. Dabei sei es nach der Eröffnung des „Altfriesischen Hauses" sowie des Heimatmuseums das erste Vorhaben des Vereins gewesen, der *Muttersprache* [...] *zu dienen durch die Herausgabe des von dem Landmann Nann Mungard zusammengestellten Sylter Wörterbuches*[623].

So wurde Mungard am 14. Oktober 1908 von Riewerts zu einer Vorstandsversammlung eingeladen, um dort *über den Stand seines Wörterbuches, bes. über die finanzielle Grundlage*[624] desselben zu berichten. Im Anschluss an die von Mungard getätigten Ausführungen beschloss der Vorstand, *die Drucklegung dieses Wörterbuches in die Hand zu nehmen u. möglichst schnell zu fördern.* Darüber hinaus wurde eine *Kommission bestehend aus Herrn P. Riewerts, Herrn Meyer, Koopmann u. dem Autor* gegründet, *um die Korrektur des Werkes zu bewerkstelligen u. mit dem Drucker über die Abtragung der Druckkosten zu verhandeln.*

Die Gesamtkosten, die im Vorfeld festgesetzt wurden, beliefen sich für eine Auflage von 1.000 Exemplaren auf 1.500,50 Mark.[625] Das Aufbringen des benötigten Geldes wurde der „Söl'ring Foriining" durch eine Vielzahl von Spenden ermöglicht. Durch die von der „Foriining fuar Söl'ring Spraak en Wiis" veranstaltete Feier zum Gedenken C. P. Hansens waren 300 Mark zur Drucklegung des Wörterbuches gesammelt worden. Die Stadt Westerland leistete eine Beihilfe von 100 Mark, die Sylter Spar- und Leihkasse von 50 Mark, Pieter de Clercq stiftete als Privatperson einen Beitrag von 100 Mark und Andreas Hübbe von 10 Mark. Samt der 30 Mark, die mit der Kasse der „Foriining fuar Söl'ring Spraak en Wiis" an die „Söl'ring Foriining" übergegangen waren, kamen somit insgesamt 590 Mark zusammen.[626] Durch die „Söl'ring Foriining" war demnach noch der restliche Beitrag von 910,50 Mark aufzubringen, die sie mit den 100 Mark, die pro Jahr zurückgelegt werden sollten, aus dem Posten für Heimatskultur zahlen wollten.[627]

---

622 Sylter Zeitung, 05.12.1908, Die Söl'ring Foriining in ihrer Bedeutung für Sylt.

623 Archiv SF, Söl'ring Foriining Entwicklungsgeschichte, Manuskript „Sölring Foriining. Rückblick und Ausblick", Riewerts, 11.1908, Bl. 7.

624 Hier und für die folgenden Zitate: Archiv SF, Vereinsgeschichte SF Ordner 1, Protokollbuch, Eintrag vom 14.10.1908, Bl. 64.

625 Ebd., Eintrag vom 13.10.1909, Bl. 85; MUNGARD, For Sölring Spraak en Wiis, S. 277.

626 MUNGARD, For Sölring Spraak en Wiis, S. 277; siehe dazu Sylter Land und Leute, 11.1930, 25 Jahre im Dienste Sylter Eigenkultur.

627 Archiv SF, Vereinsgeschichte SF Ordner 1, Protokollbuch, Eintrag vom 01.12.1907, Bl. 56.

Im Dezember 1908 konnte die baldige *Herausgabe der Sylter Wörtersammlung von N. Mungard*[628] in der Sylter Zeitung angekündigt werden. Auf einer Vorstandsversammlung Anfang Februar berichtet Riewerts *über den guten Fortgang des Druckes des Wörterbuches*[629], bevor am 7. Mai die Auskunft folgte, dass dieses *im Druck beinahe fertig* sei und der Prozess wohl bis zum 1. Juni einen Abschluss finden werde. Auf einen Vorschlag des Vorsitzenden hin wurde beschlossen, dass dem zuständigen Drucker von Meyer *das vorhandene Geld für das Wörterbuch ausgezahlt werden* solle. Es ist davon auszugehen, dass die „Söl'ring Foriining“ den noch ausstehenden Betrag sukzessive in Höhe der von ihnen festgelegten 100 Mark pro Jahr abzahlen konnte, da sich diese Summe für die Rechnungsjahre 1910/11 bis 1913/14 fortlaufend als Abtrag für das Wörterbuch im Rechnungsbuch des Vereins finden lässt.[630]

Im Juni konnte das Wörterbuch – bestehend aus einer Wortsammlung samt knappen Bedeutungsangaben sowie einem Anhang über die sylterfriesische Formenlehre nebst Personen- und Ortsnamen – schließlich herausgegeben und für einen Preis von zwei Mark pro Stück beziehungsweise einer Mark für Mitglieder der „Söl'ring Foriining“ verkauft werden.[631]

Das Werk mit dem Titel „For Sölring Spraak en Wiis“ war nicht nur das erste gedruckte sylterfriesische Wörterbuch, sondern zeitgleich auch das erste Wörterbuch eines Dialektes des Nordfriesischen überhaupt.[632] Die Herausgabe durch die „Söl'ring Foriining“ war daher *einer der ersten bedeutenderen Schritte, die getan wurden, um für die Erhaltung der friesischen Sprache auf Sylt zu wirken.*[633]

Parallel zum Wörterbuch Mungards wurde allerdings auch das „Söl'ring Leesbok“ des Boy Peter Möller vom „Sylter Verein Altona“ veröffentlicht.[634] Dieses enthielt neben einer Erklärung über die sylterfriesischen Sprachlaute sowie die Rechtschreibung auch eine Formenlehre.[635] Hinsichtlich des Lesestoffs waren *Sagen, Sittenregeln und Sprichwörter, Geschichten,*

628 Sylter Zeitung, 05.12.1908, Die Söl'ring Foriining in ihrer Bedeutung für Sylt.

629 Hier und für die folgenden Zitate: Archiv SF, Vereinsgeschichte SF Ordner 1, Protokollbuch, Eintrag vom 03.02.1909, Bl. 80.

630 Archiv SF, Vereinsgeschichte SF Ordner 2, Rechnungsbuch, Bl. 25, 31, 37 u. 43.

631 Mungard, For Sölring Spraak en Wiis; Archiv SF, Söl'ring Foriining Entwicklungsgeschichte, Festzeitung zum Friesentag, S. 2.

632 Wilts, Die nordfriesische Lexikographie, S. 357.

633 Sylter Land und Leute, 11.1930, 25 Jahre im Dienste Sylter Eigenkultur.

634 Archiv SF, Vereinsgeschichte SF Ordner 1, Protokollbuch, Eintrag vom 28.11.1909, Bl. 93; Archiv SF, Söl'ring Foriining Entwicklungsgeschichte, Festzeitung zum Friesentag, S. 2.

635 Hier und für das folgende Zitat: Husumer Nachrichten, 17.07.1909, Literarisches.

Erzählungen, dramatische Scenen, Gedichte und eine kurze Aufzählung der Fauna und Flora enthalten. Durch diesen Umstand geriet die „Söl'ring Foriining" in einen „gewissen Konflikt"[636], denn das Lesebuch Möllers folgte einer anderen sylterfriesischen Schreibweise als der, die Mungard in seinem Wörterbuch nutzte. Die beiden Verfasser hatten sich im Vorfeld nicht auf eine einheitliche Rechtschreibung einigen können.[637]

Im Vorwort seines Wörterbuches „For Sölring Spraak en Wiis" führte Mungard diesbezüglich folgendes Zitat Möllers an: „Unsere Wörterbücher sind keine Konkurrenz-, sondern Parallel-Arbeiten"[638]. Dies würde sich insbesondere dadurch ergeben, dass Mungard in seinem Werk eine leicht verständliche Schreibweise erzielen wollte, wohingegen Möller „ganz im Interesse der wissenschaftlichen Forschung geschrieben"[639] habe.

Dass die wissenschaftliche Forschung tatsächlich keineswegs die Absicht Mungards war, bestätigte die „Söl'ring Foriining" mit einem ergänzenden Vorwort innerhalb des Wörterbuches:

> „Wir sind uns wohl bewußt, nicht ein Werk von wissenschaftlichem Wert zu bringen. Wir dienen nicht germanistischer Sprachforschung; wir dienen der Heimat und unserer Stammeseigenart. Ob die Wissenschaft uns danken oder dem Verfasser Verflachung des Sprach Idioms vorwerfen wird, wissen wir nicht. Aber wir wissen, daß diese Arbeit dem Wunsche nach Vereinfachung der Sprache und Ermöglichung des bequemen schriftlichen Gebrauchs entgegenkommt. Und wir hoffen, daß sie helfen wird, friesische Sprache und friesisches Volkstum, das bisher so zäh behauptete Erbe der Väter, zu wahren. Darin sehen wir den Wert dieser fleißigen Arbeit eines ungelehrten Mannes. [...] ein schlichtes Werk eines schlichten Mannes, der nur der Heimat dienen wollte, sollte es werden."[640]

Trotz dessen, dass beide Seiten, Mungard wie Möller, aufgrund unterschiedlicher Zielsetzungen die Konkurrenz ihrer Werke abstritten, wirkte sich die Tatsache, dass ein Werk der „wissenschaftlicheren Orthographie"[641] folgte und das andere eine „volkstümliche und graphematisch vereinfachte Orthographie" aufwies, hemmend auf die Spracharbeit der Insel aus.[642]

Auf einer Vorstandsversammlung im November 1909 wurde diese Problematik unter dem vierten Tagesordnungspunkt *betrf. Sylter Orthographie*[643]

---

636 Sylter Land und Leute, 11.1930, 25 Jahre im Dienste Sylter Eigenkultur.
637 Steensen, Die friesische Bewegung, S. 94.
638 Mungard, For Sölring Spraak en Wiis, S. 8.
639 Ebd.
640 Ebd., S. 5.
641 Hier und für das folgende Zitat: Wilts, Die Verschriftung des Nordfriesischen, S. 309.
642 Steensen, Die friesische Bewegung, S. 94.
643 Archiv SF, Vereinsgeschichte SF Ordner 1, Protokollbuch, Eintrag vom 19.11.1909, Bl. 86.

aufgegriffen und anschließend Folgendes beschlossen: *Man ist allgemein der Ansicht, daß die Sölring Foriining sich weder für die Schreibweise Mungards noch für die nach Möller festlegen kann* [...][644]. Stattdessen erwarte man eine Klärung dieser Frage *durch die Weiterentwicklung der sylter Muttersprache zur Schriftsprache.* An dieser künftig mitzuwirken sei dabei ein wesentlicher Bestandteil des Arbeitsfeldes des Vereins. In dieser Hinsicht sei bereits *der Anfang durch die Herausgabe des Wörterbuches von Mungard gemacht worden.*

4.3.2.2 Sylter Literatur und Theater

Nachdem im November 1905 das „Sylter Intelligenz-Blatt" erstmals von den konkreten Plänen zur Errichtung eines Sylter Museums berichtet hatte,[645] folgte bereits einige Tage später ein Artikel, in welchem dargelegt wurde, was dieses angedachte Museum leisten müsse, um den Kriterien eines Heimatmuseums zu entsprechen.[646] Unter den aufgezählten Merkmalen befand sich unter anderem die Errichtung einer Bibliothek, die sämtliche Literatur über die Geschichte der Insel, Verfassungen, Bräuche sowie Sagen enthalten solle. Dies sei deswegen unerlässlich, da *der Wunsch nach solcher Aufklärung von Badegästen geäußert worden*[647] sei.

Dass die „Söl'ring Foriining" diesem Wunsch sowie der öffentlichen Aufforderung der Zeitung etwa ein Jahr nach ihrer Gründung nachgekommen ist, lässt sich anhand eines Protokollbucheintrages des Vereins vom 18. November 1906 nachweisen: *Sehr wertvoll ist eine Bücherei die sich aus allen Schriften zusammensetzt, welche irgendetwas über „Friesische Altertumskunde" enthalten. Wir haben den Anfang zu einer Sammlung gemacht.*[648]

Ermöglicht wurde dies unter anderem von Meinert Hagendefeldt aus Westerland, der *mehrere Bücher, die Insel Sylt betreffend, für den Verein gestiftet*[649] hatte sowie von Lorenz Hendriks aus Keitum, der dem Verein mit dem „Nordstrandischen Landrecht" samt handschriftlicher Notizen aller Sylter Ratleute ein besonders kostbares Geschenk machte.[650] Weitere

---

644 Hier und für die folgenden Zitate: ebd., Bl. 87.

645 Sylter Intelligenz-Blatt, 07.11.1905, Inselnachrichten.

646 Ebd., 11.11.1905, Sylter Museum.

647 Ebd.

648 Archiv SF, Vereinsgeschichte SF Ordner 1, Protokollbuch, Eintrag vom 18.11.1906, Bl. 36.

649 Ebd.

650 Ebd.; Sylter Archiv, SF-T001, unspezifizierter Zeitungsausschnitt, 15.07.[1908], Insel-Nachrichten, Bl. 91.

Anmerkungen in Zeitungen überliefern zudem *die Schenkung der Bibliothek des Kapitäns Clemens in Archsum*[651], welche den Bestand der „Söl'ring Foriining" in besonderem Maße bereichert habe sowie die Übergabe der *Schriften von C. P. Hansen als ein Geschenk von P. A. Dirks*[652].

Es ist davon auszugehen, dass sich die Bibliothek der „Söl'ring Foriining" im Laufe der Jahre durch unterschiedliche Zuwendungen sukzessive vergrößert hat. Allerdings wird der Ausbau der Bibliothek vorerst keine Priorität in der Arbeit des Vereins eingenommen haben, da diesbezüglich keine weiteren Angaben innerhalb der veröffentlichten Zeitungsannoncen oder des Protokollbuchs vorkommen. Erst im Dezember 1911 folgt ein zweiter – und zumindest bis 1914 auch letzter – Protokollbucheintrag, welchem zu entnehmen ist, dass die Bibliothek des Museums künftig *nach Kräften ausgebaut werden*[653] sollte.

Überdies ließen sich vereinzelt weitere Bemühungen ausfindig machen, die von der „Söl'ring Foriining" im Zuge der Sprachpflege unternommen worden sind.

So kam beispielsweise bereits früh der Gedanke auf, *von Vereinswegen ein Buch über Sylt (Sylter Bilder) herauszugeben*[654]. Das Buch sollte dabei inhaltlich *Tatsachen* über Sylt *in wahrheitsgetreuer Weise* abbilden. Diesbezüglich wurde auf einer Vorstandsversammlung Ende April 1906 beschlossen, dass für die kommende Versammlung *jeder womöglich einen Plan über dieses Buch* vorlegen solle. Da dieses jedoch in den folgenden Protokollen nicht wieder aufgegriffen wird, ist davon auszugehen, dass der Plan nicht weiterverfolgt wurde. Für Dezember 1911 findet sich schließlich der Eintrag, dass die *Schaffung einer Friesischen Literatur* [...] *einer späteren Zeit vorbehalten bleiben*[655] müsse, da es zu diesem Zwecke zunächst die Arbeit an einer einheitlichen Orthographie zu fördern galt.

Anstatt eigenständig sylterfriesische Literatur herauszugeben, beschloss die „Söl'ring Foriining" daher, zunächst durch das Leisten von Beihilfen anderweitig die Verbreitung von Sylter Schriften zu unterstützen. Dies geschah auf unterschiedlichen Wegen. So wurden unter anderem im Voranschlag für das Rechnungsjahr 1911/12 unter dem Posten „Zwecke der Heimatskultur" 100 Mark für die Veröffentlichung friesischer Literatur

---

651 Sylter Land und Leute, 11.1930, 25 Jahre im Dienste Sylter Eigenkultur.

652 Sylter Archiv, SF-T001, unspezifizierter Zeitungsausschnitt, 15.07.[1908], Insel-Nachrichten, Bl. 91.

653 Archiv SF, Vereinsgeschichte SF Ordner 1, Protokollbuch, Eintrag vom 03.12.1911, Bl. 111.

654 Hier und für die folgenden Zitate: ebd., Eintrag vom 27.04.1906, Bl. 29.

655 Ebd., Eintrag vom 03.12.1911, Bl. 111.

angesetzt.[656] Außerdem wurde vereinbart, der Förderung von sylterfriesischer Literatur nachzukommen, indem *die Drucklegung die den Druckereien besondere Schwierigkeiten bereitet durch* [...] *Beihilfen unterstützt wird*[657]. Darüber hinaus findet sich für eine Vorstandssitzung im Mai 1912 der Beschluss, den Jugendverein in Keitum mit 20 Mark für die Anschaffung friesischer Bücher zu unterstützen.[658]

Als eine weitere Maßnahme, die von der „Söl'ring Foriining" zum Zwecke der Sprachförderung ergriffen wurde, lässt sich das Veranstalten von Theaterabenden hervorheben. Besonderen Anklang fanden die von Erich Johannsen auf sylterfriesisch verfassten Bühnenstücke, vor allem auch deswegen, da diese vielfach Gesangseinlagen enthielten.[659] Johannsen übernahm bei seinen Stücken nicht nur eigenständig die Regie, sondern trat auch selbst häufig als Schauspieler auf.[660] Bereits unter der „Foriining fuar Söl'ring Spraak en Wiis" hatten diese Abende regelmäßig für ein reges Zusammenkommen der Sylterinnen und Sylter gesorgt. Die „Söl'ring Foriining" konnte mit ihren Veranstaltungen an diesen Erfolg anschließen.[661]

Als eine diesbezüglich besondere Veranstaltung lässt sich an dieser Stelle die von der „Söl'ring Foriining" abgehaltene Feier *zum 25jährigen Dichterjubiläum von Erich Johannsen*[662] hervorheben. So hatte der Vorsitzende Reinhardt auf einer Vorstandssitzung am 15. Oktober zu diesem Zwecke den Antrag gestellt, *das zu seinem Jubiläum aufzuführende Theaterstück in 1.000 Exemplaren drucken zu lassen, um jedem Mitglied 1 Exemplar aushändigen zu können u. 500 Exemplare dem Publikum zu schenken.* Der Antrag wurde angenommen. Das Jubiläum wurde am 2. November begangen, exakt 25 Jahre nachdem das erste Theaterstück Johannsens, „Friier fan Muasem", im „Nordfriesischen Gasthof" in Keitum uraufgeführt wurde.[663]

4.3.2.3 Das Verbot des Friesischunterrichts in Westerland

Im Gegensatz zu den bisher dargelegten aktiven Maßnahmen, die von der „Söl'ring Foriining" zum Zwecke der „Erhaltung und Pflege der Sylter Sprache" durchgeführt wurden, wird im Folgenden die Positionierung des

---

656 Ebd., Bl. 109.
657 Ebd., Bl. 112.
658 Ebd., Eintrag vom 15.05.1911, Bl. 112.
659 Pflüger, 75 Jahre Söl'ring Foriining, S. 129; Kunz/Steensen, Sylt Lexikon, S. 179 (Johannsen, Erich).
660 Steensen, Menschen von A–Z, S. 214.
661 Pflüger, 75 Jahre Söl'ring Foriining, S. 129.
662 Hier und für die folgenden Zitate: Archiv SF, Vereinsgeschichte SF Ordner 1, Protokollbuch, Eintrag vom 15.10.1913, Bl. 122.
663 Sylter Land und Leute, 11.1930, 25 Jahre im Dienste Sylter Eigenkultur.

Vereins bezüglich des 1910 erlassenen Verbotes von Friesischunterricht an der Westerländer Volksschule betrachtet, um auf diese Weise ein differenzierteres Abbild des vom Verein verfolgten Engagements aufzeigen zu können.

Nachdem von der „Foriining fuar Söl'ring Spraak en Wiis" im Jahr 1900 erstmals öffentlich die Forderung nach friesischem Schulunterricht erhoben wurde, sollte es beinahe zehn Jahre dauern, bis Möller mit dem „Söl'ring Leesbok" eine Grundlage zur Durchführung eines solchen Unterrichts schuf.[664] Nur kurze Zeit nach der Herausgabe durch den „Sylter Verein Altona" zeigte sich die Kreisschulinspektion *von dem Werte des Lesebuches überzeugt* und genehmigte infolgedessen *den Unterricht in der friesischen Sprache an der Hand dieses Buches für alle Sylter Schulen eine Stunde wöchentlich*[665]. Im Juli 1909 konnte somit die nordfriesische Sprache zum ersten Mal mit behördlicher Genehmigung Berücksichtigung im Schulunterricht finden.[666]

Bereits im Oktober wurde jedoch durch den preußischen Kultusminister August von Trott zu Stolz angeordnet, dass der Friesischunterricht an der Volksschule in Westerland einzustellen sei.[667] Dieser war im Sommer einige Tage auf Sylt gewesen und hatte dabei wohl von der Billigung des Unterrichts erfahren. Dass sich das von ihm erlassene Verbot lediglich auf Westerland bezog, hing damit zusammen, dass dort die Schülerinnen und Schüler aufgrund ihrer mangelnden Kenntnisse der friesischen Sprache planmäßig eine Unterrichtsstunde anstatt einer regulären Deutschstunde unterrichtet bekommen haben. In allen anderen Schulen der Insel fand der Unterricht mithilfe des „Söl'ring Leesboks" nur sehr unregelmäßig statt.

Die erste öffentlichkeitswirksame Reaktion auf das Verbot erfolgte von Andreas und Thomas Hübbe am 19. Dezember 1909 in Form eines Beitrages in den „Hamburger Nachrichten".[668] In ihrem Artikel führten sie die Vermutung an, dass sich das Verbot in einem politischen Zusammenhang gegenüber der dänischen und polnischen Minderheit begründe, da diese für ihre Sprachen *die gleiche Berücksichtigung wie für die friesische Verlangen könnten.* Dieser Vergleich sei jedoch unangemessen, da mit dem Verbot des Friesischunterrichts gleichermaßen forciert werden würde, *einen reinen, seßhaften und durch seine Eigenart unerschöpflich wirksamen deutschen Stamm bewußt untergehen zu lassen.* Es folgte die Ankündigung, dass *sich die Inselfriesen gegen dieses Zerstörungswerk* [...], *das durch einen Federstrich all die treue Arbeit zu Schanden machen will* erheben werden. Als

664 Vgl. Kap. 3.3.

665 Hamburger Nachrichten, 19.12.1909, Es ist ein Reif...

666 STEENSEN, Die friesische Bewegung, S. 98.

667 Ebd.

668 Hier und für die folgenden Zitate: Hamburger Nachrichten, 19.12.1909, Es ist ein Reif...

explizite Kraft in diesem Kontext wurde unter anderem die „Söl'ring Foriining" genannt, die *sicher von sich hören lassen* werde.

Dass die „Söl'ring Foriining" diesbezüglich selbst anderer Meinung war, belegt das Protokoll einer Vorstandssitzung vom 27. Dezember 1909. Unter dem Tagesordnungspunkt *Stellungnahme zu der Pressenotiz über Unterstützung der friesischen Sprachbewegung*[669] wurde zunächst von dem Vorsitzenden Riewerts darüber Bericht erstattet, *was in den Zeitungen geschrieben ist über das Verbot fries. Sprachunterrichts.* Es wurde daraufhin beschlossen, *an den Kultusminister einen aufklärenden Bericht zu schicken* sowie *in den Zeitungen Verwahrung einzulegen gegen die politische Ausbeutung unserer Bewegung.* Auch wollte sich der Verein dafür einsetzen, dass *in den anderen Schulen der Insel so auch in Westerland das „Sölring Leesbok" als Hilfsmittel im Unterricht verwendet*[670] werden darf.

Abschließend wurde noch entschieden, *die Gebr. Hübbe als Urheber der Zeitungsnotiz zu ersuchen, in Zukunft derartige eingesandte Artikel wie* [...] *„Es fiel ein Reif" nicht ohne Benehmen mit dem Vorstand der „Söl'ring Foriining" zu veröffentlichen.*

Die „Söl'ring Foriining" hatte sich somit auf der Vorstandsversammlung dazu entschlossen, nicht aktiv für das Aufheben des erlassenen Verbotes einzutreten. Dies könnte darauf zurückzuführen sein, dass der Verein auf diese Weise einen möglichen Konflikt mit der Regierung vermeiden wollte.[671] Diese Annahme wird gestützt durch folgende Mitteilung des Vorsitzenden Riewerts an den Kultusminister: *Ew. Exzellens bitte ich dringend nicht zu hören auf törichte Alarmmeldungen über Sylt. Es ist Zeitungslärm von Unberufenen und nichts Wahres dran.*[672]

Auch in ihrer öffentlich publizierten Stellungnahme unter der Überschrift „Der friesische Sprachunterricht auf Sylt"[673] war die „Söl'ring Foriining" darauf bedacht, sich von den in dem Artikel der „Hamburger Nachrichten" getätigten Aussagen zu distanzieren. So führten sie zunächst an, dass sie sich gezwungen sähen, *durch eine Erklärung falschen Folgerungen und unverständigen Betrachtungen entgegenzutreten,* die im Vorfeld in der Presse veröffentlicht worden wären. Daran anschließend hieß es:

> *Der Verfügung des Ministers ist eine Bedeutung beigemessen worden, als brächte sie der ganzen neufriesischen Bewegung ungefähr den Todesstoß. Auf so schwachen*

---

669 Hier und für die folgenden Zitate: Archiv SF, Vereinsgeschichte SF Ordner 1, Protokollbuch, Eintrag vom 27.12.1909, Bl. 97.

670 Hier und für das folgende Zitat: ebd., Bl. 98.

671 Steensen, Die friesische Bewegung, S. 101.

672 Ebd., S. 85 mit Anm. 347: Telegramm-Entwurf, undatiert, in Privatbesitz.

673 Hier und für die folgenden Zitate: Kieler Tagespost, 04.01.1910, Der friesische Sprachunterricht auf Sylt.

> *Füßen steht unsere Sache nicht. Wir haben uns bisher stets des Wohlwollens und Entgegenkommens der Behörden dankbar zu erfreuen gehabt; wir haben jedoch niemals versucht, mit ihrer Unterstützung zum Ziele zu kommen.*

Anstatt auf *Erlasse von oben* wolle sich die „Söl'ring Foriining" auf Selbsthilfe stützen. Das selbstbestimmte Vorgehen würde *durchaus der Eigenart des friesischen Volkscharakters* entsprechen. Zwar würde der Verein das Verbot des erst kürzlich eingeführten Friesischunterrichts bedauern, jedoch sei es nicht ihre Art, *darum zu klagen und Lärm zu machen.*

Nachdem sich Heinrich Helliesen, ein Lehrer und Küster aus List, Anfang März öffentlich positiv über das Verbot aussprach und dabei die Ansicht vertrat, dass sich die Interessen des deutschen Nationalstaats nicht mit denen der sylterfriesischen Sprachpflege vereinbaren ließen,[674] folgte eine weitere, deutlich umfassendere Stellungnahme von Riewerts im Namen der „Söl'ring Foriining" in der „Sylter Zeitung" und dem Titel *Erklärung der Söl'ring Foriining zu dem Artikel des Herrn theol. Helliesen über die Behandlung der friesischen Sprache in der Schule*[675]. In dieser Erklärung kritisiert er, dass Helliesen in seinem Aufsatz *mit keiner Silbe* den Kern der Bestrebungen zur Pflege der friesischen Sprache auf der Insel würdigen und stattdessen allein nach dem *kahlen Nützlichkeits-Prinzip* urteilen würde. Diesbezüglich führt er aus:

> [...] *weil man mit der Sylter Sprache nicht einmal bis Hoyer*[676] *kommt, weil man in der Welt nichts damit anfangen kann, darum hat es keinen Wert, sich über ihr Schicksal zu ereifern oder die Schule zur Mitarbeit an ihrer Erhaltung aufzurufen! Das treibt uns fast die Schamröte ins Gesicht. Es geht hier nicht um eine Markt-Ware, die man weg wirft, wenn sie sich nicht bezahlt macht. Wir kämpfen um teure, heilige Güter, wenn wir unsre Sprache und mit ihr unser Friesentum erhalten wollen.* [...] *Wer die Heimat nicht liebt und die Heimat nicht ehrt, ist ein Lump und des Glücks in der Heimat nicht wert. So singen wir in unserm Friesenlied; und in dem Sinne bauen wir eine Burg um die Muttersprache.*

Einen weiteren Kritikpunkt sah Riewerts darin, dass Helliesen die friesischen Sprachbestrebungen wie *ein Vergehen gegen das Vaterland* dastehen ließ. Die „Söl'ring Foriining" sei jedoch davon überzeugt, durch die Stärkung des friesischen Stammesbewusstseins dem *deutschen Vaterlande zu dienen und ihm ein wertvolles nationales Gut zu erhalten.* Daher könne der Friese *seinem*

---

674 Steensen, Die friesische Bewegung, S. 102.

675 Hier und für die folgenden Zitate: Sylter Zeitung, 17.03.1910, Erklärung der Söl'ring Foriining zu dem Artikel des Herrn theol. Helliesen über die Behandlung der friesischen Sprache in der Schule.

676 Hoyer war bis zum Bau des Hindenburgdammes 1927 für Sylt der wichtigste Fährhafen auf dem Festland. Siehe dazu Kunz/Steensen, Sylt Lexikon, S. 165 f. (Hoyer).

Vaterland keinen schlechteren Dienst tun, als wenn er seine Stammeseigenart verleugnet und seine Sprache verlernt. Wenn eine Schule also den Nationalsinn von Schülerinnen und Schülern stärken möchte, dann würden zu diesem Zwecke *die engste Heimat* sowie das Sprachlernen unerlässliche Themen des Unterrichts sein müssen.

Auf die Stellungnahme der „Söl'ring Foriining“ reagierte Andreas Hübbe mit einem Beitrag in der Rubrik „Eingesandt“[677] des „Sylter Intelligenz-Blattes“.[678] Diesen eröffnete er wie folgt:

> *Es ist erfreulich zu sehen, wie fix die Söl'ring Foriining bei dem Angriff des Herrn Helliesen auf dem Posten gewesen ist, und wie verständnisvoll überzeugend und durchschlagend sie – hoffentlich ein für allemal – jene ja nicht ganz neuen Ideen und Einwände in zwingender Logik widerlegt und zu Boden geworfen hat.*

Auch in seinen weiteren Ausführungen bezog sich Hübbe weiterhin auf die „Söl'ring Foriining“ und den Tätigkeitsbereich des Vereins. So schrieb er unter anderem: *Wir sehen die Söl'ring Foriining ist sich ihrer Aufgabe voll bewußt. Sie ist der feste Felsen des Friesentums auf Sylt.* [...] *Möchte es doch keinen Sylter geben, der ihr nicht als Mitglied angehört.* Ergänzend führte er an, dass es zum Aufgabenbereich des Vereins zählen würde, nicht nur die eingesessenen Sylterinnen und Sylter, sondern auch die kürzlich zugezogene Bevölkerung für die Bestrebungen des Vereins zu interessieren, denn damit diese als *voll echte Sylter Friesen* gelten können, müssten sie zunächst Sylterfriesisch sprechen sowie schreiben können.

Abschließend blickte Hübbe auf die vergangenen 18 Monate zurück und zog das Fazit, dass *die Söl'ring Foriining immer mehr die ihr vom Schicksal gestellten Aufgaben erkannt und verstanden hat.* Ferner bezog er sich auf Riewerts, indem er weiter ausführte, zuversichtlich zu sein, *daß der Steuermann der Söl'ring Foriining den richtigen Kurs weiter finden wird.*

Nur drei Tage nach der Veröffentlichung des Artikels folgte unter derselben Rubrik eine Reaktion des Vorsitzenden der „Söl'ring Foriining“.[679] In dieser sprach Riewerts Hübbe direkt an, dankte ihm im Namen des Vereins für seine Worte und schloss die Bitte an, *künftig bei Behandlung dieser Materie von dergleichen Lobreden auf sie abzusehen.* Er ergänzt dies durch folgende Begründung: *Damit ist der Sache weiter nicht gedient, und die Foriining hat es nicht nötig. Entweder sie ist auf dem rechten Wege – dann reden ihre Erfolge für sie; oder sie ist es nicht – dann soll sie einpacken.*

---

677 Für unter der Rubrik „Eingesandt“ veröffentlichte Artikel übernahm die Redaktion der Zeitung keine Verantwortung.

678 Hier und für die folgenden Zitate: Sylter Intelligenz-Blatt, 20.04.1910, Eingesandt.

679 Hier und für die folgenden Zitate: ebd., 23.04.1910, Eingesandt.

Überdies griff Riewerts den von Hübbe vorgenommenen Rückblick von 18 Monaten auf und erläuterte, dass dies die Zeitspanne sei, in welcher Hübbe vermehrt den Kontakt zur „Söl'ring Foriining" gesucht habe. Dieselbe erlaube es sich jedoch, *auch die Jahre ihres Bestehens und ihres Wirkens vor diesem bedeutsamen Ereignis mit in Rechnung zu stellen.* Darüber hinaus sei der Verein davon überzeugt, dass *wer auf Sylt bisher noch nicht ein Freund der Heimatschutz-Bestrebung war,* [...] *auch durch den freundlichen Rippenstoß von der Elbe her nicht gewonnen* werden könne.

Thomas Hübbe, der Bruder Andreas Hübbes, meinte in diesem von Riewerts verfassten Text einen Angriff gegen seinen Bruder zu erkennen und sah sich folglich gezwungen, diesbezüglich eine ebenso öffentliche Erklärung abzugeben. „*Um der Wahrheit willen*" war dabei der Titel des Artikels, den er am 14. Mai im „Sylter Intelligenz-Blatt" drucken ließ.[680] In diesem gab er an, *das brutale Eingesandt des Herrn Pastor Riewerts vom 7. Mai* nicht auf sich beruhen lassen zu können. Folgend ging er darauf ein, dass sich die „Söl'ring Foriining" auf die Veranlassung seines Bruders gegründet habe und daher Riewerts seinem Bruder nicht das Recht abstreiten könne, *sich über Arbeiten und Erklärungen der S. F. zu freuen und dieser Freude öffentlich Ausdruck zu geben.* Ergänzend fügte er an: *Man ist unwillkürlich versucht, hinter dem gehässigen Auftreten des Herrn R. eine gewisse Eifersucht zu wittern.* Dies könne er jedoch nicht verstehen, da beide Parteien – sein Bruder und Friedrich Riewerts – auf unterschiedlichen Gebieten arbeiten würden. Während die Sylter Sprachbewegung *auf den Schultern des Altonaer Vereins, des Herrn Boy. P. Möller* sowie seines Bruders Andreas Hübbe stehen würde und auch das Wörterbuch Nann Mungards *nicht einmal indirekt auf seine Einwilligung zurückzuführen sei,* habe *Pastor Riewerts* [...] *aus sich selbst heraus auf diesem Gebiete nichts geleistet,* vor allem auch, weil er selbst dem Sylterfriesisch gar nicht mächtig wäre. Für den von seinem Bruder angeführten Zeitraum von 18 Monaten, in denen er auf die Arbeit der „Söl'ring Foriining" zurückblickte, hat er in Bezug auf den Vorsitzenden Riewerts folgende Erklärung:

> *Seine Arbeit in der S. F. lag noch „vor 18 Monaten" auf anderem Gebiete: Keitumer Museum, Erhaltung des Baustils und dergleichen. Hier hat er Anerkennenswertes geleistet; hier ist er Geber gewesen. In der Sprachbewegung war er nur ein Nehmender. Als Nehmender aber behandelt man billig den Geber nicht so, wie er meinen Bruder zu behandeln beliebt; das ist ungehörig, unchristlich.*

Inwiefern dieser Konflikt in der Folgezeit weiter ausgetragen wurde, lässt sich durch die verfügbaren Quellen nicht erklären. Sicher ist jedoch, dass der Vorsitzende Riewerts im Oktober des Jahres 1910 sein Amt niederlegte

680 Ebd., 14.05.1910, Eingesandt.

und nach Uetersen zog.[681] Als im Januar 1911 der Pastor Jacob Reinhard seine Nachfolge antrat, wurde dieser umgehend von Andreas Hübbe darüber unterrichtet, was bisher durch die „Söl'ring Foriining" unter Riewerts auf dem Bereich der sylterfriesischen Sprachpflege geleistet worden war und inwiefern diesbezüglich künftig gearbeitet werden könne.[682] Ob die Zusammenarbeit zwischen dem „Sylter Verein Altona" – dabei im Speziellen der Familie Hübbe – und der Söl'ring Foriining ab diesem Zeitpunkt an günstiger verlief, ist ebenso ungewiss. Unabhängig davon hatte die Westerländer Lehrerschaft schon im Sommer des Jahres 1910 wieder damit begonnen, zumindest für die höheren Klassenstufen jede Woche eine außerplanmäßige, freiwillige friesische Lesestunde abzuhalten.[683]

4.3.3 Weitere Maßnahmen im Sinne der Heimatarbeit

4.3.3.1 Pflege heimatlicher Gebräuche und Feste

Das durch die „Söl'ring Foriining" beanspruchte Tätigkeitsfeld der *Pflege heimatlicher Gebräuche und Feste*[684] zeigte sich insbesondere in der Beschäftigung mit dem Biikebrennen sowie dem Petritag als die beiden „großen Feste"[685] der Sylter.

Im Protokollbuch des Vereins lässt sich der erste Eintrag in dieser Hinsicht für eine Generalversammlung am 18. November 1906 ausmachen. Meyer und Mungard haben im Verlauf dieser Sitzung gemeinsam den Vorschlag angebracht, *von Vereinswegen das Biikebrennen ins Auge zu fassen, um die alte Sitte neu zu beleben*[686]. Hoffmann schloss an die Ausführungen seiner beiden Vorredner die Frage an, *ob der Verein der Petrifeier auch näher treten* wolle. Über den Ausgang dieser Besprechung berichtet das Protokoll lediglich, dass *dem Vorstand anheimgeben* worden ist, *die Sache weiter zu verfolgen.*

Die nächste Erwähnung des Biikebrennens findet sich im Protokollbuch für den 29. Mai 1907. So wurde auf einer Vorstandssitzung über den Antrag Mungards *bet. das einige Biiken*[687] diskutiert. Dieser hatte zuvor

---

681 Archiv SF, Vereinsgeschichte SF Ordner 1, Protokollbuch, Eintrag vom 04.10.1910, Bl. 99.

682 Pflüger, 75 Jahre Söl'ring Foriining, S. 129.

683 Sylter Land und Leute, 11.1930, 25 Jahre im Dienste Sylter Eigenkultur.

684 Archiv SF, Vereinsgeschichte SF Ordner 1, Manuskript „Sölring Foriining. Rückblick und Ausblick", Riewerts, 11.1908, Bl. 7.

685 Bremen, Feuer, S. 320.

686 Hier und für die folgenden Zitate: Archiv SF, Vereinsgeschichte SF Ordner 1, Protokollbuch, Eintrag vom 18.11.1906, Bl. 39.

687 Hier und für die folgenden Zitate: ebd., Eintrag vom 29.05.1907, Bl. 49.

vorgeschlagen, *die Söl'ring Foriining möge die Veranstaltung des einigen Sylter Biikebrennens in die Handnehmen*[688] und somit eine festliche Veranstaltung für alle Bewohnerinnen und Bewohner der Insel schaffen. Die anwesenden Mitglieder kamen zu dem Ergebnis, dass sie eine gänzliche Übernahme der Veranstaltung durch die „Söl'ring Foriining" zwar für *unmöglich* halten würden, indes *die alte Sitte nach Möglichkeit fördern* wollten. Auf der darauffolgenden Generalversammlung am 9. Juni wurde schließlich allen anwesenden Mitgliedern der in der Vorstandssitzung gefällte Beschluss verkündet. Als Begründung wurde angegeben, dass es im Februar aufgrund der teilweise schlecht ausgebauten Wege sowie der weiten Entfernung mancher Dörfer einem Großteil der Sylter Bevölkerung nicht möglich wäre, an einem gemeinsamen Biikebrennen teilzunehmen und daher jedes Dorf weiterhin sein eigenes Biiken abhalten solle.[689]

Hinsichtlich der Veranstaltung einer Petritagsfeier wurde auf einer Vorstandssitzung Ende November beschlossen, auf der nächsten Generalversammlung den Vorschlag anzubringen, *daß der Verein die Veranstaltung der Petritag-Feier in die Hand nimmt*[690]. Tatsächlich findet sich für die Generalversammlung am 1. Dezember die Anmerkung, dass die „Söl'ring Foriining" künftig *endlich die Feier des Petritages in die Hand nehmen*[691] wolle. Dass in der Folgezeit diesbezügliche Bemühungen unternommen wurden, bestätigt das Manuskript eines Vortrages, den der Vorsitzende Riewerts am 28. November 1908 auf einer weiteren Generalversammlung des Vereins gehalten hat und der später als Druck an die Mitglieder weitergegeben werden sollte.[692] So führte Riewerts aus:

> *Der Feier des alten sylter Nationalfestes am Petritag sucht der Verein zu neuer Wiederbelebung zu verhelfen u. sie in Unterhaltung, Lied und Schauspiel zu einer Huldigung an die Heimat zu festhalten. Daß die Biikenfeuer nicht verloschen, daß vielmehr mit den Jungen auch die Alten wieder ihre Freude daran haben, liegt ganz im Sinne des Vereins.*[693]

Die Hervorhebung, dass Erwachsene den Petritag samt des dazugehörigen Biikebrennens gemeinsam mit den Kindern feiern konnten, liegt darin begründet, dass seit Anfang des 19. Jahrhunderts – mit dem Ende

---

688 Hier und für die folgenden Zitate: ebd., Eintrag vom 09.06.1907, Bl. 50.

689 Archiv SF, Vereinsgeschichte SF Ordner 3, Auszug aus dem Protokoll zu der Arbeit der Foriining von Anfang bis Frühjahr 1937, Bl. 3.

690 Archiv SF, Vereinsgeschichte SF Ordner 1, Protokollbuch, Eintrag vom 19.11.1907, Bl. 52.

691 Ebd., Eintrag vom 01.12.1907, Bl. 58.

692 Ebd., Eintrag vom 28.11.1908, Bl. 70.

693 Ebd., Manuskript „Sölring Foriining. Rückblick und Ausblick", Riewerts, 11.1908, Bl. 8.

der Grönlandfahrten – das Biikebrennen nicht länger in der Tradition des Abschiedsfestes für Seefahrer, sondern hauptsächlich als Attraktion für Kinder veranstaltet wurde.[694] Erst im 20. Jahrhundert entwickelten sich Petritag und Biikefeuer allmählich wieder zu einem Brauch, an dem alle Inselbewohner teilnahmen. Dass die „Söl'ring Foriining" darum bemüht war, diese Entwicklung zu unterstützen, ergibt sich durch einen Protokollbucheintrag vom 3. Februar 1909, aus dem hervorgeht, dass der Vereinsvorstand in Hinblick auf den Petritag *die Feier wie sonst in Gestalt einer Familienunterhaltung*[695] organisieren wolle. Auch die Tatsache, dass die „Söl'ring Foriining" sich die Aufrechterhaltung dieses Festes zu einer langfristigen Aufgabe gemacht hat, bestätigt sich durch einen Eintrag im Protokollbuch. So wurde auf der Generalversammlung vom 29. Januar 1911 beschlossen, dass der Petritag *in gewohnter Weise veranstaltet werden*[696] solle.

Im Gegensatz zu dem Engagement, welches für die „Söl'ring Foriining" hinsichtlich der Pflege heimatlicher Gebräuche und Feste durch diese kurzen Anmerkungen innerhalb der Archivalien des Vereins verdeutlicht wurde, steht jenes, das Mungard in seiner Autobiographie schildert. So berichtet dieser davon, dass der Vorsitzende Riewerts es zwar unterließ, „irgend etwas gegen die alte Feier zu unternehmen"[697], ergänzte jedoch: „Aber ebensowenig tat er etwas dafür, was man doch billigerweise von ihm, dem Vorsitzenden der ‚Söl'ring Foriining' hätte erwarten dürfen"[698]. An dieser Stelle ist zu betonen, dass das Verhältnis zwischen Mungard und Riewerts aufgrund der Ereignisse bezüglich der Arbeit am sylterfriesischen Wörterbuch bereits angespannt war und es daher möglich ist, dass Mungard seine Voreingenommenheit dem Vorsitzenden gegenüber in seine Ausführungen einfließen ließ.

Als eine weitere Veranstaltung, die von der „Söl'ring Foriining" organisiert wurde und unter der „Pflege heimatlicher Feste" verortet werden kann, lässt sich das „Friesenfest" aufführen. Dieses begründete sich zwar nicht auf einem traditionellen Sylter Brauch, diente allerdings – wie zuvor schon das „Friesenfest" 1907 auf Amrum – dem übergeordneten Ziel, *das friesische Volkstum zusammenzuführen u. Interesse für das Inselfriesentum zu fördern.*[699] Somit steht das „Inselfriesenfest" exemplarisch dafür, dass die Sylter ihren Heimatbegriff nicht allein auf ihre Insel beschränkten, sondern sie sich ebenso als Friesen

---

694 Koehn, Die Nordfriesischen Inseln, S. 195.

695 Archiv SF, Vereinsgeschichte SF Ordner 1, Protokollbuch, Eintrag vom 03.02.1909, Bl. 80.

696 Ebd., Eintrag vom 29.01.1911, Bl. 102.

697 Hoeg (Hrsg.), Nann Peter Mungard, S. 223.

698 Ebd., S. 223 f.

699 Archiv SF, Vereinsgeschichte SF Ordner 1, Protokollbuch, Eintrag vom 09.04.1907, Bl. 47.

verstanden und sich für das Friesentum und den Zusammenhalt, vor allem unter den Inselfriesen, einsetzten.

Auslöser der Friesenfeste war vor allem der aufkommende Fremdenverkehr, der neben Sylt auch auf den anderen friesischen Inseln einen Wandel sowie einen Verlust der jeweiligen Eigentümlichkeiten – wenn auch in geringerem Maße – bedingte. Obwohl die „Verbindungen zwischen den Inseln jahrhundertelang nur schwach ausgeprägt“[700] waren, führte der Fremdenverkehr dazu, dass die Inselfriesen zu den gemeinsamen Festen zusammenkamen und ein Programm, das „geradezu eine Heerschau all dessen, was man zu verlieren glaubte“, war, abhielten.

Auf Sylt wurde am 2. Mai 1909 eine außerordentliche Generalversammlung zur Besprechung des genauen Ablaufs des „Friesenfestes“ einberufen, an der etwa 60 Vereinsmitglieder teilnahmen.[701] Im Verlauf dieser Sitzung bildeten sich sieben unterschiedliche Arbeitsgruppen heraus, die sich der spezifischeren Planung des Festtages annehmen sollten. Diese waren: *a) Festkomitee, b) Empfangskomitee, c) Preißausschuß, d) Ausschmückungskommission, e) Theater-Kommission, f) Festredner, g) Komitee für das Biiken.*

Fünf Wochen später wurde die *Versammlung sämtlicher Commissionen eines Friesenfestes*[702] im „Landschaftlichen Haus“ in Keitum abgehalten, auf der schließlich das verbindliche Programm festgesetzt wurde.[703] Ebenso kam zur Sprache, dass bereits *in 2 Artikeln auf das Fest aufmerksam gemacht wurde u. viele auswertige Zeitungen ihren Artikel gebracht* hätten.

In diesem *Aufruf zum Friesenfest auf Sylt*[704], der im Namen der „Söl’ring Foriining“ veröffentlichte wurde, hieß es unter anderem:

> *Bei uns Nordfriesen ist der Wunsch lebendig nach Zusammenschluss derer, die eines Stammes, eines Blutes, einer Sprache sind. Wir wollen festliche Zusammenkünfte, die uns Fühlung miteinander und gegenseitigen Austausch bringen; Feste, auf denen unser Stammesbewußtsein geweckt und gepflegt wird. Die Liebe zur Heimat, die Liebe zur Väterart und zum Vätererbe ist das Band, das uns eint, wo das Meer uns trennt. Und dies Band soll fester geknüpft werden!*

Die Ankündigung über die Presse wie auch die Verhandlungen des Vereins mit der Hamburg-Amerika Linie, welche im Vorfeld zu ermäßigten

---

700 Hier und für das folgende Zitat: STEENSEN, Die friesische Bewegung, S. 87.

701 Hier und für die folgenden Zitate: Archiv SF, Vereinsgeschichte SF Ordner 1, Protokollbuch, Eintrag vom 02.05.1909, Bl. 81.

702 Hier und für das folgende Zitat: Archiv SF, Söl’ring Foriining Entwicklungsgeschichte, Protokoll sämtlicher Commissionen eines Friesenfestes vom 07.06.1909.

703 Zum Festprogramm siehe: ebd., Festzeitung zum Friesentag, Fest-Folge.

704 Sylter Archiv, SF-T025, Pressesammlung Sölring Foriining 1905–1989, Schmeißer, Felix, Das zweite Friesenfest auf Sylt am 26. und 27. Juni 1909.

Fahrpreisen für Gäste des Festes von Hamburg, Cuxhaven, Norderney und Helgoland aus geführt hatten,[705] sorgten schließlich dafür, dass sich am 26. Juni neben einem Großteil der Sylter Bevölkerung auch zahlreich Gäste von den Nachbarinseln sowie vom Festland zum Auftakt des ersten Festtages auf Sylt einfanden.

Nachdem der erste Programmpunkt des Friesenfestes die *Begrüssung der Gäste durch das Empfangs-Komitee in Hörnum und Mukmarsch*[706] vorsah, kamen gegen 22 Uhr insgesamt über 2.500 Teilnehmer zum gemeinsamen Biikebrennen sowie für die Ansprache des Kaufmannes Schwenn Hans Sörensen aus Tinnum auf dem Thinghügel in Keitum zusammen.[707] Der zweite Festtag, der eigentliche Haupttag des „Friesenfestes", begann mit einer Begrüßung der erst zu diesem Tag anreisenden Gäste, gefolgt von einer Besichtigung der Badeanlagen in Westerland, einem Strandkonzert sowie einem gemeinsamen Mittagessen samt Begrüßung durch den Bürgermeister Dr. Frommhold.[708] Anschließend fand *ein großer Zug von Westerland nach Keitum, zu Fuß, zu Roß und per Wagen*[709], statt, welcher am „Lornsen-Denkmal" endete, wo Amtsvorsteher Möller eine Rede hielt und einen Kranz niederlegte. Gegen 15 Uhr begann das Programm auf dem Festplatz vor dem „Altfriesischen Haus".[710] Der Begrüßung durch den Vorsitzenden Riewerts folgten eine Festrede des Kaufmanns Simon Jacob aus Wyk auf Föhr, weitere Festansprachen sowie das gemeinsame Singen friesischer und deutscher Heimatlieder.[711] Den Abschluss bildete die Aufführung des Schauspiels „Pidder Lüng" unter der Regie Erich Johannsens.

Obwohl die „Söl'ring Foriining" im Vorfeld beschlossen hatte, 20 Pfennig Eintritt für den Festplatz zu verlangen, belegt ein Eintrag im Rechnungsbuch, dass der Verein *zur Deckung des Defizits vom Friesenfest*[712] 1.000 Mark bei der Sylter Spar- und Leihkasse aufnehmen musste. Trotz dieses finanziellen Verlustes war *der moralische Erfolg dieser Veranstaltung ein großer*[713]. Die im Nachhinein von der „Söl'ring Foriining" selbst herausgegebene *Festzeitung*

---

705 Archiv SF, Schriftwechsel 1900–1929, Fuhr an Meyer, 29.04.1909.

706 Archiv SF, Söl'ring Foriining Entwicklungsgeschichte, Festzeitung zum Friesentag, Fest-Folge.

707 Sylter Land und Leute, 11.1930, 25 Jahre im Dienste Sylter Eigenkultur.

708 Archiv SF, Söl'ring Foriining Entwicklungsgeschichte, Festzeitung zum Friesentag, Fest-Folge.

709 Sylter Land und Leute, 11.1930, 25 Jahre im Dienste Sylter Eigenkultur.

710 Archiv SF, Söl'ring Foriining Entwicklungsgeschichte, Festzeitung zum Friesentag, Fest-Folge.

711 Ebd.; Sylter Land und Leute, 11.1930, 25 Jahre im Dienste Sylter Eigenkultur.

712 Archiv SF, Vereinsgeschichte SF Ordner 2, Haupt-Rechnungsbuch der „Söl'ring Foriining", Bl. 18.

713 Sylter Land und Leute, 11.1930, 25 Jahre im Dienste Sylter Eigenkultur.

zum Friesentag am 26. und 27. Juni auf Sylt[714], die neben des Festprogrammes auch weitere Inhalte zur friesischen Sprache auf Sylt, Gedichten und Liedern auf Sölring, Informationen zum Sylter Museum, bestehend aus dem Heimatmuseum und dem „Altfriesischen Haus", sowie zur „Söl'ring Foriining" als Vereinigung aufwies, „vermittelt einen Eindruck davon, welche Kraft und Bedeutung die Foriining in den vier Jahren ihres Bestehens gewonnen hatte"[715].

4.3.3.2 Förderung des Hausfleißes

Als ein weiteres Tätigkeitsfeld der „Söl'ring Foriining" lässt sich die *Förderung des Hausfleißes*[716] betrachten. So hatte Riewerts im November 1908 auf der Generalversammlung betont, dass es eine Aufgabe des Vereins sein müsse, *den Hausfleiß wieder aufleben zu lassen*[717]. Um dies zu erreichen, sei es ein vorrangiges Ziel des Vereins, *die Freude an der Herstellung von Handarbeiten* zu unterstützen. Dabei war es vor allem die Weberei, die in der Sylter Geschichte einen besonderen Stellenwert einnahm. In frühen Zeiten waren die Insulaner darauf angewiesen, mit der Wolle der eigenen Schafe die Alltagskleidung der gesamten Familie herzustellen.[718] So stand noch vor 1900 fast in jedem Sylter Haus ein Webstuhl.[719] Die Fortschritte in der Textilindustrie, die parallel mit dem Fremdenverkehr auch sukzessive Einzug auf der Insel hielten, machten die Sylter Wollverarbeitung jedoch unrentabel, sodass sie ab dem Beginn des 20. Jahrhunderts nur noch vereinzelt, vor allem in den Ostdörfern der Insel, betrieben wurde.[720] Dies erklärt, warum die „Söl'ring Foriining" sich um ein erneutes Aufleben dieses traditionellen Handwerks bemühte.

Infolge der Formulierung dieses Vorhabens im November 1908 lassen sich jedoch binnen eines Jahres keinerlei entsprechende Bestrebungen ausmachen. Die erste diesbezügliche Anmerkung im Protokollbuch erfolgte am 18. November 1909. Diese ging allerdings nicht von den Vorsitzenden der „Söl'ring Foriining" aus, sondern von Nann Mungard. So hatte dieser auf einer Generalversammlung den Vorschlag angeregt, *die Sammlung um Stücke der Bandweberei zu vermehren und durch Unterricht diese alte Kunst*

714 Archiv SF, Söl'ring Foriining Entwicklungsgeschichte, Festzeitung zum Friesentag, Fest-Folge.

715 Pflüger, 75 Jahre Söl'ring Foriining, S. 128.

716 Archiv SF, Vereinsgeschichte SF Ordner 1, Manuskript „Sölring Foriining. Rückblick und Ausblick", Riewerts, 11.1908, Bl. 7.

717 Hier und für das folgende Zitat: ebd., Bl. 9.

718 Haverkamp, Wandlungen, S. 32.

719 Kunz/Steensen, Sylt Lexikon, S. 425 (Weberei).

720 Haverkamp, Wandlungen, S. 33.

neuzubeleben[721]. Da das Flensburger Museum zu diesem Zeitpunkt mit der Herstellung von Webstühlen begonnen hatte, wurde der Vereinsvorstand dazu aufgefordert, *diese Angelegenheit weiter zu verfolgen*[722].

Darauffolgend findet sich der nächste Vermerk erst am 6. April 1911.[723] So wurde von Carl Meyer auf einer Vorstandsversammlung der Antrag gestellt, einen Webstuhl anzuschaffen. Ergänzend solle dabei *eine geeignete Person einen Kursus des Webens zu erlernen* angestellt werden. Der Nachfolger von Riewerts, Pastor Reinhardt, wollte *die Sache in die Hand nehmen u. nähere Erkundungen einziehen.* Auf der folgenden Versammlung am 25. Mai wurde entschieden, dass die *auf der Vorstandssitzung vom 6. April in Erwägung gezogen Sache bis zum Herbst verschoben werden u. um eine Beihilfe für diesen Zweck beim Herrn Oberpräsidenten nachgesucht werden*[724] soll. Ferner konnten bereits die entstehenden *Kosten für den Webstuhl, Ausbildung pp* dargelegt werden, welche sich auf etwa 350 bis 400 Mark belaufen würden.

Nach einigen weiteren Monaten wurde am 11. Oktober 1911 in der *Webstuhlsache [...] beschlossen, dieselbe noch in diesem Herbst soweit zu führen, daß zum Winter die Webstühle in Betrieb gebracht werden*[725] können. Im Voranschlag für das Rechnungsjahr 1911/1912 findet sich zu diesem Zwecke unter den aufgeführten Ausgaben die *Anschaffung von 2 Webstühlen*[726] für insgesamt 250 Mark wieder. Ein weiterer Eintrag von Anfang Dezember belegt schließlich die Verwirklichung eines Webkurses im Museum.[727]

Dass diese Maßnahme zur „Förderung des Hausfleißes“ auch in den folgenden Monaten fortgeführt wurde, ergibt sich einerseits durch einen Protokollbucheintrag von Mai 1912, in dem von der *Websache* berichtet wird, *dass sie ihren guten Fortgang nimmt*[728] und andererseits ist ebenso überliefert, dass im Dezember desselben Jahres durch eine Lehrerin aus Flensburg ein *Kursus der Handweberei*[729] abgehalten wurde, welcher *von 10 Damen besucht* war. Zusätzlich lässt sich dem Rechnungsbuch der „Söl'ring Foriining“ entnehmen,

721 Archiv SF, Vereinsgeschichte SF Ordner 1, Protokollbuch, Eintrag vom 18.11.1909, Bl. 94.

722 Ebd., Bl. 95. Siehe dazu Sylter Land und Leute, 11.1930, 25 Jahre im Dienste Sylter Eigenkultur.

723 Hier und für die folgenden Zitate: Archiv SF, Vereinsgeschichte SF Ordner 1, Protokollbuch, Eintrag vom 06.04.1911, Bl. 104.

724 Hier und für das folgende Zitat: ebd., Eintrag vom 25.05.1911, Bl. 106.

725 Ebd., Eintrag vom 11.10.1911, Bl. 107.

726 Ebd., Eintrag vom 30.11.1911, Bl. 109.

727 Ebd., Eintrag vom 03.12.1911, Bl. 111.

728 Ebd., Eintrag vom 14.05.1912, Bl. 114.

729 Hier und für das folgende Zitat: ebd., Eintrag vom 13.12.1912, Bl. 119.

dass der Verein durch *Lehrgeld für den Webkursus u. Miete für Webstühle*[730] insgesamt 78 Mark eingenommen hatte.

4.3.3.3 Erhaltung der landschaftlichen Eigenart

Eine weitere Aufgabe, der sich die „Söl'ring Foriining" ab November 1908 intensiver annehmen wollte, war die *Erhaltung der landschaftlichen Eigenart im Haus u. seiner Umgebung*[731].

Nach der Verkündung dieses künftigen Arbeitsfeldes führte Riewerts zunächst an, dass der Verein *dankbar das Vorgehen* des *Kreises zur Pflege der heimischen Bauweise* im Sinne des Heimatschutzes anerkennen würde und dieses dabei nicht als Konkurrenz für die gleichartigen Bestrebungen der „Söl'ring Foriining" verstanden werden dürfe. Mit dieser Aussage bezog sich der Vorsitzende auf den zu diesem Zeitpunkt neugegründeten Verein „Baupflege Kreis Tondern".[732] Im Vorfeld der Generalversammlung vom 28. November hatte die „Söl'ring Foriining" ein Brief erreicht, in dem der spätere Vorsitzende dieses Vereins, Landrat Friedrich Rogge, von Bestrebungen, *die gute alte heimatliche Bauweise im Kreis Tondern wieder von neuem zu beleben und zu fördern*[733], berichtete und um Unterstützung dieses Vorhabens gebeten hatte. Im Anschluss an die Ausführungen Riewerts legte der Vorsitzende des Verwaltungsrates, Bürgermeister Dr. Frommhold, den auf der Generalversammlung 30 anwesenden Mitgliedern den Zweck des in Tondern gegründeten Vereins dar und beantragte den korporativen Anschluss der „Söl'ring Foriining" an diesen. Der Antrag wurde angenommen, der jährliche Beitrag der Mitgliedschaft lag bei 20 Mark.[734]

Über das eigenständige Handeln der „Söl'ring Foriining" auf diesem Gebiet gab Riewerts an, dass zunächst noch geprüft werden müsse, *welche Wege [...] zu unmittelbar praktischem Eingreifen führen können, wie der meist unbewußten Schändung des landschaftlichen Gesamtbildes entgegen getreten werden kann*[735].

---

730 Archiv SF, Vereinsgeschichte SF Ordner 2, Haupt-Rechnungsbuch der „Söl'ring Foriining", Bl. 30.

731 Archiv SF, Vereinsgeschichte SF Ordner 1, Manuskript „Sölring Foriining. Rückblick und Ausblick", Riewerts, 11.1908, Bl. 8.

732 1867 gelangte Sylt in preußischer Zeit zum Kreis Tondern, 1920 durch eine Volksabstimmung zum Kreis Südtondern, welcher schließlich 1970 im Kreis Nordfriesland aufging. Siehe dazu KUNZ/STEENSEN, Sylt Lexikon, S. 396 (Tondern).

733 Archiv SF, Schriftwechsel 1900–1929, Rogge an die „Söl'ring Foriining", 05.11.1908.

734 Archiv SF, Vereinsgeschichte SF Ordner 1, Protokollbuch, Eintrag vom 28.11.1908, Bl. 75.

735 Ebd.

Das erste auch in die Tat umgesetzte Vorhaben der „Söl'ring Foriining" zur Erhaltung der landschaftlichen Eigenart der Insel lässt sich anhand des ausgewerteten Quellenmaterials im Zuge eines angedachten Dammbauplans im Jahr 1911 ausfindig machen. So überliefert ein Brief des „Sylter Vereins Altona" an den Vorsitzenden Reinhardt vom 12. Dezember 1911, dass bezüglich des *in Aussicht stehenden Dammstaus von Sylt nach dem Festlande*[736] mehrere Zeitungen berichtet hätten, zu diesem Zwecke *das Material zur Dammauffüllung dem Heiderücken beim Morsumkliff* entnehmen zu wollen. Der Vorstand des „Sylter Vereins Altona" vertrete dabei die Ansicht, dass die Erhaltung des Morsumkliffs mitsamt seiner Umgebung und somit gleichermaßen die Erhaltung eines *Naturdenkmals von seltener Schönheit* als selbstverständlich erachtet werden sollte. Die „Söl'ring Foriining" sei ihrer Auffassung nach in besonderem Maße dazu berufen, sich für den Schutz des Morsumkliffs auszusprechen. Dass sich die „Söl'ring Foriining" dieser Angelegenheit allerdings schon einige Wochen vor dieser Aufforderung des „Sylter Vereins Altona" angenommen hatte, lässt sich durch das Protokollbuch des Vereins belegen. So liegt für den 11. Oktober 1911 folgende Eintragung vor: *Der Vorsitzende wird beauftragt, bei der königl. Eisenbahndirektion vorstellig zu werden nach Möglichkeit die Morsum-Heide bei Anlage der Bahn zu schonen*[737]. Dass dieses Vorhaben umgesetzt wurde, lässt sich durch ein Antwortschreiben der Königlichen Eisenbahndirektion vom 7. Januar 1912 folgenden Inhalts nachweisen: *Die Beantwortung Ihrer Anfrage ist zwar Sache der Kgl. Wasserbauverwaltung, wir teilen Ihnen indes mit, daß – soweit uns bekannt ist – Erdmassen aus dem Morsum-Kliff zum Dammbau nicht verwendet werden sollen.*[738] Da keine weiteren Informationen über weitere Bemühungen der „Söl'ring Foriining" in diesem Kontext überliefert sind, ist davon auszugehen, dass das Morsumkliff tatsächlich keinen Schaden durch die Umsetzung der Dammbaupläne genommen hat.

Ein weiteres Beispiel für das Engagement des Vereins ergibt sich durch einen Brief Reinhardts, den dieser im Mai 1912 hinsichtlich der geplanten Errichtung eines Pumpwerks verfasste. So richtete er sich mit folgenden Worten an den diesbezüglich Verantwortlichen Truelsen:

> *In der letzten Sitzung der Söl'ring Foriining kam zur Sprache, dass gegenüber dem Museum vom Löschverband ein Pumpwerk angelegt werden soll. Die Foriining, der die Erhaltung des Dorfbildes besonders am Herzen liegt, möchte nun möglichst*

736 Hier und für die folgenden Zitate: Archiv SF, Schriftwechsel 1900–1929, Jensen an Reinhardt, 12.12.1911.

737 Archiv SF, Vereinsgeschichte SF Ordner 1, Protokollbuch, Eintrag vom 11.10.1911, Bl. 108.

738 Hier und für die folgenden Zitate: Archiv SF, Schriftwechsel 1900–1929, Mussnig an Reinhardt, 07.01.1912.

vermeiden, dass durch diese geplante Anlage in der Nähe des Museums und vor dem typisch-friesischen Haus von Wulfine Jensen etwas Störendes und Hässliches gebaut würde und bittet, in Erwägung ziehen zu wollen, ob die Pumpe nebst Zubehör nicht vielleicht in der Ostecke des Museumsgartens aufgestellt werden könnte.[739]

Die in diesem Brief angesprochene Vorstandssitzung hatte am 15. Mai im „Landschaftlichen Haus“ stattgefunden und unter dem ersten Tagesordnungspunkt die *Stellungnahme zum Bau eines Schuppens von Seiten des Löschverbandes vor dem Museum*[740] verhandelt. In seinem Brief an Truelsen spricht Reinhardt ergänzend an, dass der Amtsvorsteher Möller bei dieser Vorstandssitzung zugegen gewesen sei und den vorgeschlagenen Platz im Garten für die Errichtung des Pumpwerks als *wohl geeignet*[741] empfunden hätte.

Weiterhin lässt sich ein Beispiel für den Einsatz des Vereins hinsichtlich der Erhaltung der urtümlichen Bauweise anführen. So überliefert das Protokollbuch, dass sich ein Kommissar der Landesbrandkasse an die „Söl’ring Foriining“ gewandt und diese dazu aufgefordert hatte, *die beiden der Foriining gehörenden weichgedeckten Museen mit Blitzableitung zu versehen*[742]. Das „Altfriesische Haus“ sowie das Heimatmuseum waren beide mit dem für uthlandfriesische Häuser charakteristischen Reet gedeckt. Das getrocknete und gebündelte Schilfrohr brachte als Material für den Dachbau zwar viele Vorteile mit sich,[743] barg jedoch auch den großen Nachteil der leichten Entflammbarkeit.[744] So sind Dacheindeckungen aus diesem Baustoff vor allem hinsichtlich einer Beanspruchung der Oberseite nicht widerstandsfähig gegen Feuer, sodass sich ein Feuer als Folge eines Blitzschlages schnell auf das gesamte Dach ausbreiten würde. Obwohl die „Söl’ring Foriining“ mit einem Blitzableiter dieser Gefahr hätte vorbeugen können, trafen die Vorstandsmitglieder den Entschluss, den Antrag des Brandkassenkommissars abzulehnen.[745] Es ist davon auszugehen, dass diese Entscheidung im Sinne der Erhaltung der äußeren Gestalt des Hauses getroffen wurde.

---

739 Ebd., Reinhardt an Truelsen, 21.05.1912.

740 Archiv SF, Vereinsgeschichte SF Ordner 1, Protokollbuch, Eintrag vom 15.05.1912, Bl. 113.

741 Archiv SF, Schriftwechsel 1900–1929, Reinhardt an Truelsen, 21.05.1912.

742 Archiv SF, Vereinsgeschichte SF Ordner 1, Protokollbuch, Eintrag vom 15.05.1912, Bl. 113.

743 So ist das Reetdach unter anderem regensicher, frostbeständig, atmungsaktiv und sorgt gleichermaßen für eine beständige Raumtemperatur. Siehe hierzu ausführlicher: Schattke, Das Reetdach, S. 54–91.

744 Ebd., S. 91 f.

745 Archiv SF, Vereinsgeschichte SF Ordner 1, Protokollbuch, Eintrag vom 15.05.1912, Bl. 113.

Eine weitere Maßnahme, die sich dem übergeordneten Aufgabenfeld des Schutzes landschaftlicher Eigenarten zuordnen lässt, bildete das Instandhalten öffentlicher Grab- und Gedenkstätten bedeutender Sylter Persönlichkeiten.

So überliefert das Protokollbuch des Vereins, dass auf der Generalversammlung am 15. Dezember 1912 der Beschluss gefasst wurde, das Grab C. P. Hansens, dem sich die „Söl'ring Foriining“ zweifelsfrei sehr verbunden fühlte, *auf Kosten des Vereins in Ordnung halten zu lassen*[746]. Ergänzend wurde dieser Beschluss auch für das Grab des Vaters C. P. Hansens, des Lehrers und Schriftstellers Jap Peter Hansen, erlassen.

Im Gegensatz zu dem diesbezüglich kurzen Vermerk im Protokollbuch steht die Quellenlage zur Pflege des „Lornsen-Denkmals“. So liegt diesbezüglich zunächst ein Brief des „Sylter Vereins Altona“ an Pastor Reinhardt vom 10. Februar 1914 vor, in welchem der Zustand des Platzes des Denkmals für Uwe Jens Lornsen wie folgt beschrieben wurde:

> *Es wird zugegeben werden müssen, dass der Platz, was seine gärtnerischen Anlagen angeht, nicht gerade Anspruch auf Schönheit erheben darf und es wird dies auch in den Kreisen der Fremdenbesucher unserer Insel empfunden.*[747]

Die *mangelnde Pflege* erklärte der „Sylter Verein Altona“ damit, dass vermutlich *nicht immer die nötigen Mittel hierfür zur Verfügung stehen* würden. Aus diesem Grund wolle der Verein zur Würdigung des *grossen Landsmannes* dazu bereit sein, *einen Teil der Kosten für die Schmückung des Denkmalplatzes künftig zu tragen*. Den Betrag, den sie zu diesem Zwecke leisten konnten, legten sie auf 30 Mark pro Jahr fest. Der Zahlung wollten sie dabei jedoch nicht bedingungslos nachkommen:

> *Allerdings ist an den gefassten Beschluss* […] *die Bedingung geknüpft worden, dass die Söl'ring Foriining einen gleichen oder ähnlichen Betrag für die gedachten Zwecke zur Verfügung stellt und die Gemeinde Keitum oder wem sonst die Unterhaltung des Denkmalplatzes obliegt, die für die erste Anlage und künftige Unterhaltung noch fehlende Mittel in ungefähr gleicher Weise zu übernehmen bereit ist.*

Dieser Antrag, der durch den Vorstand des „Sylter Vereins Altona“ an den Vorstand der „Söl'ring Foriining“ gerichtet wurde, war Gegenstand auf der Vorstandssitzung des Vereins am 22. April 1914.[748] Die anwesenden Mitglieder kamen in dieser Angelegenheit zu dem Entschluss, dass eine gemeinsame Besichtigung des Denkmals mit dem Gemeindevorsteher Möller sinnvoll

746 Ebd., Eintrag vom 15.12.1912, Bl. 120.

747 Hier und für die folgenden Zitate: Archiv SF, Schriftwechsel 1900–1929, Jensen an Reinhardt, 10.02.1914.

748 Hier und für die folgenden Zitate: Archiv SF, Vereinsgeschichte SF Ordner 1, Protokollbuch, Eintrag vom 22.04.1914, Bl. 125.

wäre, um vor Ort mögliche Änderungen besprechen zu können. Darüber hinaus waren die Mitglieder der Ansicht, *dass eine Anfriedung durch einen Steinwall dem Ganzen ein der Umgebung entsprechendes Aussehen geben* könnte. Der Gemeindevertretung sollte ein diesbezügliches Protokoll zur Begutachtung und Genehmigung mitsamt der Bitte, zu diesem Zwecke eine Summe von 20 Mark zu bewilligen, vorgelegt werden. Die Kosten für die neue Einfriedung wolle die „Söl'ring Foriining" übernehmen.

Dass der Vorsitzende Reinhardt den „Sylter Verein Altona" über den Ausgang dieser Vorstandssitzung unterrichtet haben muss, belegt ein Brief des Vorsitzenden Jensen vom 26. Mai 1914 mit folgendem Inhalt:

> *Den Beschluss des Vorstandes der Söl'ring Foriining, das dünne eiserne Stakett am Lornsen-Denkmal durch einen Steinwall in Sylter Art zu ersetzen und innerhalb der Einfriedung Verbesserungen der Rasen und Wege zu treffen, begrüssen wir mit Dank und sind überzeugt, dass der Beschluss auch überall auf Sylt Anerkennung finden wird.*[749]

Darüber, ob und in welcher Realisierung die Instandsetzung des „Lornsen-Denkmals" durch die „Söl'ring Foriining" im Folgenden stattgefunden hat, liegen innerhalb des ausgewerteten Quellenbestandes keine Informationen vor.

4.3.3.4 Verbreitung der Kenntnisse von der Geschichte der Insel

Ein weiteres und an dieser Stelle auch letztes Aufgabenfeld, das die „Söl'ring Foriining" für sich beanspruchte, war die *Verbreitung der Kenntnisse von der Geschichte*[750] der Insel.

In diesem Kontext lässt sich – selbstredend neben dem Betreiben der beiden musealen Gebäude – insbesondere die Unterstützung der wissenschaftlichen Forschung hervorheben, welche von der „Söl'ring Foriining" hauptsächlich durch die Übermittlung von Informationen über die Insel sowie der Leihgabe oder Übertragung von Sylter Altertümern nachgekommen ist. So arbeitete der Verein zwar selbst in dem Bewusstsein, *nicht wissenschaftlichen Interessen u. Liebhabereien Einzelner*[751] zu dienen, dies beschränkte sich jedoch nur auf ihren eigenen Tätigkeitsbereich.

Diese Haltung der „Söl'ring Foriining" wird infolge eines Antwortschreibens des Regierungspräsidenten aus Schleswig vom 8. April 1910 besonders deutlich.[752] Auf das Gesuch um Beihilfe, das ausgehend von der „Söl'ring

---

749 Archiv SF, Schriftwechsel 1900–1929, Jensen an Reinhardt, 26.05.1914.

750 Archiv SF, Vereinsgeschichte SF Ordner 1, Manuskript „Sölring Foriining. Rückblick und Ausblick", Riewerts, 11.1908, Bl. 8.

751 Ebd., Bl. 2.

752 Hier und für die folgenden Zitate: ebd., [o. N.] an Riewerts, 08.04.1910.

Foriining" im November 1909 an unterschiedliche Institutionen geschickt worden war, erhielt der Verein folgende Antwort: *Der Herr Minister der geistlichen pp Angelegenheiten ist nicht abgeneigt, die Gewährung einer einmaligen staatlichen Beihilfe an den Verein in Erwägung zu ziehen.*

Diese Beihilfe sollte dabei allerdings mit zwei Bedingungen einhergehen, denen der Verein zustimmen müsse. Zunächst habe sich die „Söl'ring Foriining" *vor jeder Ausgrabung* [...] *mit dem Museum vaterländischer Altertümer in Kiel, als der Zentralstelle vorgeschichtlicher Denkmäler in der Provinz Schleswig-Holstein, besonders wegen des Beginns der Ausgrabung, in Verbindung zu setzen.* Die zweite Bedingung betraf die Sammlung des Vereins, die mit der Gewährung der Beihilfe *der Aufsicht des Vaterländischen Museums in Kiel zu unterstellen* sei.

Eine Notiz, die Riewerts unter dieses Schreiben setzte, überliefert in knappen Worten den Standpunkt, den der Vorsitzende – eventuell auch in Rücksprache mit dem weiteren Vereinsvorstand – hinsichtlich dieser Bedingungen einnahm: *Bedingungen abgelehnt, weil überflüssig. Stehen nicht der Wissenschaft im Wege, in einzelnen Fall gern verhandeln. Aber wollen Museum bleiben; nicht Angliederung an wissenschaftl. Institut.*

Dass sich die beiden Parteien jedoch hinsichtlich der Möglichkeiten sowie der Sinnhaftigkeit einer gegenseitigen Unterstützung im Laufe der darauffolgenden Wochen zumindest teilweise einig geworden sind, belegt ein weiterer Brief, den der Direktor des Museums vaterländischer Alterthümer, Friedrich Knorr, Ende Mai verfasste:

> *Ihre Zusicherung, daß der Verein keine Grabungen unternehmen wird, ist unserem Museum sehr wertvoll. Nach unserer Ansicht, die ja auch die Ihre zu sein scheint, müßte selbstverständlich sein, daß Grabungen nur unter der Leitung geschulter Archäologen vorgenommen werden dürften.*[753]

Knorr führte zudem an, dass es die Aufgabe der „Söl'ring Foriining" sei, Grabungen auf der Insel zu verhindern und gleichermaßen *das Kieler staatliche Museum sofort, wie von der Regierung gefordert* [...], *von einer bevorstehenden Grabung in Kenntnis* zu setzen, damit diese durch die Leitung eines Museumsbeamten durchgeführt werden könne. Auch die zweite Bedingung, die die „Söl'ring Foriining" im April durch den Regierungspräsidenten erreicht hatte, sprach Knorr in seinem Brief an. Seiner Ansicht nach sollte sich die Aufsicht des „Väterländischen Museums" jedoch auf die prähistorische Sammlung der „Söl'ring Foriining" beschränken. Diesbezüglich führte er aus: *Hier müsste das staatliche Museum die Möglichkeit haben, einzelne Funde, deren Bedeutung die Überführung in das Landesmuseum wünschenswert macht, gegen Erstattung der Unkosten und ev. gegen*

---

753 Hier und für die folgenden Zitate: ebd., Knorr an Riewerts, 28.05.1910.

Nachbildung zu erwerben. Auf diese Weise würde die Sammlung des Vereins keinen Verlust erleiden, *dem archäologischen Studium des Landes jedoch große Dienste erwiesen werden können.* Bei dem Zustandekommen einer solchen Zusammenarbeit sei das Kieler Museum bereit, der „Söl'ring Foriining“ *Abgüße von Sylter Funden und anderes wissenschaftliches Material* [...] *nach Möglichkeit zur Verfügung zu stellen.* Erneut gibt ein Randvermerk des Vorsitzeden Riewerts auf dem Schreiben über eine mögliche Haltung des Vereins, zumindest jedoch über die des Vorsitzenden Auskunft: *Danke! Lehnen Aufsicht aber ab um unseres volkserzieherischen Zweckes willen.*

Dass es in der Folgezeit jedoch zu einer weiteren Einigung beider Parteien gekommen sein muss, belegt ein weiterer Brief des Museumsdirektors Knorr von Januar 1911.[754] In diesem gratulierte er der „Söl'ring Foriining“ zunächst dafür, dass dem Verein *die erbetene Beihülfe von der Regierung bewilligt wurde.* Das „Schleswig-Holsteinische Museum Vaterländischer Altertümer“ habe diese Entscheidung unterstützt, da der Vorsitzende im Vorfeld erklärt habe, dass der Verein damit einverstanden sei, *Funde dem Landesmuseum zu überweisen, deren wissenschaftliche Bedeutung eine Überführung in ein größeres, wissenschaftlich geleitetes Museum dringend erwünscht mache.* Ergänzend führte er an: *Der Verein hat damit in dankenswerter Weise dokumentiert, daß er sich stark genug fühlt neben seinen lokalen Interessen auch die Forderungen der wissenschaftlichen Forschung im Lande zu respektieren und zu fördern.* Schließlich bat Knorr um zwei Stücke aus der Sammlung der „Söl'ring Foriining“ und appellierte an den Verein, *im Interesse der vorgeschichtlichen Forschung im Lande und eines weiteren freundschaftlichen Zusammengehens* seinem Wunsch nachzukommen.

Es liegt diesbezüglich zwar keine Reaktion von Seiten der „Söl'ring Foriining“ vor, jedoch belegen zwei Briefe des „Römisch-Germanischen Central-Museums“ in Mainz von Mai und Juni des Jahres 1912, dass Knorr bei diesem Nachbildungen einiger prähistorischer Sylter Funde für die „Söl'ring Foriining“ in Auftrag gegeben hatte.[755] Dies lässt vermuten, dass im Sinne der wissenschaftlichen Forschung und somit gleichermaßen der Verbreitung der Kenntnisse über die Geschichte der Insel auf diese Weise tatsächlich ein Austausch der Ausstellungsstücke stattgefunden hat.

Auch andere Museen unterstützte die „Söl'ring Foriining“ bei ihrer Forschung über Sylt. So hatte sich beispielsweise Friedrich Behn vom „Römisch-Germanischen Central-Museum“ bereits im November 1910 mit der Bitte

---

754 Hier und für die folgenden Zitate: Sylter Archiv, SF-T001, Knorr an Hoffmann, 20.01.1911, Bl. 129.

755 Archiv SF, Schriftwechsel 1900–1929, Behn an den Vorstand der „Söl'ring Foriining“, 13.05.1912; ebd., Behn an die Verwaltung der „Söl'ring Foriining“, 19.06.1912.

an die „Söl'ring Foriining" gewandt, ihm die *schöne Knochen-Harpune*[756], die er von Riewerts bei seinem letzten Besuch auf Sylt präsentiert bekommen hatte, *auf kurze Zeit zum Studium und Abformen* zu überlassen. Die gewonnenen Informationen würde er in einer der nächsten Ausgaben der „Altertümer unserer heidnischen Vorzeit" veröffentlichen. Dass der Verein auch diese Bitte erfüllt hat, bestätigt eine Postkarte, mit welcher Behn diesem den Eingang der Knochenharpune bestätigte und sich für die Leihgabe bedankte.[757]

Eine weitere Anfrage liegt von Albert Schück vor. Dieser bat den Verein um die Übersendung eines Kompasses von Erich Lorenzen an das „Museum für Kunst und Gewerbe" in Hamburg, damit er ihn dort *besichtigen und gegebenenfalls abzeichnen*[758] lassen könne. Die auf diese Weise entstehende Zeichnung wolle er entweder in seiner Arbeit über Kompasse als Abbildung anbringen, oder diese zur Beschreibung des entsprechenden Kompasses nutzen. In einem weiteren Brief von September 1911 sprach Schück der „Söl'ring Foriining" seinen *aufrichtigen Dank für freundliches Leihen des Kompasses aus dem Museum von Keitum*[759] aus.

Ferner hat die „Söl'ring Foriining" auch auf Anfragen ihren Literaturbestand betreffend reagiert und einzelne Werke ebenso als temporäre Leihgabe – etwa an Otto Lehmann vom Altonaer Museum[760] – verschickt oder aber angefragte Informationen beispielsweise über Autoren oder Verlage zum Zwecke des Erwerbs beantwortet.[761]

4.4 Mitglieder und Mitgliedschaften

Abschließend sollen an dieser Stelle noch zwei Faktoren betrachtet werden, die entscheidend zur Einordnung der „Söl'ring Foriining" innerhalb der Heimatbewegung des Deutschen Kaiserreiches beitragen. Zunächst ist diesbezüglich die Mitgliederzahl des Vereins im Laufe der Jahre anzuführen, welche in folgender Grafik Ausdruck findet:[762]

---

756 Hier und für das folgende Zitat: Sylter Archiv, SF-T001, Behn an [o. N.], 26.11.1910, Bl. 128.

757 Hier und für die folgenden Zitate: ebd., Behn an Hoffmann, 13.12.1910, Bl. 130.

758 Archiv SF, Schriftwechsel 1900–1929, Schück an Hoffmann, 14.01.1911.

759 Ebd., Schück an Reinhardt, 07.11.1911.

760 Ebd., Lehmann an Reinhardt, 15.12.1913; ebd., Lehmann an Reinhardt, 30.12.1913.

761 Ebd., Ebhardt an Reinhardt, 20.01.1912.

762 Für die Rechnungsjahre 1907/08 bis 1913/14 ist dem Rechnungsbuch der „Söl'ring Foriining" eine Auflistung über die Mitgliedsbeiträge, aufgeteilt in die einzelnen Gemeinden, auswärtige und einmalig zahlende Mitglieder zu entnehmen; siehe dazu Archiv SF, Vereinsgeschichte SF Ordner 2, Haupt-Rechnungsbuch der „Söl'ring Foriining", Bl. 4, 10, 16, 22, 28, 34 u. 40. Die

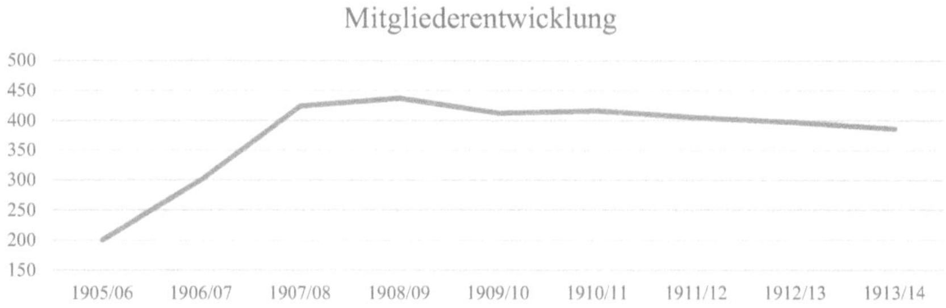

Abb. 4.3: Mitgliederentwicklung

Es wird deutlich, dass, nachdem die Mitgliederzahl bereits kurz nach der Gründung bei etwa 200 Personen lag, zunächst ein kontinuierlicher Aufstieg bis zum Rechnungsjahr 1907/08 stattgefunden hat, in welchem der Verein mit 424 zahlenden Mitgliedern in dieser Hinsicht seinen ersten Höhepunkt erreichte. Für die folgenden Jahre lässt sich eine geringfügig sinkende Zahl ausmachen, wodurch deutlich wird, dass der zuvor dargestellte Umschwung des Tätigkeitsfeldes des Vereins im Anschluss an die Fertigstellung der beiden Museumsgebäude keinen positiven Einfluss auf die Mitgliederentwicklung hatte. Gleichermaßen erscheint die Kritik an einer zu einseitigen Ausrichtung des Museums in den ersten Jahren des Vereinsbestehens nicht der vorherrschenden Meinung der Sylterinnen und Sylter entsprochen zu haben. Obwohl die Mitgliederzahl bis zum Rechnungsjahr 1913/14 auf 386 sinkt, ist die Bereitschaft zur Unterstützung der „Söl'ring Foriining" in den ersten acht Jahren nach ihrer Gründung relativ konstant und mit etwa einem Zehntel Beteiligung der gesamten Sylter Bevölkerung[763] zudem auch als ausgesprochen hoch zu bewerten. Diese Einschätzung ergibt sich durch einen Vergleich mit dem „Nordfriesischen Verein", der grundsätzlich einen erheblich größeren Einzugsbereich seiner Mitglieder aufwies, und für das Jahr 1908 eine Anzahl von 284 und für 1913/14 insgesamt 453 Mitglieder verzeichnen konnte.

Darüber hinaus ist auch dem Anschluss der „Söl'ring Foriining" an andere Vereinigungen vor allem in Hinblick auf das Selbstverständnis des Vereins eine hohe Bedeutung zuzumessen.

So lässt sich bereits für November 1906 im Protokollbuch der „Söl'ring Foriining" folgender Vermerk finden: *Mit großer Mehrheit wird der Anschluss*

Zahlen von etwa 200 Mitgliedern kurz nach der Gründung des Vereins sowie knapp über 300 für das darauffolgende Jahr ergeben sich durch Sylter Intelligenz-Blatt, 29.12.1905, Inselnachrichten; ebd., 21.11.1906, Inselnachrichten.

763 Krohn, Die Bevölkerung, S. 30.

an den Nordfr. Verein angenommen. Es wird ein Jahresbeitrag von 20 M als Mitgliedsbeitrag festgestellt.[764] Eine erhaltende *Mitglieds-Karte*[765] samt der Quittung über 20 Mark für den Jahresbeitrag von August 1906 bis August 1907 bestätigt die Umsetzung dieses getroffenen Beschlusses. Hinsichtlich der Vorteile dieser Mitgliedschaft äußerte Riewerts, dass die „Söl'ring Foriining“ durch die Zusammenarbeit in ihren Bestrebungen *günstige Anregung empfangen*[766] könnte. Ergänzend regte Bürgermeister Pauly an, auch *mit anderen gleichartigen Bestrebungen in Verbindung zu treten*[767]. Zwei weitere Mitgliedschaften lassen sich jedoch erst für das Jahr 1908 nachweisen.[768]

So schloss sich die „Söl'ring Foriining“ neben dem Verein „Baupflege Kreis Tondern“ – wie in Kapitel 4.3.4.3 beschrieben – für einen jährlichen Beitrag von 20 Mark, auch dem „Bund Heimatschutz“ an. Da für diesen der *Beitrag nach Selbsteinschätzung*[769] gezahlt werden konnte, einigten sich die Mitglieder der „Söl'ring Foriining“ am 8. April auf eine Zahlung von zehn Mark pro Jahr. Diese korporative Mitgliedschaft hat in der Folge die „Söl'ring Foriining“ entscheidend geprägt. So hatte sich die Geschäftsstelle des „Bundes Heimatschutz“ bereits im Februar 1908 an Riewerts gewandt, um den Verein vorzustellen sowie um die Angliederung des Sylter Heimatvereins zu bitten. Dabei sendeten sie *einige aufklärende Drucksachen*[770] mit, deren sich Riewerts in der Folge angenommen haben wird. Im November 1908 – und somit zu genau der Zeit, die einen Wandel in der Vereinstätigkeit markiert – hielt Riewerts einen *Vortrag über die Aufgaben des Heimatschutzes auf Sylt*[771]. Das Protokollbuch des Vereins liefert Aufschluss über den vorgetragenen Inhalt:

> *Der Vorsitzende weist darauf hin, daß die Heimatsliebe bei uns im deutschen Lande im Schwinden begriffen ist. Unser Verein soll alles tun, was in seiner Kraft steht, um die Liebe zu Heimat u. Volk zu wecken u. zu pflegen. Was wir im Kleinen auf unserer Insel wollen, das versucht der Bund Heimatschutz im ganzen deutschen Lande.*

---

764 Archiv SF, Vereinsgeschichte SF Ordner 1, Protokollbuch, Eintrag vom 18.11.1906, Bl. 39.

765 Archiv SF, Schriftwechsel 1900–1929, Mitgliedskarte des „Nordfriesischen Vereins für Heimatkunde und Heimatliebe“ der „Söl'ring Foriining“.

766 Archiv SF, Vereinsgeschichte SF Ordner 1, Protokollbuch, Eintrag vom 18.11.1906, Bl. 37.

767 Ebd., Bl. 39.

768 Ebd., Eintrag vom 03.04.1908, Bl. 60.

769 Archiv SF, Schriftwechsel 1900–1929, Geschäftsstelle des „Bundes Heimatschutz“ an Riewerts, 11.02.1908.

770 Ebd.

771 Hier und für das folgende Zitat: Archiv SF, Vereinsgeschichte SF Ordner 1, Protokollbuch, Eintrag vom 28.11.1906, Bl. 76.

Die „Söl'ring Foriining" hatte sich somit bereits 1908 nicht nur dem „Dachverband" der Heimatvereine des gesamten Deutschen Kaiserreiches angeschlossen, sondern sich auch in derselben Verantwortung gesehen.

Für die Mitgliedschaft an den drei genannten Vereinen lässt sich insgesamt eine Summe von 50 Mark an Beträgen feststellen, die sich im Rechnungsbuch beispielsweise für das Rechnungsjahr 1911/12 unter dem Posten *Beiträge an Vereine*[772] bestätigt.

Ein Jahr später steigt dieser Posten auf 70 Mark an, wodurch sich mindestens eine weitere Mitgliedschaft vermuten lässt.[773] Im Protokollbuch des Vereins lassen sich diesbezüglich allerdings keine Beschlüsse ausmachen. Ebenso wenig lässt sich der für das Rechnungsjahr 1913/14 diesbezüglich auf 40 Mark gesunkene Ausgabenposten mithilfe des ausgewerteten Archivalienbestandes erklären.[774]

772 Archiv SF, Vereinsgeschichte SF Ordner 2, Haupt-Rechnungsbuch der „Söl'ring Foriining", Bl. 13, 17, 23 u. 29.
773 Ebd., Bl. 35.
774 Ebd., Bl. 41.

5 Fazit

Das formulierte Ziel dieser Arbeit war es, anhand einer archivalienbasierten Analyse den Fragen nachzugehen, unter welchen Umständen die „Söl'ring Foriining“ im Jahr 1905 entstanden ist, welche Ziele der Verein anschließend anstrebte und inwiefern diese in den ersten Jahren des Vereinsbestehens umgesetzt wurden. Die diesbezüglich zu erlangenden Ergebnisse sollten gleichermaßen die Frage, in welcher Form die Heimatbewegung des späten 19. und frühen 20. Jahrhunderts Ausdruck auf Sylt fand, beantworten.

Zu diesem Zwecke war es zunächst notwendig, im Rahmen des historischen Kontextes einige wesentliche Faktoren herauszustellen, die in besonderem Maße Einfluss auf die Entwicklung des Heimatbewusstseins der Sylter Bevölkerung hatten und folglich dazu geführt haben, dass sich die Heimatbewegung gerade auf dieser Insel in derartiger Weise ausbilden konnte.

Nachdem einleitend die umfassenden wirtschaftlichen, sozialen wie politischen Umbrüche ausgehend von der Französischen Revolution sowie der zeitgleich auftretenden Industriellen Revolution als Ursprünge der Heimatbewegung ausgemacht wurden, folgte eine Darstellung der frühen Ausprägung derselben im Deutschen Kaiserreich. Eine schwerpunktmäßige Betrachtung lag auf dem Aufkommen von Heimatvereinen als Träger der Bewegung und den von diesen ausgeführten Aufgabenbereichen, die sich zusammenfassend auf das Forschen, Sammeln und Verschönern in einem lokalen Rahmen sowie das diesbezügliche Schaffen eines öffentlichen Bewusstseins beliefen. Es wurde zudem verdeutlicht, dass sich zwar ein Gesamtbild für die Heimatbewegung im Deutschen Kaiserreich darstellen lässt, diese jedoch keineswegs als einheitliche Gruppierung angesehen werden darf. Vielmehr fand die Heimatbewegung in einer Vielzahl von Verbänden und Aktivitäten Ausdruck und trat dabei je nach Region in unterschiedlicher Ausprägung auf. In diesem Kontext konnte Nordfriesland – insbesondere aufgrund eines stark ausgeprägten regionalen Selbstbewusstseins infolge der Position als deutsch-dänische Grenzregion – als ein in besonderem Maße geeignetes Untersuchungsgebiet hervorgehoben werden.

Für Sylt als dem geographischen Untersuchungsraum dieser Arbeit wurde aufgezeigt, inwiefern wirtschaftliche und kulturelle Entwicklungen das Selbstverständnis der Insulaner bis in das 20. Jahrhundert hinein geprägt haben. So war es vor allem die Seefahrt, die bereits seit dem hohen Mittelalter den Haupterwerbszweig der Sylter Bevölkerung darstellte und im Laufe der Jahre wesentliche Maßstäbe hinsichtlich ihrer Lebensgestaltung festlegte. Mit dem Erfolg im Zuge der Walfangzeit fand ein bis dahin unbekannter Wohlstand Einzug auf der Insel, der sich insbesondere in der Wohnkultur widerspiegelte. Die stark einseitig ausgerichtete Erwerbsstruktur bedingte allerdings zugleich eine umfassende Abhängigkeit, wodurch sich in Phasen des geringen Fangertrags zwangsläufig wirtschaftliche Not auf der Insel ausbreitete.

Ein grundlegender Wandel der geschilderten wirtschaftlichen Struktur konnte durch die Darstellung des aufkommenden Fremdenverkehrs sowie die Auswirkungen desselben für die Sylter Bevölkerung veranschaulicht werden.

Nachdem im Jahr 1855 das Seebad Westerland errichtet wurde, nahm in der Folgezeit die Anzahl an Badegästen stetig zu. Dabei ging mit dem steigenden Bekanntheitsgrad der Insel gleichermaßen eine umfassende Errichtung von Hotelanlagen, Gasthöfen und touristischer Infrastruktur einher. Die ablehnende Haltung, die dem neuen Erwerbszweig von den Insulanern zunächst entgegengebracht wurde, wich mit der Zeit der Erkenntnis über die Rentabilität desselben. Es konnte überdies aufgezeigt werden, dass der Fremdenverkehr der Insel nicht nur einen finanziellen Gewinn einbrachte, sondern vor allem auch zu einem Verlust der bestehenden Sylter Eigenart führte. Als besonders betroffen wurde die sylterfriesische Sprache hervorgehoben. Da das Sölring als die am schwersten verständliche Mundart des Friesischen gilt, war die einheimische Bevölkerung gezwungen, für die Verständigung mit den Badegästen sowie den Zugezogenen auf das Deutsche zurückzugreifen. Des Weiteren bestand unter einem Teil der Badegäste ein besonderes Interesse an Zeugnissen volkstümlicher Lebensformen, welches in einem ausgeprägten Sammeleifer Ausdruck fand. So hatten unter anderem von touristischen Gästen durchgeführte Ausgrabungen zur Folge, dass eine Vielzahl an historischen Funden zerstört wurde, in Privatsammlungen überging oder an Museen weitergegeben wurde und somit die Insel verließ.

Vor diesem Hintergrund prägte sich innerhalb der Sylter Bevölkerung ein stetig zunehmendes Heimatbewusstsein aus. Wie auch in anderen Regionen Deutschlands dieser Zeit kam es auf Sylt in der Folge zu ersten Vereinsgründungen, die in unterschiedlicher Ausprägung dem Schwinden von Sylter Eigenart, Sprache und Kultur entgegenwirken wollten.

Die an diese Ausführungen anschließende, archivalienbasierte Ausarbeitung der entsprechenden Vereinigungen erfolgte zunächst für den „Sylter Verein" von 1817 und damit für den ersten überlieferten Verein der Insel überhaupt. Als der Zweck des Vereins wurde das gesellige Beisammensein ausgemacht, welchem neben den an zwei Tagen der Woche stattfindenden Treffen vor allem durch die Veranstaltung von Bällen samt dem gemeinsamen Singen von friesischen Liedern nachgekommen wurde. Neben der Veröffentlichung einer Chronik der Insel, verfasst von Jens Booysen, konnte mit der Einrichtung der ersten öffentlichen Lesebibliothek Sylts ein besonderer Verdienst einiger der Vereinsmitglieder herausgestellt werden. Obwohl sich der Verein aufgrund mangelnder Teilnahme 1835 – und damit noch bevor der Fremdenverkehr Einzug auf der Insel hielt – auflöste, erwies er sich aufgrund seiner Tätigkeitsbereiche als wesentlicher Wegbereiter der folgenden Sylter Vereinigungen.

Der zweite in diesem Rahmen dargestellte Verein war der „Allgemeine Sylter Verein“ von 1860. Dieser schloss mit geselliger, bildender Unterhaltung sowie der Lektüre von Literatur und Zeitschriften als formulierte Zwecke an diejenigen des „Sylter Vereins“ von 1817 an. Weitere Parallelen konnten in der Unterhaltung einer Bibliothek, die im Laufe der Zeit sogar in den Räumlichkeiten der einstigen Bibliothek des „Sylter Vereins“ von 1817 unterkam, in der Veranstaltung von Bällen sowie in den vereinsinternen Treffen an zwei Tagen der Woche festgestellt werden. Ebenso ließen sich in der 56 Paragraphen umfassenden Vereinssatzung keine Bestrebungen ausfindig machen, die einen expliziten Inhalt im Kontext der Heimatbewegung aufwiesen.

Die ersten Ergebnisse in dieser Hinsicht ergaben sich im Zuge der Aufarbeitung des „Sylter Vereins Altona“ von 1894. So belegen die Statuten des Vereins unter anderem die Aufgabe, zu einer Rettung der im Verfall begriffenen sylterfriesischen Sprache beizutragen. Auf diese Weise wurde erstmals gezielt auf die Entwicklungen, die der Fremdenverkehr auf Sylt ausgelöst hatte, reagiert. Um ihrem Ziel nachzukommen, legten die Mitglieder des Vereins im Laufe der Jahre eine Bibliothek mit einem Bestand auf Sölring an. Überdies konnte hervorgehoben werden, dass durch den Verein eigenständig verfasste Literatur und Liederbücher herausgegeben wurden. Als besonders verdienstvoll ergab sich dabei das „Söl’ring Leesbok“ des Boy Peter Möller, durch welches erstmals die Grundlage für Friesisch als Unterrichtsfach geschaffen wurde. Mit Andreas Hübbe wurde eine weitere Person vorgestellt, die sich maßgeblich für die Erhaltung der sylterfriesischen Sprache einsetzte. So initiierte Hübbe im Jahr 1900 die Gründung eines Sylter Vereins zur Erhaltung der sylterfriesischen Sprache und Sitte. Dieser kam schließlich in Gestalt der „Foriining fuar Söl’ring Spraak en Wiis“ zustande.

Um dem Zweck des neuen Vereins, das Interesse für Sylter Sprache, Art und Weise zu fördern, nachzukommen, wurden vier Aufgabenbereiche formuliert. So sollte dies durch gesellige Zusammenkünfte, das Sammeln von sylterfriesischer Literatur, der Veröffentlichung neuer Beiträge sowie durch Aufmunterung zur Erhaltung der Sylter Eigenart erreicht werden. Als entscheidende Tätigkeit, die der Verein in diesem Kontext anstrebte, wurde die Herausgabe eines sylterfriesischen Wörterbuches aufgezeigt. Dieses Vorhaben konnte der Verein Zeit seines Bestehens jedoch nicht verwirklichen, da die internen Versammlungen stetig weniger Anklang fanden und somit die Vereinsarbeit bereits nach einigen Jahren zum Erlahmen kam.

Als besonders bedeutend für die weitere Entwicklung der Sylter Vereinsgeschichte ergab sich zur selben Zeit der Entschluss des „Keitumer

Bürgervereins", ein „Altfriesisches Haus" zur Erhaltung von Sylter Altertümern sowie gleichermaßen zur Hebung des Fremdenverkehrs errichten zu wollen. In der Folge trat eine eigens zu diesem Zwecke gewählte Kommission zusammen, die im Jahr 1904 zunächst ein Haus anmietete, um dort entsprechende Exponate ausstellen zu können. Im November des Jahres 1905 trat die Kommission mit zusätzlich geladenen Gästen zusammen, um die Möglichkeiten der eigenständigen Errichtung eines „Altfriesischen Hauses" im Sinne eines Museums zu besprechen. Die Anwesenden kamen darin überein, dass dies allein durch die Gründung eines gänzlich neuen Vereins, in dem sich alle engagierten Einwohnerinnen und Einwohner der Insel zusammenfinden sollten, zustande kommen könnte. Da auch die anwesenden Mitglieder der „Foriining fuar Söl'ring Spraak en Wiis" die besprochenen Ideen für unterstützenswert erachteten, kam es zu einer Zusammenarbeit der bestehenden Vereinigungen, aus der schließlich die „Söl'ring Foriining" hervorging, wodurch die Frage nach den Umständen der Gründung des Vereins beantwortet werden konnte. Die „Söl'ring Foriining" ist als ein Produkt von Vorgängervereinen und engagierten Insulanern entstanden, um mit der Errichtung eines Museums einerseits Sylter Altertümer für die Nachwelt erhalten zu können und andererseits einen Beitrag zur Unterstützung des Fremdenverkehrs auf der Insel zu leisten. Die Analyse des Quellenmaterials konnte weitere Ergebnisse hinsichtlich der Gründungsumstände aufdecken.

So ist im Zuge der konstituierenden Versammlung am 12. November 1905 die Gründung des neuen Vereins offiziell durch die Umwandlung der „Foriining fuar Söl'ring Spraak en Wiis" vorgenommen worden. Ferner fand eine Erweiterung des Vereinsnamens „Söl'ring Foriining" durch den Zusatz „eingetragener Verein" sowie die Wahl des Pastors Friedrich Riewerts zum ersten Vorsitzenden statt. Die Satzungen des Vereins wurden auf einer weiteren Sitzung Ende Dezember beschlossen. Bezüglich der öffentlichen Resonanz auf die „Gründung der Söl'ring Foriining" konnte nachgewiesen werden, dass der Verein nicht allein als ein lokales Phänomen, sondern auch im überregionalen Kontext der Zeit verstanden und in die im Deutschen Kaiserreich vorherrschenden Bestrebungen eingeordnet wurde. In der Gestalt der „Söl'ring Foriining" hatte die Heimatbewegung endgültig Einzug auf der Insel gehalten.

Bezüglich der Frage nach den Zielen des Vereins ließ sich zunächst der in den Statuten festgehaltene Vereinszweck anführen. So sollte es der Zweck des Vereins sein, Heimatkunde und Heimatliebe auf der Insel zu wecken und zu fördern sowie das bereits bestehende Museum in Keitum zu einem Denkmal des alten Sylt auszubauen. Ein weiteres Ziel folgte daraus, dass die „Foriining fuar Söl'ring Spraak en Wiis" dem neu gegründeten Verein ihr gesamtes Kapital zur Verfügung stellte, an dieses jedoch die Bedingung knüpfte, es für den ursprünglich angedachten Zweck – die Schaffung eines sylterfriesischen Wörterbuches – zu nutzen. Auf diese Weise ergab sich die sylterfriesische Sprachpflege als zusätzliches Arbeitsfeld des Vereins. Die Analyse der Archivalien der „Söl'ring Foriining" ergab zudem, dass der Vorsitzende Riewerts im Jahr 1908 die „Pflege heimatlicher Gebräuche und Feste", „die Förderung des Hausfleißes", die „Erhaltung der landschaftlichen Eigenart im Haus und seiner Umgebung" sowie die „Verbreitung der Kenntnisse von der Geschichte der Insel" als weitere Aufgaben betonte, denen sich der Verein künftig noch intensiver annehmen wollte. Vor dem Hintergrund erfolgte eine ausführliche Analyse des vorhandenen Quellenmaterials, in der herausgearbeitet werden konnte, inwiefern der Verein diesen eigenständig formulierten Zielen im Laufe der Zeit bis zum Jahr 1914 nachgekommen ist.

Dadurch, dass die Schaffung eines Museums den ursprünglichen Anlass zur Gründung der „Söl'ring Foriining" gab, resultierte insbesondere in den ersten drei Jahren ein diesbezüglicher Schwerpunkt in der Vereinsarbeit, welcher sich ebenso am Umfang der Analyse innerhalb dieser Arbeit niederschlägt. Hinsichtlich der anfänglichen Pläne zur Errichtung eines Museums wurde nachgewiesen, dass zunächst die Intention bestand, ein gänzlich neues Haus zu errichten. Dieses Vorhaben wurde allerdings nur für eine kurze Zeit verfolgt und schließlich für den Ankauf eines bereits bestehenden Hauses verworfen. Auf der Suche nach einem passenden Objekt bot sich das ehemalige Haus C. P. Hansens in besonderem Maße an. Dieses erfüllte nicht nur die von der „Söl'ring Foriining" zuvor aufgestellten Kriterien wie das des uthlandfriesischen Haustypus, durch C. P. Hansen hatte das Gebäude für den Verein einen lokalhistorischen Wert. Die Auswertung des vorliegenden Schriftverkehrs zwischen der Eigentümerin des Hauses und Riewerts konnte trotz der nur einseitig vorliegenden Korrespondenz die Beharrsamkeit des Vorsitzenden in dieser Angelegenheit verdeutlichen. Nach mehreren Monaten der Verhandlung erwarb die „Söl'ring Foriining" das Haus samt Grundstück am Kliff schließlich für 4.500 Mark. Vor diesem Hintergrund konnte zudem dargelegt werden, dass Riewerts im Namen der „Söl'ring Foriining" nicht davor scheute, an anderer Stelle um Hilfe zu bitten, wo die Vereinsmitglieder mit ihrem eigenen Wissen nicht weiterkamen. So wandte sich der Vorsitzende an Heinrich Sauermann, einen Flensburger Museumsdirektor und fragte diesen nach einer Einschätzung betreffs des Wertes des Hauses. In dem Antwortschreiben Sauermanns erging neben einer diesbezüglichen Einschätzung zudem die Anfrage an den Verein, das Museum als ein gemeinsames Vorhaben der Stadt Flensburg und der „Söl'ring Foriining" aufzubauen. Es zeigte sich jedoch, dass das Flensburger Museum beabsichtigte, der „Söl'ring Foriining" keinerlei Entscheidungsfreiheiten zugestehen zu wollen und so kam es trotz der anhaltenden Unterstützung Sauermanns hinsichtlich der Ausgestaltung des Museums zunächst zu keiner offiziellen Zusammenarbeit der Institutionen.

Ein weiterer Konflikt, den die „Söl'ring Foriining" im Zuge des Museumsausbaus überwinden musste, ergab sich dadurch, dass für das Haus zunächst noch ein Mietsverhältnis vorlag, welches der Mieter, Nicolai Bleicken, nicht auflösen wollte. Auch war derselbe im Besitz der Sammlung C. P. Hansens, die sich ebenso im Haus befand. Mithilfe des Archivmaterials konnte aufgedeckt werden, dass die „Söl'ring Foriining" Bleicken schließlich eine Entschädigung in Höhe von 400 Mark für das Auflösen des Mietsverhältnisses sowie 4.200 Mark für die Hansen'sche Sammlung zahlte.

Über die darauffolgenden konkreten Ausgestaltungsarbeiten des Museums liegen bis auf vereinzelte Informationen bezüglich der Hilfe, die der „Söl'ring Foriining" von dem Kunstmaler Katzenstein entgegengebracht wurde, keine weiteren Angaben vor. Damit trotzdem ein Eindruck davon vermittelt werden konnte, in welcher Gestalt das Museum im Juni 1908 dem interessierten Publikum zugänglich gemacht wurde, erfolgte eine Beschreibung der einzelnen Räume, die durch einen angefertigten Grundriss des Hauses unterstützt wurde. Auf diese Weise konnte – trotz des Mangels an Informationen über die in diesem Haus ausgestellten Exponate – aufgezeigt werden, dass die „Söl'ring Foriining" ein uthlandfriesisches Haus im ursprünglichen Stil der Zeit der Sylter Walfänger hergerichtet hatte.

Zusätzlich zu der Ausgestaltung des „Altfriesischen Hauses" wurde von dem Verein die Errichtung eines zweiten Gebäudes zu Ausstellungszwecken vorgesehen. Nachdem sich auch an dieser Stelle der Plan eines Neubaus als untragbar herausstellte, wurde ein zweites Haus in unmittelbarer Nähe des „Altfriesischen Hauses" erworben. Auch über die Einrichtung dieses Gebäudes liegen innerhalb des Quellenbestandes kaum Informationen vor, sodass sich die Ausführungen über die Gestaltung der einzelnen Zimmer unter anderem auf Angaben zu Schenkungen aus Danksagungen innerhalb der lokalen Zeitungen oder aus Briefen stützen. Als gesichert gilt jedoch, dass sich innerhalb des mit „Heimatmuseum" betitelten Gebäudes naturkundliche, geologische und prähistorische Sammlungen sowie Gegenstände aus dem Bereich Kunsthandwerk und Hausfleiß wie auch solche des alltäglichen Gebrauchs wiederfanden. Ebenso wurde dargelegt, dass sich die „Söl'ring Foriining" auch an dieser Stelle um Hilfe bei der fachwissenschaftlichen Ausgestaltung ihres Museums bemühte. Dabei war es keineswegs der Anspruch des Vereins, ein wissenschaftliches Museum zu erschaffen, stattdessen sollte dieses über die Vergangenheit und die Gegenwart der Insel – als ein Denkmal der Heimat – erzählen.

Dem per Satzung formulierten Ziel der Schaffung eines Museums ist die „Söl'ring Foriining" somit in umfänglicher Weise nachgekommen.

Für das Ziel der Erhaltung und Pflege der Sylter Sprache erfolgte eine schwerpunktmäßige Untersuchung dreier Themenbereiche, die sich aufgrund des ausgewerteten Archivmaterials ergaben. In Bezug auf die Herausgabe des ersten Sylter Wörterbuches, die der „Söl'ring Foriining“ explizit durch die „Foriining fuar Söl'ring Spraak en Wiis“ angetragen wurde, konnte zunächst durch Korrespondenzen sowie die autobiographischen Aufzeichnungen Nann Mungards, des Verfassers des Wörterbuches, eine gewisse Distanziertheit des Vorsitzenden Riewerts dargestellt werden. Mit dem Ende des Jahres 1908 – und somit zeitgleich mit der Eröffnung der beiden Museen – trat die Spracharbeit allerdings immer mehr in den Vordergrund der Vereinstätigkeit, sodass das Wörterbuch schließlich im Juni des Jahres 1909 veröffentlicht werden konnte. Mit der Herausgabe des Wörterbuches, das nicht nur das erste sylterfriesische Werk dieser Art darstellte, sondern bis zu diesem Zeitpunkt einmalig für einen Dialekt des nordfriesischen Sprachraums war, trug die „Söl'ring Foriining“ entscheidend zur Erhaltung des Sölring bei. Nachdem der „Sylter Verein Altona“ mit dem Lesebuchs Boy P. Möllers zeitgleich ein zweites Buch sylterfriesischen Dialekts, dabei allerdings einer anderen Orthographie folgend, herausgegeben hatte, beschloss die „Söl'ring Foriining“ im November 1909, sich zunächst für keine der Schreibweisen festlegen zu wollen und stattdessen auf eine Weiterentwicklung des Sölring zur Schriftsprache zu warten. An dieser mitzuwirken sei künftiger Bestandteil ihres Arbeitsfeldes.

Weitere Aspekte, die sich hinsichtlich des Erhalts und der Pflege der sylterfriesischen Sprache ergaben, wurden unter der übergeordneten Bezeichnung „Literatur und Theater“ im Rahmen der Analyse zusammengefasst betrachtet. Vor diesem Hintergrund konnte unter anderem festgehalten werden, dass die „Söl'ring Foriining“ über eine Bibliothek verfügt haben muss. Dass diese stetigen Zuwachs erhielt, lässt sich durch vereinzelte Schenkungsangaben vermuten, allerdings wird die Ausweitung des Bibliothekbestandes keine Priorität in der Vereinsarbeit eingenommen haben, da diesbezüglich anderweitig keine Informationen vorliegen.

Ergänzend wurden mehrere kleine Hinweise auf Bemühungen des Vereins aufgeführt. So unter anderem das Vorhaben, von Vereinswegen ein Buch über die Insel herauszugeben, welches jedoch an der uneinheitlichen Schreibweise des Sölring scheiterte und daraufhin vom Vorstand schließlich beschlossen wurde, die eigenständige Schaffung von Literatur einer späteren Zeit vorzubehalten. Allerdings bemühte sich der Verein anderweitig um eine Förderung und Verbreitung der sylterfriesischen Schrift und Sprache, unter anderem in Form von der Anschaffung und Schenkung sylterfriesischer Literatur sowie durch die Veranstaltung von Theaterabenden mit auf sylterfriesisch verfassten Bühnenstücken.

Neben den aktiv durch den Verein ergriffenen Maßnahmen wurde zudem das Verbot des Friesischunterrichts in Westerland aus dem Jahr 1910 aufgegriffen und die diesbezügliche Positionierung der „Söl'ring Foriining“ herausgestellt. Die erste öffentliche Äußerung des Vereins in diesem Kontext erfolgte als Reaktion auf einen Artikel der Brüder Hübbe, in welchem diese ihrem Unmut über das Verbot Ausdruck verliehen und die „Söl'ring Foriining" in diesem Zusammenhang als eine Kraft nannten, die sich gegen dieses Verbot erheben werde. Die „Söl'ring Foriining" war in der Folge darauf bedacht, sich von diesen Aussagen zu distanzieren. Öffentlich nahm der Verein die Haltung ein, sich stets auf Selbsthilfe zu stützen und dabei auf keine Erlasse des Ministeriums angewiesen zu sein. Weiterhin konnte aufgezeigt werden, dass der Verein die Meinung vertrat, mit einer Stärkung ihres friesischen Stammesbewusstseins im Sinne des deutschen Nationalsinns zu handeln.

Hinsichtlich eines weiteren Zwecks des Vereins, der Pflege heimatlicher Gebräuche und Feste, ergab sich durch mehrere knappe Anmerkungen insbesondere eine Beschäftigung mit dem Biikebrennen sowie dem Petritag, die gemeinhin als die beiden größten Feste der Sylter gelten.

So wurde dargestellt, dass einige der Mitglieder des Vereins die Vorschläge erbrachten, die alte Sitte des Biikebrennens neu aufleben zu lassen sowie der Feier des Petritages näherzutreten. Ebenso konnte sich durch Angaben innerhalb des Protokollbuches des Vereins die Bemühung zur Umsetzung dieser Feierlichkeiten, die im Sinne einer Familienunterhaltung gestaltet werden sollten, bestätigen. Im Kontrast zu den wenigen Informationen, die sich in dieser Hinsicht aus den Archivalien des Vereins ergaben, stehen erneut die Ausführungen Nann Mungards, der in seiner Autobiographie davon berichtet, dass Riewerts die Durchführung der Feierlichkeiten nicht unterstütze. Allerdings ist der Wahrheitsgehalt in den Aussagen Mungards aufgrund des angespannten Verhältnisses der beiden Parteien an dieser Stelle zu hinterfragen.

Weiterhin wurde das „Friesenfest", dem zwar keine Sylter Tradition zugrunde lag, welches jedoch dazu diente, die Friesen zu vereinen, exemplarisch dafür aufgeführt, dass die Sylter ihren Heimatbegriff nicht allein auf ihre Insel beschränkten, sondern sie sich ebenso für übergeordnete friesische Belange engagierten.

Als ein weiterer Zweck des Vereins, der sich erneut aus wenigen vereinzelten Angaben innerhalb der Archivalien ergab, wurde die „Förderung des Hausfleißes" betrachtet. Da die Weberei einen besonderen Stellenwert in der Sylter Geschichte einnahm, die Fortschritte der Textilindustrie dieses Handwerk auf der Insel jedoch unrentabel machten, wollte sich die „Söl'ring Foriining" für ein erneutes Aufblühen dieses traditionellen Handwerks bemühen. Nachdem sich aus den Quellen binnen eines Jahres nach der Formulierung dieses Vorhabens allerdings keine diesbezüglichen Bemühungen der „Söl'ring Foriining" feststellen ließen, erbrachte Nann Mungard Ende November 1909 den Vorschlag, die Sammlung des Museums um Webstühle zu ergänzen und diese Kunst durch Unterricht zu fördern. Ein zweiter Vermerk innerhalb dieses Kontextes erfolgt erst im April 1911. Erneut wurde der Antrag gestellt, einen Webstuhl anzuschaffen und zugleich einen Kursus in den Räumlichkeiten des Vereins durchführen zu lassen. Durch Eintragungen im Protokollbuch konnte die Umsetzung dieses Vorhabens sowie die Fortführung desselben bestätigt werden.

Auch zur „Erhaltung der landschaftlichen Eigenart" lieferten nur einige wenige Anmerkungen Hinweise auf die Bestrebungen des Vereins. So ergab sich unter anderem, dass sich die „Söl'ring Foriining" im Rahmen eines geplanten Dammbauvorhabens für den Schutz des Morsumkliffs einsetzte. Auch konnte aufgezeigt werden, dass sich der Verein für die Erhaltung des Stadtbildes aussprach, indem der Vorsitzende Reinhardt um die Verlegung eines geplanten Pumpwerkes bat, da dieses in der Nähe des Museums als störend angesehen werden könnte.

Der letzte Vereinszweck, der im Rahmen dieser Analyse herausgearbeitet wurde, ist die „Verbreitung der Kenntnisse von der Geschichte der Insel", dem der Verein insbesondere durch die Unterstützung der wissenschaftlichen Forschung nachgekommen ist. Dies geschah dabei vor allem durch Leihgaben, die Übertragung von Sylter Altertümern an andere Museen sowie die Übermittlung von Informationen über die Insel.

Dass sich die angeführten Bestrebungen im Sinne der Heimatarbeit nicht allein auf die wenigen Personen beschränkten, die innerhalb der vorausgegangenen Ausführungen Erwähnung fanden, sondern den Zielen des Vereins eine außerordentliche Unterstützung durch die Insulaner entgegengebracht wurde, ergab sich durch die Darstellung der Mitgliederentwicklung, die sich seit der Gründung des Vereins bis ins Jahr 1914 relativ konstant auf etwa ein Zehntel der Gesamtbevölkerung der Insel belief.

Abschließend lässt sich festhalten, dass die vorausgegangene Untersuchung der Entstehung der „Söl'ring Foriining" im Zuge der Heimatbewegung des späten 19. und frühen 20. Jahrhunderts auf der Grundlage eines archivalischen Quellenbestandes umfassend aufzeigen konnte, unter welchen Umständen die „Söl'ring Foriining" im Jahr 1905 entstanden ist, welche Ziele der Verein anschließend anstrebte und inwiefern diese in den folgenden Jahren bis zum Ersten Weltkrieg umgesetzt wurden. Gleichermaßen wurde veranschaulicht, in welcher Form die Heimatbewegung Ausdruck auf der Insel fand – in Gestalt der „Söl'ring Foriining" und ihres Wirkens.

Da sich die erbrachte Erkenntnisse innerhalb eines noch weitestgehend unbearbeiteten Feldes verorten lassen, konnte ein Anfang dafür gemacht werden, eine bestehende Lücke innerhalb der regionalen Forschung zu schließen. Dadurch, dass mit dieser Arbeit der erste Beitrag im Zusammenhang des längerfristigen Vorhabens der Aufarbeitung der Vereinsgeschichte der „Söl'ring Foriining" geleistet wurde, ergibt sich als Konsequenz der Bedarf, diese im Rahmen einer oder mehrerer zukünftiger Forschungsvorhaben fortzuführen.

Als ein weiteres Beispiel für eine an diese Ausarbeitung anschließende Untersuchung lässt sich die Frage nach den Ausprägungen der Heimatbewegung auf der Nordseeinsel Föhr anführen, da auf dieser etwa zeitgleich ein Heimatmuseum errichtet wurde und ein Vergleich somit durchaus lohnenswert erscheint.

6 Anhang

6.1 Fotografien

Abb. A.1: Westliche Außenmauer des „Altfriesischen Hauses“ mit der Zahlenfolge „1739“.

Foto: Bogg Brockmann.

Abb. A.2: Fliesentableau über dem Bileggerofen im „Altfriesischen Haus“.

Foto: Alexander Römer.

Abb. A.3: Alkoven, die links und rechts der Tür zum Pesel in die Wand eingelassen sind.
Foto: Alexander Römer.

Abb. A.4: Schrank, Schublade und Regal, die am Fußende des Bettes verbaut sind.
Foto: Bogg Brockmann.

Abb. A.5: Malereien in der Wohnstube des „Altfriesischen Hauses“.
Foto: Alexander Römer.

Abb. A.6: Marmorierter Türrahmen im Pesel des „Altfriesischen Hauses“.
Foto: Alexander Römer.

Abb. A.7: Darstellung der Kreuzigung Jesu an der Decke des Pesels im „Altfriesischen Haus“.
Foto: Bogg Brockmann.

Abb. A.8: Spruch über dem Ostfenster des „Altfriesischen Hauses“: „Ein Meister is vel weten unde weinich sagen, nicht antwerden up alle Fragen.“
Foto: Alexander Römer.

Abb. A.9: In die Wand eingelassener Vitrinenschrank im Pesel des „Altfriesischen Hauses".

Foto: Bogg Brockmann.

Abb. A.10: Alkoven und Vitrinenschrank in der Kellerkammer des „Altfriesischen Hauses".

Foto: Alexander Römer.

Abb. A.11: Ornament-Malerei an der Zimmerdecke der Kellerkammer.
Foto: Alexander Römer.

Abb. A.12: Ein schmaler Alkoven in der Küche des „Altfriesischen Hauses".
Foto: Bogg Brockmann.

Abb. A.13: Gedenktafel für Uwe Jens Lornsen an der Außenwand des „Altfriesischen Hauses“.

Foto: Bogg Brockmann.

Abb. A.14: Gedenktafel für Uwe Jens Lornsen an der Außenwand des „Altfriesischen Hauses“.

Foto: Bogg Brockmann.

6.2 Transkription des Protokollbuchs der „Söl'ring Foriining" von 1904–22.04.1914

Die folgende Transkription beruht auf dem Protokollbuch der „Söl'ring Foriining", beginnt mit dem ersten Eintrag aus dem Jahre 1904 auf dem ersten Blatt des Buches und endet mit einem Eintrag vom 22. April 1914 auf Blatt 126. Die Textwiedergabe erfolgt dabei buchstabengetreu und entspricht der orthographischen Form des Originals.

Textstellen, die sich aus unterschiedlichen Gründen als „nicht lesbar" herausgestellt haben und daher keine Berücksichtigung in der Transkription finden konnten, werden im Folgenden durch „[n. l.]" gekennzeichnet.

Blatt	Inhalt
1	Die Gründung eines altfriesischen Hauses, wurde in einer Versammlung des Keitumer Bürgervereins am 6. April 1903 beschlossen. Der Zweck soll, sowohl zur Erhaltung der hier immer mehr verschwindenden Altertümer als auch zur Hebung des Fremden-Verkehr sein Es sollen damit zunächst einige Mittel zur Verfügung stehen. 500 Mark in der Sylter Sparkasse angeliehen werden und erklären sich nachstehende Herren solidarisch für die Summe zu haften: C. H. Lorenzen, N. Bleicken, J. Bleicken, Boy Lorenzen, Peter F. Hansen, E. P. Jansen, And. Gantzel, Joh. F. Jacobs, And. Bleicken, Anton Espersen, M. H. Prott, B. Buchholz, Rud. Thomsen, P. A. Mungard, A. Hoffmann, M. Johannsen, N. Lausten, C. B. Zeffner, L. Jürgensen, B. Johannsen, H. S. Buchholtz, Cl. Bleicken, L. Petersen, F. L. Schuster, Otto Petersen, A. Bossen, J. P. Nielsen, Jens Hoffmann. Nachdem in einer zweiten Sitzung des Bürgervereins am 20. April selb. Jahres eine Commission die jetzt aus den Herren E. P. Jansen
2	P. Mungardt And. Bleicken And. Ganzel C Lorenzen u Jens Hoffmann besteht, gewählt wurde, beschlossen selbige die Inangriffnahme des Projekts der schon zu weit vorgeschrittenen Zeit wegen, bis zum nächsten Winter aufzuschieben. Der Schriftführer J. Hoffmann, Keitum, 1904 Verhandlung der Commission des Altfriesischen Hauses Es wird beschlossen, das Haus des Herrn And. P. Prott hierselbst der erbötig ist sein Haus für obigen Zweck zu vermieten für die Summe von 140 Mark pro Jahr zu mieten und wird nachstehender Contract mit genanntem Herrn abgeschlossen. Miets-Vertrag Zwischen dem Herrn And. Peter Prott und dem Keitumer Bürgerverein ist nachstehender Vertrag vereinbart und hiermit schriftlich vollzogen.

Blatt	Inhalt
3	§ 1. Herr And. P. Prott hier, vermietet sein in Keitum belegenes Wohnhaus, bestehend aus zwei Zimmern u. Küche zum Zwecke der Besichtigung an den Keitumer Bürgerverein. § 2. Der Keitumer Bürgerverein mietet die Zimmer für das Jahr 1904. § 3. Die Mietsentschädigung beträgt 140 Mark u. für genannten Preis gestattet Herr And. Prott dem Bürgerverein, daß dieser nach abgelaufener Saison seine eingebrachten Gegenstände in dem Pesel aufbewahrt. Herr Prott wird alsdann die Beaufsichtigung der Sachen übernehmen. § 4. Herr Prott verspricht seinerseits
4	Den Besuchern das sogenannte Altfriesische-Haus Eintritt zu gewähren u. die drin befindlichen Sachen nach Möglichkeit zu zeigen u. das Eintrittsgeld entgegenzunehmen. § 5. Ferner gestattet Herr And. Prott, daß der Keitumer Bürgerverein den im Wohnzimmer befindlichen Ofen fortnimmt und durch einen alten Ofen provisorisch ersetzt. § 6. Der Keitumer Bürgerverein verpflichtet sich, die von Herrn Prott gemieteten Zimmer nach beendeter Mietzeit in dem Zustand abzuliefern, wie solcher diese zu Anfang übernommen hat. § 7. Der Bürgerverein gestattet Herrn Prott das Wohnzimmer mit zu benutzen. Gez. And. Prott C. H. Lornsen, P. Mungard, Jens Hoffmann
5	Keitum, d. 28.2.04 Verhandlung der Commission des Altfriesischen-Hauses Zunächst wird zur Wahl eines Schriftführers geschritten und Jens Hoffmann als solcher gewählt. Herr Peter Mungard wird beauftragt die baulichen Veränderungen vorzunehmen, und wird beschlossen die Giebelverzierung des Herr Schwenn Boysen am Hause anzubringen und soll die Mauer ausgefugt werden u. die Fenster grün und weiß angestrichen werden. Ferner sollen drei Wegweiser und ein Schild mit Aufschrift angefertigt werden. Es soll versucht werden, in anderen Ortschaften der Insel Herren zu erwecken die sich für die Sache interessieren und bei dem Erwerb von Altertümern behilflich sind oder sein wollen, und wird in Morsum Herr Lehrer Hansen, in Archsum Herr
6	Jul. Jepsen, in Kampen Herr Claas Möller und auf List Herr Jes Paulsen in Aussicht genommen u. wird der Schriftführer beauftragt sich schriftlich mit den Herren in Verbindung zu setzen. Der Schriftführer J. Hoffmann Versammlung am 31. März 1904 Die Mitglieder sind alle erschienen und wird zunächst das Protokoll verlesen

Blatt	Inhalt
	Nachdem die von den aufgeforderten Herren, zwecks Unterstützung eingegangenen Schreiben Kenntnis genommen ist, werden P. Mungard, C. Lornsen u. Jens Hoffmann beauftragt, sich nach Archsum u. Morsum zu begeben u. die ev. Leihweise oder käuflichen Sachen zu erwerben. Der Schriftführer.
7	Versammlung am Montag den 21.10.04 Die Versammlung ist ordnungsmäßig berufen u. sind alle Mitglieder erschienen Zu Punkt eins der Tagesordnung, Rechnungsablage wird selbige vom Schriftführer verlesen u. schließt mit einer Einnahme von 705,20 und einer Ausgabe von 513,67 M bleibt Cassenbehalt von 191,53 M. Als Revisoren werden die Herren C. Lorenzen und A. Gantzel gewählt, welche die Revision gleich vornehmen und die Rechnung für richtig befinden und wird dem Schriftführer Entlastung erteilt. Über die Unterbringung des altfr. Hauses für nächstes Jahr wird beschlossen, daß der Vorsitzende mit Frau Prott Rücksprache nimmt, es für selbigen oder annähernden Preis annehmen zu wollen. Der Vorstand
8	Versammlung am Dienstag den 3. Jan 05 Die Mitglieder sind alle erschienen u ist Herr Jens Erken zwecks Unterhandlung geladen und anwesend. Da Herr A. Prott die Miete für sein Haus höher angesetzt wie die Kommission für gemessen erachtet, haben die Mitglieder sich bemüht für das Jahr 1905 eine anderweitige Unterbringung des sog. Altfries. Hauses auszufinden. Herr Jens Erken ist erbötigt, seine im Hans Siewertschen Haus befindliche Wohnung für den jährlichen Mietzins von 180 Mark an den Verein zu vermieten Die Kommission mietet die Wohnung auf drei Jahre für genannten Preis u. verpflichtet Herr Erken sich darauf einzugehen, falls er solange Besitzer der Wohnung bleibt. Der Verein hält sich ev. Frühere Kündigung vor. Der Vorstand Jens Hoffmann, Vorsitzender u Schriftführer
9	Versammlung am Freitag am 3ten Nov. 1905 Die Commission ist Zwecks Rechnungsablage u. Besprechung u. Beratung der Interessen und des baldmöglichsten Aufbaus des altfriesischen Hauses respektive Sylter Museums zusammen gerufen. Zu der Versammlung sind die Herren Carl Meyer Westerland u. Lehrer Koopmann, Kampen geladen, ferner sind Herr Pastor Riewerts u. N. Mungard Keitum erschienen, welche an der Versammlung teilnehmen. Die Rechnung wird von den Herren Carl Lorenzen u. And. Gantzel geprüft u. schließt die Rechnung mit einer Einnahme von 932,13 und einer Ausgabe von 873,11. Cassenbehalt 59,12, welches als richtig anerkannt wird. Zur Besprechung und Beratung

Blatt	Inhalt
10	über den baldmöglichsten Ausbau des altfr. Hauses resp. Sylter Museum wird mit den anwesenden Herren hin und her debattiert, und werden sämtliche Herren sich darüber einig, daß es im Interesse der ganzen Sache, sowohl, wie der ganzen Insel liege, hier in Keitum einen Verein zu gründen, woran sich die ganzen Einwohner Sylt, die sich für die Sache interessieren beteiligen. In der Hoffnung, daß es in der Weise gelingen wird, die hier auf Sylt anwesenden Gegenstände baldmöglichst für die Sache zu erwerben u. für die Verschleppung von Sylt zu schützen, schreiten die Anwesenden gleich zur Gründung des diesbezüglichen Vereins, und erhält der Verein den Namen Söl'ring Foriining. Es wird beabsichtigt, den Verein unter Heranziehung der zeitweiligen Gemeinde-Vorsteher der Landschaft Sylt u. des Herrn Bürgermeisters Westerland weiter auszubauen. Am Sonntag den 12 d. M. nachm. 3 Uhr soll eine Versammlung zur Festlegung der Statuten u. Feststellung des Weiteren einberufen werden.
11	Vorstehender Beschluß und Plan soll dem Keitumer Bürgerverein in der Sitzung am Montag dem 6. d. M. zur Beratung vorgelegt werden u. im Interesse des weiteren Blühens und Gedeihens empfohlen werden. Der Schriftführer u. Vorsitzende Jens Hoffmann
12–22	*Leerseiten*
23	Abschrift (Protokoll der konstituierenden Versammlung) Versammlung Im landschaftlichen Hause in Keitum am Sonntag den 12. November 1905 nachm. 2 ½ Uhr. Die Versammlung ist einberufen, um einen Verein für Heimatkunde und Heimatliebe der Insel Sylt ins Leben zu rufen, der gleichzeitig den Ausbau eines Sylter Museums als Zweck annehmen soll. Die Versammlung wird eröffnet durch Herrn Lehrer Koopmann. Auf besondere schriftliche Einladung sind erschienen Herr Bürgermeister Kindler – Westerland, Herr Amtsvorsteher Möller – Keitum, Herr Gemeindevorsteher Nielsen – Tinnum, Herr Gemeindevorsteher Truelsen – Archsum, Herr Gemeindevorsteher Bleicken hat sein Nichterscheinen entschuldigen lassen. 1. Die Gründung des gedachten Vereins erscheint am einfachsten durch Umwandlung der bestehenden „Foriining fuar Söl'ring Spraak en Wiis“ in einen eingetragenen Verein. Von den Einberufenen ist ein Statutentwurf ausgearbeitet und ward der Versammlung zur Beratung vorgelegt. Herr Bürgermeister Kindler teilt mit, daß dem Verein für den Zweck des Museum 1.500 M aus einer Veranstaltung in Westerland überwiesen werden sollen.

Blatt	Inhalt
24	Es wird beschlossen, dem Verein den Namen „Söl'ring Foriining“, eingetragener Verein beizulegen. 2. Der Statutentwurf wurde mit wenigen Änderungen angenommen u. ist diesem Protokoll beigefügt. Das Statut soll mit Einfügung der gewünschten Änderungen und Ergänzungen vom Vorstand nochmals der Vereinsversammlung vorgelegt werden. 3. Zu Punkt 3 der Tagesordnung Vorstandswahl betr. wird beschlossen, die Wahlen nicht per Stimmzettel stattfinden zu lassen. Als 1. Vorsitzender wurden vorgeschlagen die Herren Pastor Riewerts, Lehrer Koopmann, J. Hoffmann, E. P. Janssen. Gewählt wurde Herr Pastor Riewerts. Als 2. Vorsitzender wurde Herr Carl Meyer gewählt, als Schriftführer Herr Lehrer Koopmann, als Rechnungsführer Herr E. P. Jansen, als Beisitzer die Herren Dr. Nicolas und J. Hoffmann. In die ausgelegte Mitgliederliste, die diesem Protokoll beiliegt, finden sich noch 46 Mitglieder. Die Kommission für das bisherige „Altfriesische Haus“ wird um Fortführung der Geschäfte nach Übergabe desselben durch den Bürger-Verein an den neugegründeten Verein gebeten.
25	Es wurde beschlossen, den Herrn Bürgermeister, Amts- und Ortsvorsteher der Insel als erweiterten Vorstand (Verwaltungsrat) zu berufen. V. u. g. (Gez.) Riewerts, Koopmann, Carl Meyer, E. P. Jansen NB! Die Abschrift ist bei den Akten des Vereins! Riewerts Abschrift Keitum, den 7. Dez. 05 Der Vorstand war ordnungsmäßig vom Vorsitzenden nach dem „Landschaftlichen Hause“ zusammenberufen. Verhindert sind zu kommen: die Herren Dr. Nicolas, Carl Meyer in Westerland, anwesend Herr P. Riewerts, Hoffmann, Koopmann u. Jensen Der Vorsitzende eröffnet die Sitzung und weißt darauf hin, daß wir nicht nur unsere Gedanken auf das Museum allein richten, sondern auch daran denken, daß wir ein Verein für Heimatkunde und Heimatliebe sind. Nach Neujahr soll möglichst eine öffentliche Versammlung als Organisation-Abend in Keitum stattfinden mit Vortrag über unsere Angelegenheiten Es wird beschlossen, am 2. Weihnachtstag

Blatt	Inhalt
26	nachm. 4 Uhr eine Generalversammlung anzuberaumen, um derselben die fertigen Satzungen zur Annahme im Ganzen vorzulegen; ein Vortrag betf. unserer Sache soll gehalten werden. Dann wird eine Debatte eröffnet über die nächsten Ziele, die wir aufnehmen u. zu verfolgen haben. Vor allen Dingen soll das Haus gebaut werden, das Herr Jansen sich konstruiert u. etwa ein Alter von 200 Jahren hat. Alsdann soll nach Hoffmanns Vorschlag ein Haus eingerichtet werden aus jener Zeit, wie es noch hier und da noch auf Sylt vorhanden ist, damit auch dieser Typ für die Zukunft festzuhalten werde. Es wird beschlossen, erst ein Jahr mit dem Bau zu warten und wenn möglich im Herbst 1906 mit demselben anzufangen suchen. Vorläufig soll das Augenmerk auf den Erwerb von Ausstellungs-Gegenständen gerichtet werden, bes. Steinzeug, Eisensachen u. Kleidungsstücke. Vorgeschlagen wird, ein Modell des zu erbauenden alten Sylter Hauses herstellen zu lassen, wenn Herr Jansen mit der Zeichnung rechtzeitig fertig wird. Herr Pastor Riewerts will sich nach dem Preis eines solchen erkundigen u. auch zu erfahren suchen, ob irgendein Museum uns später das Modell abkaufen wird. V. g. u. u. (Gez.) Riewerts, E. P. Jansen, J. Hoffmann, Koopmann
27	Abschrift Keitum, den 14. Dez. 05 Am heutigen Tage hatte sich der Vorstand auf Einladung des Vorsitzenden um 3 Uhr im Landschaftlichen Hause versammelt, um die Sitzung der „Söl'ring Foriining“ zu beenden. Erschienen sind die Herren Pastor Riewerts, E. P. Jansen, Carl Meyer, Hoffmann u. Koopmann. Herr Meyer – Westerland hatte die Satzungen unter Mitwirkung des Herrn Bürgermeisters aus Westerland ausgearbeitet u. legte sie der Versammlung vor. Dieselben wurden nach Abänderungen unwesentlicher Art genehmigt. V. g. u. u. (Gez.) Riewerts, E.P. Jansen Notiz: Die Abschrift des Protokolls über die General-Versammlung am 26. Dez. 1905, in der die Satzungen endgültig angenommen wurden, befindet sich nicht bei den Akten des Vereins, vielleicht bei den Akten des Kgl. Amtsgerichts in Westerland. Riewerts.

Blatt	Inhalt
28	Vorstandsversammlung am 27. April 1906 der Söl'ring Foriining Der Vorsitzende Herr Pastor Riewerts hat rechtzeitig unter Angabe der Tagesordnung den Vorstand zu einer Versammlung im Landschaftlichen Hause eingeladen. Sämtliche Mitglieder sind erschienen. Gegen 4 Uhr nachmittags eröffnete der Vorsitzende die Sitzung. In seiner Eröffnungsansprache weist derselbe hin auf die Wege, die wir für den Sommer zu gehen haben, werden um unser erstes Ziel zu erreichen: den Neubau eines Alt-Sylter Hauses. Er meint, daß wir vor allen Dingen in Westerland alles mögliche versuchen sollen, um die Badegäste für unsere Sache zu erwärmen, es müssen große Plakate angefertigt, Flugblätter mit kurzen Angaben über die Ziele des Vereins gedruckt werden, wünschenswert ist, ein Modell des zu erbauenden Hauses herstellen zu lassen, Vorträge zu halten u. dergl. Herr Dr. Nikolas warnt vor zu großen Hoffnungen, die man auf die materielle Unterstützung von Seiten der Sylter Einwohner bes. derer des Ostens setzen könnte. Es erfolgt eine Aussprache, aus der sich ergibt, daß man sich im allgemeinen darüber klar ist, daß die Einnahmen sich auf die Sylter Badegäste stützen sollen. Wünschenswert ist der baldmögliche Bau des Alt-Sylter Hauses. Herr Dr. Nikolas u. Herr Jansen warnen vor Überstürzung, die übrigen Herren glauben, den Bau im Herbst beginnen zu lassen, um den Leuten etwas Sichtbares vor Augen zu stellen u. das Interesse wach zu halten. Es wird beschlossen, den Bau für den Herbst ins Auge
29	zu fassen, doch soll der finanzielle Erfolg dieses Sommers abgewartet werden. Es soll bedacht darauf genommen werden, den Bau möglichst bald finanziell zu fundieren. Als Bauort wird das Kliff in Aussicht genommen, womöglich Osten von der Sandkuhle, damit es frei liege u. Grund u. Boden genug für die Anlagen zu haben seien. Beschlossen wird, daß in Zukunft der Herr Bürgermeister von Westerland zu jeder Vorstandssitzung eingeladen werden soll. Auf Vorschlag des Dr. Nikolas wird beschlossen, einen Aufruf in die Sylter Zeitung zu bringen, wodurch die Leute aufmerksam gemacht werden auf unsere Zwecke, darauf hingewiesen werden, daß sie ihre alten Gegenstände immer erst der Söl'ring Foriining zuerst anbieten. Auch die Kurzeitung soll für unsere Zwecke dienstbar gemacht werden u. der Herr Bürgermeister soll gebeten werden, ein ständiges Inserat gratis in die Kurzeitung aufzunehmen. Es wird vorgeschlagen, von Vereinswegen ein Buch über Sylt (Sylter Bilder) herauszugeben. Dieses Buch soll Tatsachen über unsere Insel darstellen in wahrheitsgetreuer Weise. Für nächste Sitzung legt jeder womöglich einen Plan über dieses Buch vor. V. g. u. u. Riewerts, J. Hoffmann, Dr. Nikolas, Carl Meyer, E.P. Jansen, Koopmann

Blatt	Inhalt
30	Vorstandsversammlung am 8. Aug. 06 der Söl'ring Foriining Der Vorsitzende eröffnet die Vorstandsversammlung zur festgesetzten Zeit. Die Tagesordnung war rechtzeitig bekannt gegeben. Erschienen waren alle Vorstandsmitglieder mit Ausnahme des Herrn Jansen u. des stellvertretenden Herrn Bürgermeister Schwennen. Herr Pastor Riewerts meint, daß unsere bisherige Propaganda nicht die richtige gewesen sei weil der bisherige Erfolg nicht ermutigend gewesen ist. Wir müssen andere Wege einschlagen. Herr Dr. Nicolas, daß wir durch irgendein Vergnügen die Badegästen für die Sache interessieren. Herr Pastor Riewerts möchte die Badedirektion bitten, unsere Sache einen Abend zu schaffen wie im vorigen Jahr. Herr Meyer schlägt vor, daß eine Vorführung der [n. l.][775] am Strand veranstaltet werde, um auf diese Weise Geld zu gewinnen. Herr Eschels, der Vorsitzende des Rettungswesens hieselbst, meint, die Anordnung nicht [n. l.] zu können. Es wird dann darauf zurückgekommen daß man beantragen muss, ein Strandläuferfest in Westerland durch die Badedirektion anzuordnen. Es wird der Ankauf des Hansen'schen Museums besprochen. Man ist allgemein der Ansicht, daß durch den Ankauf eine Tat geschehen muß, um das Interesse der Mitglieder wachzuhalten. Herr Hoffmann wird beauftragt,
31	Verhandlungen mit Herrn Bleicken – Keitum betr. Ankauf des Museums zu eröffnen dergl. Verhandlungen mit Frau Rosa Hansen betr. der Sammlung des verstorbenen Chronisten anzuknüpfen. Herr Meyer – Westerland wird beauftragt, mit der Badedirektion wegen des Strandläuferfestes zu verhandeln. V. g. u. u. Riewerts, Hoffmann, Carl Meyer, Koopmann Vorstandsversammlung am 22. Sept. 06 der Söl'ring Foriining Der Vorstand wurde vom Vorsitzenden rechtzeitig zu einer Sitzung im Landschaftl. Hause in Keitum zusammenberufen. Erschienen waren Herr Hoffmann, Herr Pastor Riewerts u. Koopmann. Die Tagesordnung lautet: „Wollen wir das Jahresfest des Vereins „Nordfriesland" in Garding mit einem Delegierten beschicken" Herr Pastor Riewerts wird beauftragt, dorthin zu reisen u. zwar auf Kosten unseres Vereins. Er liquidiert die tatsächlichen Ausgaben. V. g. u. u. Riewerts, Hoffmann, Koopmann

775 Hier und im Folgenden werden durch „[n. l.]" Textstellen gekennzeichnet, die sich innerhalb des Protokollbuchs der „Söl'ring Foriining" aus unterschiedlichen Gründen als „nicht lesbar" herausgestellt haben und daher in der Transkription keine Berücksichtigung finden konnten.

Blatt	Inhalt
32	Vorstandsversammlung am Mittwoch, den 7. Nov. Nachm. 4 Uhr im Landschaftlichen Hause in Keitum. Die Mitglieder sind vom Vorsitzenden ordnungsgemäß einberufen mit Angabe der Tagesordnung. Erschienen sind alle bis auf Herrn Carl Meyer, Westerland. 1) Der Vorstand beschließt, der Hauptversammlung der „Söl'ring Foriining" zu empfehlen, das C. P. Hansen'sche Haus anzukaufen, wenn es zu einem annehmbaren Preise zu erlangen ist. 2) Der Vorstand nimmt die Rechnungsvorlage ab. Er vergleicht die Bücher u. die Belege. Da mehrere der letzteren nicht vorhanden sind, bittet der Vorsitzende den Kassierer, in Zukunft für jede Ausgabe u. jede Einnahme ein Belegstück herbeizuschaffen. Andere Einwendungen wurden nicht gemacht u. dem Rechnungsführer Entlastung erteilt. 3) Der Vorstand stellt folgenden Voranschlag für das neue Rechnungsjahr 1. Okt. 1906–1907 auf, wobei der zu 1) gefaßte Beschluss nicht berücksichtigt ist.
33	A. Einnahmen: 1. Mitgliederbeiträge M 150 2. Eintrittsgelder M 650 3. Außerordentliche Einnahmen durch Agitation M 150 4. Von der Badedirektion in Westerland M 90 Zinsen M 90 Summe: M 1.640 B) Ausgaben: 1. Zum Vereinsvermögen: M 600 2. Zinsen zum Kapital geschlagen M 90 3. Lokalmiete und -änderungen: M 200 4. Versicherung: M 10 5. Reklame: M 50 6. Ankauf von Altertümern: M 600 7. Sonstige Ausgaben: M 90 = M 1.140 4. Die Tagesordnung wird vom Vorstand für Sonntag den 18. Nov. wie folgt festgesetzt: 1. Verwaltungsbericht 2) Kassenbericht 3) Vorstandswahl 4) Beschlussfassung über Ankauf eines altsylter Hauses

Blatt	Inhalt
	5) Sonstiges Riewerts, Jansen, Hoffmann, Koopmann
34	Versammlung des Verwaltungsrates der „Söl'ring Foriining“ am 18. Nov. 06 nachm. 3 Uhr im Landschaftlichen Hause in Keitum Vom Vorsitzenden wurde der Verwaltungsrat ordnungsgemäß einberufen. Erschienen sind der Herr Bürgermeister Dr. Pauly – Westerland, Herr Amtsvorsteher Möller–Keitum, die Herren Gemeindevorsteher Boysen – Keitum, Truelsen – Archsum, Bleicken – Norddörfer, Nielsen – Tinnum. Der Vorsitzende Herr Pastor Riewerts legte zusammen mit dem Rechnungsführer Herrn Jansen die Rechnungen vor. Dieselben werden geprüft und im allgemeinen keine Einwendungen gegen dieselben erhoben, nur wurde darauf aufmerksam, daß in Zukunft die Eintrittskarten so kontrolliert werden sollen, das genaue Belege vorgelegt werden können. V. g. u. u. Dr. Pauly, Truelsen
35	Generalversammlung der „Söl'ring Foriining“ Am 18. Nov. 06 nachm. 4 Uhr im Landschaftl. Hause in Keitum Der Vorsitzende hat die Versammlung unter Angabe der Tagesordnung ordnungsgemäß einberufen. Der Herr Vorsitzende Pastor Riewerts heißt die Versammlung willkommen u. begrüßt im besonderen den Herrn Bürgermeister aus Westerland, der mit großem Interesse die Ziele unseres Vereins verfolgt u. mitteilig für die Erfolge sein will. Pastor Riewerts legt die Ziele unseres Vereins in kurzen Worten dar. Darauf erstattet er den Verwaltungsbericht. Wir dürfen uns darüber freuen, daß wir mehr als 300 Mitglieder auf der Insel zählen. Am wenigsten Mitglieder stellen die Ostdörfer. Im Sommer wurde eine rege Agitation unter den Badegästen entfaltet. Besonders durch Flugblätter. Der Erfolg hat leider den Erwartungen nicht entsprochen. Neue Mitglieder sind nur 12 gewonnen. Der Vorsitzende hat 2 Vorträge in einem in Wenningstedt und Westerland gehalten u. der Erfolg dieser Vorträge ist ein sehr günstiger gewesen. Sehr erfreulich ist es noch, daß die Zeitschriften in großer Zahl günstige Beiträge über unsere Bestrebungen brachten. Ein Freund u. Mitglied unseres Vereins ist der bekannte Ferd. Avenarius
36	Leider ist das Interesse auf unserer Insel für das Museum nicht rege genug gewesen; trotzdem, daß wir an die Inselbewohner den Apell richten, man möchte unserm Sylter Hause alte charakteristische Sylter Sachen geschenkweise überreichen, ist das nur in sehr geringem Maße geschehen. Auf dem Festlande ist man im allgemeinen freigiebiger bei ähnlichen Einrichtungen gewesen. Das Vereinsvermögen ist in diesem Jahre gestiegen auf 2.471,64 M.

Blatt	Inhalt
	Sehr wertvoll ist eine Bücherei die sich aus allen Schriften zusammensetzt, welche irgendetwas über „Friesische Altertumskunde“ enthalten. Wir haben den Anfang zu einer Sammlung gemacht. Sehr wertvoll ist das Geschenk, das uns Herr L. Hendriks Keitum übermittelte, nämlich das „Nordstrandische Landrecht“. Herr Meinert Hagendefeldt, Westerland hab ebenfalls mehrere Bücher, die Insel Sylt betreffend, für den Verein gestiftet. Über den Anschluß an den „Nordfr. Verein“ berichtet der Herr Vorsitzende, daß wir durch einen Beitrag von jährlich 20 M Mitglied dieses Vereins werden können. Im nächsten Jahre wird die Generalversammlung genannten Vereins in Keitum stattfinden und hofft er, daß durch diese
37	Versammlung unsere Sache günstige Anregung empfangen wird. Sehr erfreulich ist es, daß die Herren Bürgermeister aus Westerland, Amtsvorsteher von Sylt u. Gemeindevorsteher von Sylt mit Ausnahme von List sich bereit erklärt haben, dem Verwaltungsrat beizutreten. Heute ist derselbe zum ersten Male in Tätigkeit getreten. Nach einem warmen Appell an die Versammlung, das alte Friesentum hochzuhalten u. alles zu tun, um die alte Friesenart der Nachwelt zu überliefern. Von Seiten der Versammlung wurden keine Anfragen laut; Herr N. Mungard gibt kund, daß er am Altsylter Wörterbuch fleißig weiter arbeite u. im Laufe des n. Winters fertig zu werden hofft. Zu Punkt II der Tagesordnung: Der Herr Vorsitzende des Verwaltungsrates Dr. Pauly aus Westerland erstattet Bericht über die Kassenverhältnisse, wie sie sich aus den vorgelegten Rechnungsbelegen nach vorschriftsgemäßer Prüfung ergeben haben. Er bittet die Versammlung, dem Kassierer Entlastung zu erteilen – diese wird Herrn Jansen einstimmig erteilt. Zu Punkt III der Tagesordnung: Der Vorstand schlägt der Versammlung vor, das alte Hansensche Haus zu erwerben. In längerer Ausführung begründet er diesen Antrag. Herr Dr. Nikolas ist mit dem Ankauf im Prinzip einverstanden.
38	Nur der Preis ist ein viel zu hoher, er bezweifelt aber auch, ob das alte Haus genügt, ein Museum zu gründen. An der weiteren Debatte beteiligen sich die Herren Hoffmann, Nan Mungard, Koopmann; Herr Mungard möchte das Wohnhaus des alten Hansen von Sachverständigen untersucht werden soll; Herr Jansen erwidert darauf, daß das Wohnhaus im verhältnismäßig guten baulichen Zustand sich befindet; die bauliche Einrichtung ist nach seiner Erklärung am wenigsten von der alten Sylter Bauart abgewichen, entspricht also am besten den Plänen unseres Vereins. Herr Dr. Pauly, sowie Herr Gemeindevorsteher Boysen in Keitum schlagen vor, nicht über den Preis von 4.000 M hinaus zu gehen, Herr Dr. Nikolas ist derselben Meinung. Herr Hoffmann meint, daß wir noch höher gehen müssen.

Blatt	Inhalt
	Herr Dr. Pauly stellt den Antrag, die Generalversammlung möge den Vorstand bevollmächtigen, mit der Eigentümerin des Hansen'schen Hauses einen Kaufvertrag über das Haus abzuschließen, dabei aber die bestimmte Erwartung aussprechen, daß der Kaufpreis nicht mehr als 4.000 M betragen wird. Der Antrag wurde mit großer Stimmenmehrheit angenommen. Zu Punkt III Vorstandswahl. Durch das Los scheiden zwei Vorstandsmitglieder aus. Es sind das die Herren Dr. Nikolas u. Hoff-
39	mann. Durch eine Neuwahl werden die Herren Dr. Nicolas u. Hoffmann wieder durch große Mehrheit in den Vorstand berufen Zu Punkt IV. Mit großer Mehrheit wird der Anschluss an den Nordfr. Verein angenommen. Es wird ein Jahresbeitrag von 20 M als Mitgliedsbeitrag festgestellt. Herr Dr. Pauly schlug vor, noch mit anderen gleichartigen Bestrebungen in Verbindung zu treten. Herr Mungard schlägt vor, mit den beiden Inseln Föhr u. Amrum in nähere Besprechungen zu treten, ebenfalls regt er einen [n. l.] für alle 3 Inseln an. Diese Anregungen finden Anklang u. der Vorsitzende verspricht, dieselben weiter zu verfolgen. Herr Carl Meyer empfiehlt mit Herrn Mungard, von Vereinswegen das Biikebrennen ins Auge zu fassen, um die alte Sitte neu zu beleben. Herr Hoffmann fragt, ob der Verein der Petrifeier auch näher treten will u. es wird dem Vorstand anheimgeben, die Sache weiter zu verfolgen. V. g. u. u. Riewerts, Dr. Nicolas, Carl Meyer
40	Vorstands-Versammlung am Montag, den 21. Jan. 07 nachm. 5 Uhr im Badeidrektions-Zimmer zu Westerland. Die Versammlung ist ordnungsgemäß unter Angabe der Tagesordnung einberufen. Erschienen sind sämtliche Vorstandsmitglieder ausgenommen Herr Dr. Nikolas, Westerland. Auch Herr Dr. Pauly Bürgermeister Westerland ist durch den Vorsitzenden eingeladen u. auch erschienen. 1.) Der Herr Vorsitzende teilt mit, das jetzt das „C. P. Hansensche Haus in Keitum" für 4.500 M gekauft wurde. 2.) Heute kommt es darauf an sich zu entscheiden, wie wir das Haus ausstatten u. wie wir das Werk mustergültig ausbauen wollen. Ohne fachmännische Aufsicht geht es nicht, mit dieser Leitung werden wie viele Fehler meiden können. Der Vorsitzende stellt den Antrag, dem Museumsdirektor aus Flensburg Dr. Sauermann die fachwissenschaftliche Leitung zu überweisen. Im Prinzip sind die Herren damit einverstanden. Darauf teilte der Herr Vorsitzende mit, wie hoch die Kosten sich belaufen würden, wenn das Haus völlig auf seinen ursprünglichen Zustand

Blatt	Inhalt
41	hergestellt werden soll. Dr. Sauermann errechnet die Unkosten auf 9.500 M. Der Vorstand ist der Meinung, daß wir, die „Sölring Foriining“ sich mit dem Flensburger Museum in Verbindung setzen, um die Bedingungen zu erfahren, nach denen die gemeinschaftliche Zusammenarbeit beider Interessenten erfolgen kann. V. g. u. u. Riewerts, E. P. Jansen, Carl Meyer, Koopmann, Dr. Pauly, Hoffmann
42	Vorstand-Sitzung am Donnerstag, den 4. April nachm. 4½ Uhr im Direktionszimmer in Westerland Der Vorsitzende hatte den Vorstand unter Angabe der Tagesordnung ordnungsgemäß einberufen. Erschienen sind außer dem Vorsitzenden die Herren Dr. Nikolas, Dr. Pauly, Carl Meyer, Jens Hoffmann und Koopmann. Durch Krankheit verhindert ist Herr Jansen-Keitum. Der erste Gegenstand der Tagesordnung ist der ev. Vertrag mit der Stadt Flensburg. Der Vorsitzende verließt den Vertragsentwurf. Zunächst findet eine Besprechung des Vertrages im allgemeinen statt. Im Prinzip ist der Vorstand mit demselben einverstanden. Einige Punkte finden Beanstandung. Wir wünschen nicht, daß uns die Hände so gebunden werden, daß wir Sylter nicht auch solche Gegenstände erwerben, die uns für ein anzulegendes Sylter Museum zweckmäßig erscheinen Am besten erscheint es dem Vorstand, den Herrn Dr. Sauermann einzuladen, um mit ihm die Sachlage klarzulegen u. seine Rechte auf die Einnahmen der SF für Anschaffung von Gegenständen zu regeln. Das Flensburger Museum überläßt dem Verein auf Sylt zwei Alt-Sylter-Zimmer, wenn
43	die Keitumer Gemeinde eine Bürgschaft bis zur Höhe von 3.000 M gewährleistet. Der Vorstand ist für Annahme des Vertrages u. Dr. Sauermann soll eingeladen werden zur General-Versammlung, die voraussichtlich am 14. April stattfindet. Es wird nötig werden, eine Anleihe von 8.500 M aufzunehmen. Der Vorsitzende wird beauftragt, bei der Keitumer Sparkasse den Antrag zu stellen, dem Verein „Sölring Foriining“ das Geld zu leihen. Die Vogelsammlung des Pet. Selmer in Keitum steht in Gefahr nach Husum zu gehen und zwar für 1.500 M. Selmer fordert nur die Verzinsung des Kapitals. Herr Dr. Nikolas ist nicht für den Ankauf. Es wird beschlossen, die Angelegenheit zu vertagen. Der Gastwirt Bleicken – Friesenhalle hat das Hansensche Haus bis zum 1. Oktober dieses Jahres gemietet. Es muß versucht werden, Bleicken sofort loszuwerden, damit das Sylter Haus noch diesen Sommer eingerichtet werden kann. Der Dringlichkeit wegen wird beschlossen, die Generalversammlung schon zum Dienstag, dem 9. April zusammen zu berufen u. Dr. Sauermann dazu einzuladen. Vorstands-Versammlung findet vorher nachmittags 3 Uhr statt. V. g. u. u. gez. Riewerts, Hoffmann, Dr. Pauly, Koopmann

Blatt	Inhalt
44	Außerordentliche Generalversammlung am Dienstag, den 9. April 1907 nachm. 4 Uhr im Landschaftlichen Haus zu Keitum Der Vorsitzende hat die Mitglieder des „Söl'ring Foriining" rechtzeitig unter Angabe der Tagesordnung einberufen. Erschienen sind 14 Mitglieder sowie auf Einladung Herr Dr. Sauermann, Flensburg, Museumsdirektor daselbst. Nach Eröffnung der Versammlung durch den Vorsitzenden wird die Beschlußfähigkeit derselben konstatiert. Darauf erklärt Herr Pastor Riewerts der Versammlung, weshalb der Vorstand mit der Stadt Flensburg verhandelt u. und zu der Einsicht gekommen ist, daß die Verbindung mit der genannten Stadt uns am besten und schnellsten zum von uns gesteckten Ziel bringen wird. Darauf verliest der Vorsitzende den Vertrag zw. der Stadt Flensburg und der „Söl'ring Foriining" Darauf wird vom Vorsitzenden die Rentabilität des Unternehmens dargestellt. Das Haus kostet 4.500 M, die Einrichtung wird ungefähr 9.500 M erfordern, zus. 14.000 M. Der Bestand beträgt heute 2.300 M; es sind mit ziemlicher Sicherheit an staatlichen, an
45	gemeindebefindlichen u. wohltätigen Beihilfen von 3.400 M zu erwarten. Unsere Aktiva würden demnach 5.700 M betragen, nach unten abgerundet 5.500 M. Die erforderliche Summe ist 14.000 M groß, die Aktiva beträgt 5.500, bleibt aufzunhemen eine Anleihe von rund 9.000 M. Die jährlichen Ausgaben betragen Zinsen 9.000 M zu 6 % = 580M Instandhaltung = 200 M Beaufsichtigung = 300 M Versicherung etc. = 200 M = 1.240M Die jährlichen Einnahmen werden sein: Eintrittsgelder: 1.400 M Postkarten etc.: 200 M [n. l.]: 200 M Zus. 1.800 M In der nun vortretenden Debatte warnt Herr Ad. Boysen vor den zu großen Kosten, in die sich der Verein stürzen würde, wenn das Projekt zur Ausführung käme. Herr Hoffmann – Keitum empfiehlt den Plan; darauf erklärt Herr Dr. Sauermann wie Flensburg dazu gekommen ist, in Verhandlung mit der Söl'ring Foriining zu treten. Auch eine Anfrage an den Herrn Direktor Sauermann wie er über die Verwendung der Einnahmen der Vereinigung denkt. Derselbe betont, daß alle Gelder

Blatt	Inhalt
46	im Interesse für alle kulturfördernden Ziele auf der Insel Sylt verwendet werden sollen. Aus der Sylter [n. l.]-Debatte stellt sich heraus, daß man wünsch, bei der Verwendung der Einnahmegelder auch mitsprechen zu dürfen, daß der Vorstand vor allen Dingen auch Mitsprache haben soll über die Verwendung der Etats-Überschüsse, Herren Ad. Boysen und Nan Mungard wünschen Vertretung der Versammlung, damit die Mitglieder Zeit haben, sich über die Wichtigkeit der Tagesordnung klar zu werden. Herr Pastor Nielsen – Westerland stellte den Antrag; Die Versammlung wolle beschließen, den vorgelegten Vertragsentwurf dahin zu ändern, daß dem Vorstand der Söl'ring Foriining mit Bezug auf die Verwendung der Einnahmen aus dem Museum größere Rechte eingeräumt werden. Der Vorstand wird demnach ersucht, den Entwurf wieder durchzusehen u. ihn nach Rücksprache mit Flensburg einer neuen Versammlung vorzulegen Der Antrag wird zur Debatte gestellt. Es findet Abstimmung statt. Der Antrag wird gegen 1 Stimme angenommen. Der II. Punkt der Tagesordnung betr. Statutenänderung wird zurückgestellt
47	u. zwar für die nächste Generalversammlung. Punkt III. Sonstiges. Herr P. Riewerts gibt bekannt, daß ein gemeinsames Inselfest auf Amrum am 9. Juni stattfinden wird, um das friesische Volkstum zusammenzuführen u. Interesse für das Inselfriesentum zu fördern. Herr Nann Mungard, der die Sache angeregt hat, gibt nähere Aufklärungen. Herr P. Riewerts ersucht die Mitglieder der Söl'ring Foriining an diesem Fest teilzunehmen. Es wird vorgeschlagen für die Vorarbeiten einen Festausschuss zu ernennen. Die Herrn Nielsen – Tinnum, Mayer – Westerland u. Hoffmann – Keitum werden diesen Ausschuß berufen. Herr Jansen, der Kassierer unseres Vereins ist erkrankt u. Herr Jens Hoffmann wird von der Versammlung zu dessen Vertreter ernannt. V. g. u. u. Riewerts, Carl Meyer, Pauly, Koopmann
48	Vorstandssitzung am Mittwoch, den 29. Mai nachm. 3 ½ Uhr im „Landschaftlichen Hause" zu Keitum. Der Vorstand wurde durch den Vorsitzenden Herrn Pastor Riewerts unter Angabe der Tagesordnung rechtzeitig eingeladen. Erschienen sind außer dem Vorsitzenden Herr Dr. Nicolas, Herr Dr. Pauly, Herr Hoffmann u. der Schriftführer sowie der stellvertr. Schriftführer Herr Meyer – Westerland. Der erste Punkt der Tagesordnung betrifft die Herrichtung des Hauses.

Blatt	Inhalt
	Da der Vertrag mit Flensburg sich scheinbar zerschlagen hat, müssen wir versuchen, andere Wege zu gehen. Dazu kommt, daß der Mieter des Hansenschen Hauses, Herr Bleicken, jetzt lieber für diese Saison n. nicht umziehen will. Wenn wir wollen, können wir die Sammlung Bleicken kaufen. Er verlangt für dieselbe 5.000 M. Herr Hoffmann meint, daß für 4.000 M zu haben ist. Bleicken hat angeblich eine jährliche Einnahme von etwa 800 M. Herr Dr. Pauly wünscht, daß es durch Sachverständige festgestellt werde, wie groß der reelle Wert der einzelnen Abteilungen an der Sammlung ist. Herr Pastor Riewerts wird sich bei den Herren Dr. Sauermann, Professor Stolley u. Dr. Göttsche, Hbg. Über den Wert erkundigen. Wenn nun diese Sache erledigt worden ist, d.h. die Sammlung kaufen, dann handelt es sich um die Herrichtung des Hauses. Jedenfalls ist es wünschenswert, daß Herr Dr. Sauermann nach hier kommt, um die Einrichtung zu besorgen, und anzuordnen. Wenn er nicht kommen kann, wird vorgeschlagen, daß die Museums-Kommission
49	die Leitung der Herstellung des Hauses übernehmen soll. Diese Kommission soll die nötigen Arbeiten vor der Saison fertig stellen, doch dürften die Unkosten nicht 500 M überschreiten. Herr Pastor Riewerts teilt mit, daß der Rektor Boy Peter Möller aus Hbg., gebürtiger Keitumer, ein Wörterbuch der Sylter Sprache fast fertig gestellt habe. Dasselbe ist nach jeder Richtung wissenschaftlich bearbeitet u. hat die Sylter Sprache mit den verwandten Dialekten u. Sprachen [n. l.] verglichen. Zur Tagesordnung No. 3 betrf. Nan Mungards Wörterbuch wird vorgeschlagen, daß die „Söl'ring Foriining" insofern dem Verfasser entgegenkommen will, daß unser Verein jährlich 100 M für die Druckkosten zurücklegen will, bis der Druck erfolgen kann. Zum Antrag bet. das einige Biiken erklärt der Vorstand es für unmöglich, daß die Foriining die Veranstaltung übernimmt, doch will sie die alte Sitte nach Möglichkeit fördern. Zur Tagesordnung No. 4: Das Inselfriesenfest auf Amrum. Die Mitglieder sollen durch die Lokalzeitungen aufgefordert werden, sich rege daran zu beteiligen. Zur Tagesordnung No. 5 betr. Jahresfest des Nordfr. Vereins in Keitum am 4. Sept. 1907. Vorträge werden gehalten u. überdies soll für Unterhaltung gesorgt werden in der Art wie Petrifeier abgehalten wird. Unser früherer Kassierer C. P. Jansen ist gestorben u. schlägt der Vorstand Herrn Boy Dirksen als Nachfolger vor. Die Tagesordnung für die Generalversammlung wird festgesetzt. Diese soll am 11. Juni stattfinden. V. g. u. u. Riewerts, B. Dirks, Hoffmann, Koopmann

Blatt	Inhalt
50	Ordentliche Versammlung am Sonntag, den 9. Juni 1907 nachmittags 4 Uhr im Landschaftlichen Hause in Keitum Die Versammlung ist ordnungsgemäß unter Angabe der Tagesordnung einberufen: anwesend sind 14 Mitglieder, die Versammlung ist also beschlußfähig. 1. Ankauf der Hansenschen Sammlung: Es wird mit 12 gegen 1 Stimme beschlossen, die Hansensche Sammlung von dem jetzigen Besitzer anzukaufen. Der Kaufpreis beträgt 4.200 M. Da aber der Besitzer das Hansensche Haus noch für dies Jahr gemietet hat, so verlangt er als Entschädigung für die Einnahme dieses Jahres, die ihm verloren geht, 400 M. Die Gesamtsumme von 4.600 M soll mit 4 ½ % p. a. verzinst und 200 M jährlich Amortisation geleistet werden. 2. Wahl eines Vorstandsmitgliedes an Stelle des verstorbenen Herrn E. P. Jansen. Einstimmig wird Herr Boy Dircksen, Landmann in Keitum zum Kassierer gewählt. 3a. Es wird beschlossen, die Summe, welche von der alten Foriining for Sylter Sprog + Wiis angesammelt und der neuen Vereinigung überwiesen ist, für das von Herrn N. Mungard verfaßte Sylter Wörterbuch festzulegen. Die Summe soll auf der Sparkasse auf Zinseszins belegt bleiben, bis die Druckkosten vorhanden sind. 3b. Der Antrag von Herrn N. Mungard die Söl'ring Foriining möge die Veranstaltung des einigen Sylter Biikebrennens in die Handnehmen, wird abgelehnt.
51	4. Jahresfest des nordfriesischen Vereins. Der Vorsitzende macht Mitteilung über das Fest, das am 4. Sept. stattfinden soll. V. g. u. u. Riewerts, Möller Vorstandssitzung am Freitag den 29. November 1907 nachm. 3 Uhr im Landschaftlichen Haus in Keitum Der Vorstand ist ordnungsgemäß unter Angabe der Tagesordnung berufen. Anwesend: Der Vorsitzende, der Kassierer, der Beisitzer J. Hoffmann u. Bürgermeister Dr. Bahrfeldt 1. Der Kassierer legt die Jahresrechnung 1907 vor. Der Rechnungsabschluss ist als ein sehr günstiger zu bezeichnen. Die Rechnung wird dem Vorsitzenden des Verwaltungsamtes überwiesen. 2. Es wird der Voranschlag für das Rechnungsjahr 1908 aufgestellt. I. Einnahmen 1. Kassenbestand 40 M 2. Mitgliederbeiträge 200 M

Blatt	Inhalt
	3. Zuwendungen (Sparkasse, Kreis, Bund) 700 M 4. Durch Postkarten-Verkauf u. Agitation 200 M 5. Eintrittsgelder im Museum 1.500 Zusammen: 2.640 M. II. Ausgaben 1. Museum: Verzinsung von 2.200 M zu 4¼ % bei der Sylter Sparkasse: 100 M Dito von 4.200 M zu 4½ % bei Nic. Bleicken 190 M Abtrag von den 4.200 M 200 M Beaufsichtigung: 100 M Versicherung u. andere Abgaben: 50 M Laufende Reparaturen 200 M Erstmalige Herrichtung des Hauses 1.000 M Ankäufe 300 M 2.140 M 2. Für Zwecke der Heimatskultur: 200 M 3. Für Propaganda: 150 M 4. Verwaltung, Porto etc. 40 M 5. Jahresbeiträge an andere Vereine: 30 M 6. Sonstiges zur Abrundung 80 M Zusammen: 2.640 M Von den Überschüssen des letzten Rechnungsjahres steht ein Barvermögen von 1.000 M zur erstmaligen Herrichtung des Hauses bereit und soll dazu verwandt werden. 3. Der Vorsitzende berichtet über den Verlauf des letzten Jahres: Das Museums-Unternehmen hat seine Rentabilität erwiesen. Das Haus soll nun als altsylter Wohnhaus hergerichtet werden. Die Han-
52	sen'sche Sammlung muß hinaus. Über die Frage ihrer Unterbringung soll später Beschluß gefaßt werden. 4. Beschlossen wird, einen kurzen Bericht über bisherige Tätigkeiten und weitere Ziele des Vereins drucken zu lassen. 5. Die Tagesordnung für die Generalversammlung wird festgestellt: 1. Geschäftsbericht 2. Kassenbericht 3. Vorstandswahl 4. Die Ausgestaltung des Museums

Blatt	Inhalt
	5. Vortrag des Vorsitzenden: „Was sind wir unserer Heimat schuldig?“ 6. Sonstiges Es soll der Versammlung der Vorschlag gemacht werden, daß der Verein die Veranstaltung der Petritag-Feier in die Hand nimmt. Zur Mitarbeit am Nordfries. Wörterbuch soll aufgefordert werden. G. u. u. Riewerts, Bahrfeldt Sitzung des Verwaltungsrates am Sonntag den 1. Dezember 1907 nachm. 3 Uhr im Landschaftlichen Hause in Keitum Der Verwaltungsrat ist ordnungsmäßig unter der Angabe der Tagesordnung berufen. Er zählt mit dem Vorsitzenden 8 Mitglieder. Erschienen sind 6 Mitglieder. Die Versammlung ist also beschlußfähig. 1. Die Jahresrechnung ist von dem Vor-
53	sitzenden geprüft, mit den Belegen verglichen und richtig befunden worden. Die Rechnung wird vorgelegt und genehmigt. Der Vorsitzende regt an, Erlaß der Umsatzsteuer u. Löschwasserkosten für den Verein zu erreichen, mit Rücksicht auf die idealen Zwecke desselben. 2. Der Voranschlag wird vorgelegt. In Einnahmen ist der genaue Kassenbehalt mit 47,58 M anzusetzen u. dann zur Abrundung in einen Posten „Zur Abrundung“ mit 2,42 M umzusetzen, sodaß die Gesamtsumme der Einnahmen 2.650 M beträgt. Dann wird bei den Ausgaben der Posten „Sonstiges“ um 10 M gesteigert auf 90 M, sodaß auch die Ausgaben 2.550 M betragen. Der Vorsitzende regt an, den Bau eines Ausstellungshauses neben dem altsylter Wohnhaus möglichst bald ins Auge zu fassen und unter Hinweis auf die Ziele des Museums Beihilfe dazu zu erbitten, damit die Arbeit nach ihrer Vollendung zugeführt werden kann V. g. u. u. Bahrfeldt, Boysen
54	Ordentliche Generalversammlung der Söl’ring Foriining am Sonntag, den 1. Dez. 1907 im Landschaftlichen Hause zu Keitum Die Versammlung ist ordnungsgemäß unter Angabe der Tagesordnung berufen, anwesend sind 25 Mitglieder.

Blatt	Inhalt
	1. Geschäftsbericht. Wir würfen im Rückblick auf das verflossene Geschäftsjahr mit froher Zuversicht zurückschauen. Am Ende des ersten Geschäftsjahres nannten wir bloß das unser eigen, was der Keitumer Bürgerverein an Altertümern erworben hatte. Im abgelaufenen Jahre haben wir das C. P. Hansensche Haus erworben für 4.500 M. Wir waren ferner genötigt, auch die Hansensche Sammlung vom Besitzer Herrn Nic. Bleicken für 4.200 M zu kaufen. Der Besuch von Seiten der Badegäste ist ein guter gewesen trotz der schlechten Saison. 4.500 Besucher, die eine Einnahme von etwa 1.500 M brachten. Die Stadt Flensburg will ihrer Einrichtungen, aber zugleich Freiluftmuseum an Ort und Stelle schaffen. Wir standen in Unterhandlung mit der Stadt Flensburg wegen der Sylter Zimmer. Vorläufig sind die Verhandlungen abgebrochen, aber hoffentlich
55	nicht für immer. Die Söl'ring Foriining hat eingeladen zum „Nordfriesischen Verein" u. die Tage sind recht angenehm u. anregend verlaufen u. es soll über Winter hauptsächlich daran gelegen sein, recht viele Sylter Wörter u. Redensarten zu sammeln. Im Verlaufe des verflossenen Vorjahres ist unser erster Kassierer Herr Jansen – Keitum mit dem Tode abgegangen. Der Vorsitzende ehrt sein Andenken durch Hinweis darauf, daß Jansen wohl unter uns der beste Kenner der altsylter Altertümer von uns gegangen ist. An seine Stelle ist Herr Boy Dircksen – Keitum getreten. Das Interesse für das Sylter Museum und Heimatskunde ist auf Sylt sehr lau. Man scheut sich noch immer unserm Verein die wertvollen Altertümer, die in Privatbesitz sind, zuzusenden. Das ist sehr bedauerlich. Das Interesse von weiterer Vaterkunde her ist ein sehr reges u. hat der Vorsitzende infolgedessen eine große Korrespondenz zu erledigen gehabt.
56	Der Vorsitzende ermahnt zu reger Mitarbeit. Damit schließt er den Bericht u. stellt denselben zur Debatte. Herr Meyer – Westerland stellt den Antrag, daß künftig für Zwecke der Drucklegung eines Sylter Wörterbuches jährlich 100 M zurückgestellt werden. Die Versammlung hat nichts dagegen, daß der Antrag zur Besprechung kommt. Diese 100 M sollen aus dem Posten für Zwecke der Heimatskultur entnommen werden. 2. Kassenbericht. Der Vorsitzende des Verwaltungsrates Herr Dr. Bahrfeldt, Bürgermeister von Westerland, erstattet diesen Bericht. Derselbe hat die Rechnungen geprüft u. bittet die Versammlung, dem Kassierer Entlastung zu erteilen, zugleich dankt er dem Rechnungsführer für seine mühevolle Arbeit. Das Vermögen des Vereins beträgt 1.0785,93 M. Die Schulden betragen 6.400,00 M. Mithin verbleibt 4.385,93 M. Ein Vermögensbestand von 4.385,93 M. Es ist das sicherlich ein großer Erfolg. Dem Kassierer wird Entlastung u. der Dank der Versammlung ausgesprochen.

Blatt	Inhalt
57	Herr Meyer Westerland stellt den Antrag, bei der Stadt Westerland zu beantragen, die 300 M., die für ein etwaiges Museum in dortiger Stadt zurückgelegt wurden, für das Keitumer Museum herzugeben. Der Antrag wird vorläufig zurückgestellt, und dem Vorstand zur Erledigung zu erledigen. 3. Neuwahl des Vorstandes. Durch das Loos scheiden aus: der Vorsitzende Herr P. Riewerts u. der Kassierer Jens Boy Dirksen. Durch Zettelwahl wurden gewählt: Zum Vorsitzenden Herr Pastor Riewerts, zum Kassierer Herr Boy Dirksen – Keitum. 4. Ausgestaltung des Museums. Neben dem Ausbau eines Altsylter Hauses, wie es vor etwa 200 Jahren war, müssen wir einen Platz haben, auf dem wir unsere Sammlungen aufbewahren. Das Hansensche Haus soll ausgebaut werden. Herr Katzenstein, Westerland will uns bei der stilvollen Herrichtung der Wände u. s. w. behilflich sein. Auch Herr Dr. Sauermann
58	wird uns bei der Ausstattung seine Kenntnisse leihen. Neben dem Sylter Haus soll ein Ausstellungsgebäude errichtet werden zur Aufbewahrung unserer Altertumsschätze u. der noch zu erwerbenden Gegenstände. Gelänge es, das Haus herzurichten u. die Gelder zu erhalten, so würden wie leicht das Unternehmen verziehen u. umsortieren können. Herr Meyer schlägt vor, bei den Gemeindevertretungen der Insel vorstellig zu werden, dem Verein vorläufig jährliche Geldunterstützung zuzuwenden. Diese Anregung bleibt dem künftigen Beschluß des Vorstandes überlassen. 5. Vortrag des Herrn Vorsitzenden betr. was sind wir unserer Heimat schuldig 6. Sonstiges. Der Altonaer Sylter Verein bittet, korporatives Mitglied der Söl'ring Foriining mit einem Beitrag von 25 M zu werden. Die Versammlung nimmt den Verein gerne auf. In der Folge sollen Druckberichte über unsere Tätigkeit herausgegeben werden, wir wollen Fühlung suchen mit dem Föhrer Verein. Der Verein will Mitglied des Dürerbundes werden u. endlich die Feier des Petritages in die Hand nehmen. V. g. u. u. Riewerts, Bahrfeldt, Koopmann
59	Vorstandssitzung am Mittwoch, den 11. Dez. 07 im Landschaftlichen Hause zu Keitum Der Vorstand ist ordnungsmäßig unter Angabe der Tagesordnung berufen. Anwesend sind: P. Riewerts, Vorsitzender, der Bürgermeister Herr Dr. Bahrfeldt aus Westerland, Herr Carl Meyer – Westerland, Herr Hoffmann – Keitum u. Herr Dr. Nicolas u. der Schriftführer. Tagesordnung: 1. Wahl eines korrespondierenden Mitgliedes im Vorstand. Der Vorsitzende beantragt: Herrn Katzenstein zu bitten, die Stellung eines Beirats in Museumsangelegenheiten zu übernehmen. Der Antrag wird einstimmig angenommen

Blatt	Inhalt
	2. Beschaffung der Gelder für den Museumsumbau. Herr Architekt Bomhoff soll gebeten werden, einen Plan zu entwerfen. Die Beschaffung der Gelder soll erst später näher getreten werden V. g. u. u. Riewerts, Carl Meyer, Koopmann
60	Vorstandssitzung am 3. April 08 im „Landschaftlichen Hause“ zu Keitum Der Vorstand ist ordnungsmäßig unter Angabe der Tagesordnung berufen. Anwesend sind hiervon: Pastor Riewerts, Dr. Nicolas, Bürgermeister Dr. Barhfeldt, Buchdruckereibesitzer Meyer, Lehrer Koopmann u. Gastwirt Hoffmann. Tagesordnung; I. Der Vorsitzende beantragt für die Söl'ring Foriining den Anschluß an den Heimatschutz. Der Vorstand ist einstimmig für diesen Anschluss. Der jährliche Beitrag wird auf 10 M festgesetzt. 2. Kaufen oder Mieten eines Hauses in Keitum als Ausstellungs-Gebäudes. Das Haus der Witwe Nissen ist zu kaufen. Der Ankauf wird besprochen u. der Vorstand ist der Meinung, daß das Haus für unsere Zwecke sehr geeignet ist u. angekauft werden solle. Der Vorsitzende Herr Pastor Riewerts erhält den Auftrag, in Verhandlung mit dem Erben einzutreten u. den Kauf möglichst zu 6.000 M bei Barzahlung zu erwirken andernfalls bis 7.000 M hin nachzuziehen. Wenn
61	der Kauf nicht zustande kommen sollte, soll er möglichst auf Mietung des Hauses bedacht sein. V. g. u. u. Riewerts, Koopmann Außerordentliche Generalversammlung am Montag, den 20. April 1908 4:00 Uhr im Landschaftlichen Haus zu Keitum. Die Versammlung ist ordnungsgemäß unter Angabe der Tagesordnung einberufen. Anwesend sind 24 Mitglieder. Beschluß Der Ankauf des Nissen'schen Hauses zu Keitum zu Museumszwecken wird zum Preis von 6.500 M beschlossen. Für den Ankauf stimmten 22, dagegen 2 Mitglieder. V. g. u. u. Riewerts, Möller, Bahrfeldt, Carl Meyer

Blatt	Inhalt
62	Vorstandssitzung am Freitag, den 19. Juni 1908 im Landschaftlichen Hause zu Keitum. Der Vorstand ist ordnungsgemäß unter Angabe der Tagesordnung berufen. Anwesend sind Pastor Riewerts, Bürgermeister Herr Dr. Bahrfeldt, Herr Boy Dirksen, Herr Hoffmann u. der unterzeichnete Schriftführer. Tagesordnung 1. Beschlußfassung über die Eröffnung des Altsylter Hauses u. des Museums für Heimatkunde Von der Veranstaltung einer öffentlichen Feier wird Abstand genommen. Nur durch die drei Zeitungen wird auf die Eröffnung aufmerksam gemacht werden. 2. Beschlußfassung über die Eintrittspreise in die Sylter Häuser. Für jedes Haus soll der Eintrittspreis 50 Pf. Betragen. Eine Gesamtkarte für beide Häuser soll 80 Pf. kosten. Die Sylter Mitglieder sollen freien Eintritt haben u. erhalten deshalb Ausweiskarten. V. g. u. u.
63	Schulen unter Führung ihrer Lehrer zahlen 20 Pf. pro Person. V. g. u. u. Riewerts, B. Dirksen, Koopmann Vorstandsversammlung am Mittwoch den 14. Okt. 08 nachm. 3 ½ Uhr im landschaftlichen Hause zu Keitum Der Vorstand ist ordnungsgemäß unter Angabe der Tagesordnung zusammenberufen. Erschienen sind Herr P. Riewerts, Dr. Nicolas, Herr Dirksen, Herr Hoffmann u. der Schriftführer. Später kommt noch Herr Meyer – Westerland. 1. Bericht über das Museum Der Vorsitzende teilt mit, daß die Einnahme während des Sommers aus dem Museum reichlich 2.700 M betragen hat, daß die Ausgaben aber auch sehr groß gewesen sind, Einnahmen u. Ausgaben gleichen sich fast aus. 2. Drucklegung des Sylter Wörterbuches
64	Nann Mungard ist vom Vorsitzenden eingeladen. Derselbe berichtet über den Stand seines Wörterbuches, bes. über die finanzielle Grundlage. Der Vorstand beschließt, die Drucklegung dieses Wörterbuches in die Hand zu nehmen u. möglichst schnell zu fördern. Eine Kommission bestehend aus Herrn P. Riewerts, Herrn Meyer, Koopmann u. dem Autor tritt zusammen, um die Korrektur des Werkes zu bewerkstelligen u. mit dem Drucker über die Abtragung der Druckkosten zu verhandeln. 3. Vorbereitung der Winterarbeit.

Blatt	Inhalt
	Der Vorsitzende macht darauf aufmerksam, daß der Garten am altfriesischen Hause in Ordnung gebracht werden müsse. Über Winter müssen alle Gegenstände des Friesischen Hauses u. des Museums katalogisiert werden u. zwar zimmerweise. P. Riewerts gibt an der Hand eines Artikels aus „das Land“ Zeitschrift für die sozialen u. volkstümlichen Angelegenheiten auf dem Lande Anregungen, wie wir unser Museum auch auszustatten haben werden.
65	Durch Lichtbilder sollen in den Dörfern den Bewohner der Insel die Entwicklung des Hauses gezeigt werden, sollen auf die Schönheiten des alten Bauwerks u. auf Verunzierungen des neuen Bauwerks aufmerksam gemacht werden. Der Vorstand schlägt der Generalversammlung vor einen Lichtbilderapparat anzuschaffen. 4. Tagesordnung für die Generalversammlung Dieser Punkt wurde von der heutigen Tagesordnung abgesetzt. V. g. u. u. Riewerts, Hofmann, Koopmann, B. Dirksen, Carl Meyer
66	Vorstandssitzung am Donnerstag den 12. Nov. 08 nachm. 3 Uhr im Landschaftlichen Haus Der Vorstand ist ordnungsmäßig unter Angabe der Tagesordnung berufen. Anwesend sind Herr Dr. Frommhold, Bürgermeister, Pastor Riewerts, Kassierer Dirksen, Gastwirt Hoffmann u. der Schriftführer. 1. Jahresabrechnung 1908: Der Kassierer legt die Rechnung vor. Der Abschluß ist als ein günstiger zu bezeichnen. Die Rechnung [n. l.] in Einnahmen u. Ausgaben mit 12.768,13 M. Die Vermögensübersicht gibt ein Vermögen von zusammen 24.738,80 M, dem die Schulden gegenüberstehen mit 12.200 M. Die [n. l.] sollen im einzelnen von P. Riewerts, Jens Hoffmann geprüft werden.
67	2. Voranschlag 1909. Der Voranschlag wird folgendermaßen aufgestellt: I. Einnahmen: 1. Kassenbestand M 681,65 2. Mitgliederbeiträge M 200,00 3. Zuwendungen: a. Jährliche: 60 M b. Einmalige: 500 M = 560 M 4. Postkartenverkauf u. Agitation M 200 5. Eintrittsgeld 2.500 M Zusammen: M 4.141,65 II. Ausgaben: 1. Museum u. altfr. Haus Verzinsung von 2.200 M – 100 M

Blatt	Inhalt
	Verzinsung von 4.000 M – 180 M Verzinsung von 6.000 M – 300 M Abtrag von 400 M – 200 M Beaufsichtigung – 300 M Versicherung u. andere Abgaben – 200 M Laufende Unterhaltung – 1.000 M Ankäufe – 800 M = 3.080 M
68	Übertrag: 3.080 M II. Für Zwecke der Heimatskultur 500 M III. Für Propaganda 200 M IV. Verwaltungsunkosten: 80 M V. Jahresbeiträge an andere Vereine: 60 M VI. Sonstiges: 221,65 Zus. 4.141,65 M 3. Herausgabe von Postkarten Der Vorstand erklärt sich damit einverstanden, daß die von Herrn P. Riewerts mit der Firma Bloch u. Schmidt in Frankfurt a. M. getroffene Abmachung als im Namen des Vereins getroffen gelten. 4. „Unterstützung der Baupflege“ Der Vorstand beschließt von der Aufnahme der Baupflege des Kreises Tondern diejenigen Abzüge käuflich zu erwerben, die für den Zwecke unserer Heimatskultur Wert haben.
69	5. Vorbereitung der Jahresversammlung a. Verwaltungsbericht b. Kassenbericht c. Vertrag d. Ankauf der Selmer'schen Vogelsammlung. V. g. u. u. Riewerts, B. Dirksen, Hoffmann, Frommhold, Koopmann Sitzung des Verwaltungsrates am Sonntag den 28. November 1908 nachm. 3 Uhr im Landschaftlichen Haus Der Verwaltungsrat ist ordnungsmäßig unter Angabe der Tagesordnung berufen. Er zählt mit dem Vorsitzenden 7 Mitglieder. Erschienen sind 5 Mitglieder, die Versammlung ist beschlußfähig.

Blatt	Inhalt
	1. Die Tagesordnung ist von dem Vorstand des Vereins geprüft, auch von dem Vorsitzenden des Verwaltungsrats geprüft, mit den Belegen verglichen und richtig befunden worden. Die Rechnung wird vorgelegt, besprochen u. genehmigt. 2. Der Voranschlag wird genehmigt, wie er von dem Vorstand aufgestellt ist. Er soll der Generalversammlung vorge-
70	schlagen werden, etwaige Ersparnisse bei dem Ausgabe-Posten: „Laufende Unterhaltung“ u. „Ankäufe“ zu verwenden zur [n. l.] Tilgung der Schuld bei Nic. Bleiken. V. g. u. u. Boysen, Bleiken, Nielssen Ordentliche Generalversammlung der Sölring Foriining am Sonntag den 28. Nov. 08 im Landschaftl. Hause zu Keitum Die Versammlung ist ordnungsmäßig unter Angabe der Tagesordnung berufen. Anwesend sind 30 Mitglieder. Der Vorsitzende eröffnet um 4 Uhr die Versammlung. 1. Verwaltungsbericht. Der Vorsitzende berichtet unter dem Thema „Rückblick u. Ausblick“. Der Vortrag wird gedruckt den Mitgliedern zugestellt werden.
71	Übersicht über die Besucher der beiden Häuser im Rechnungsjahr 1908 I. Es wurden Karten gekauft. 1. Doppelkarten, gültig für beide Häuser (Prs. 0,80 M) a) im Heimats-Museum: 1.329 Stück = 1.063,20 M b) im altfr. Haus: 968 Stück = 774,80 zus. 2297 Stück = 1.837,60 M 2. Einfache Karten (Prs. 0,50 M) a. im Heimats-Museum: 826 Stück = 413,00 M b. im altfries. Haus 1.011 Stück = 508,00 M zus. 1842 Stück = 921,00 M 3. Einfache Karten für Kinder (Prs. 0,20;) a. im Heimats-Museum 137 Stück = 27,40 M b. Altfr. Haus: 65 Stück = 13 M zus. 202 Stück = 40,40 M Im Ganzen sind Karten ausgegeben 4.341 Stück = 2.799,00 M
72	Söl’ring Foriining (e. V.) 1. Rechnungsübersicht 1907/08 Einnahmen 12.768,13 M Ausgaben 12.086,48 M

Blatt	Inhalt
	Kassenbestand 681,65 M
	2. Bilanz nach dem Stande vom 1. November 1908
	A. Vermögen
	Kassenbestand 681,65 M
	Belegte Kapitalien 26,15 M
	Wert des altfriesischen Hauses 7.680,00 M
	Wert des Heimats-Museums 10.750,00 M
	Wert d. Sammlungen 5.600,00 M
	= 24.737,86 M
	B. Schulden
	Hypothek auf dem Altfriesischen Haus 2.200,00 M
	Hypothek auf dem Heimats-Museum 6.000,00 M
	Darlehen bei Nicolai Bleiken 4.000,00 M
	= 12.200,00 M
	3. Voranschlag für das Jahr 1908
	A. Einnahmen
	Kassenbestand 681,65 M
	Mitgliederbeiträge 200,00 M
	Zuwendungen 560,00 M
	Postkarten-Verkauf u. dgl. 200,00 M
	Eintrittsgeld 2.500,00
	= 4.141,65 M
	B. Ausgaben
	Museum:
	Verzinsung u. Amortisation 780 M
	Beaufsichtigung 300 M
	Versicherung und Abgaben 200 M
	Laufende Unterhaltung 1.000 M
	Ankäufe 800 M
	= 3.080,00 M
	Für Zwecke der Heimatkultur 500,00 M
	Für Zwecke der Propaganda 200,00 M
	Verwaltungsunkosten 80,00 M
	Beiträge an andere Vereine 60,00 M
	Sonstiges u. zur Abrundung 221,65
	= 4.141,65 M

Blatt	Inhalt
	Westerland, den 1. November 1908 Der Vorsitzende des Verwaltungsrats
73	*Leerseite*
74	2. Kassenbericht. Herr Bürgermeister Dr. Frommhold, der Vorsitzende unseres Verwaltungsrates, legt den Kassenbericht vor. Derselbe ist diesem Protokoll beigefügt u. wird hier darauf verwiesen. Der Verwaltungsrat hat die Rechnungen geprüft u. keine Mängel gefunden. Er bittet durch Herrn Dr. Frommhold dem Kassierer Herrn Dirksen für seine ausgezeichnete Buchführung u. Kassenführung Entlastung zu erteilen. Es geschah diese Entlastung unter allgemeiner Zustimmung. 3. Beschlussfassung über den Ankauf der Selmerschen Vogelsammlung Herr Selmer fordert 1.200 M für seine Sammlung. Man ist für den Ankauf. Die Vögel werden für 1.200 M gekauft, das Kapital soll 100 M jährlich amortisiert werden. Die Versammlung ist überzeugt, daß es im Interesse des Museums geboten ist sich baldmöglichst in den Besitz der Vogelsammlung zu setzen. 4. Die Versammlung nimmt Kenntnis von dem Voranschlag des kommenden Jahres 1909.
75	Aus der Mitte der Versammlung wird keine Einwendung gemacht. Der Verwaltungsrat schlägt vor, daß die unter B. Ausgaben genannten Summen für 1.000 M für laufende Unterhaltung u. Ankäufe für 800 ganz ausgegeben werden sollen u. zwar so: Wenn etwas von den 1.800 M gespart wird, so soll die ersparte Summe aus dem Abtrag der Schuldsumme bei Herrn Nic. Bleicken benutzt werden. Der Vorschlag wird einstimmig angenommen, Herr Dr. Frommhold legt Bericht ab über den in Tondern gegründeten Verein Baupflege Kreis Tondern. Er schildert den Zweck des Vereins u. beantragt, daß die Söl'ring Foriining diesem Verein als Mitglied beitritt. Dieser Antrag wird mit großer [n. l.] angenommen. Der jährliche Beitrag ist 20 M. 5. Vorstandwahlen. Es [n. l.] diesem Jahr uns; der Stellvertr. Vorsitzende u. [n. l.] Es werden die beiden Herrn wiedergewählt: Herr Carl Meyer als Stellvert-
76	tretender Vorsitzender u. Lehrer Koopmann als Schriftführer. 6. Vortrag: Aufgaben des Heimatschutzes auf Sylt. Der Vorsitzende weist darauf hin, daß die Heimatsliebe bei uns im deutschen Lande im Schwinden begriffen ist. Unser Verein soll alles tun, was in seiner Kraft steht, um die Liebe zu Heimat u. Volk zu wecken u. zu pflegen. Was wir im Kleinen auf unserer Insel wollen, das versucht der Bund Heimatschutz im ganzen deutschen Lande. Der Vortragende verliest einen Artikel dieses Bundes, der uns darauf aufmerksam macht, wie wir die Pflege ausüben sollen:

Blatt	Inhalt
	Denkmalpflege, Pflege der überlieferten Bauweise (alte Häuser, [n. l.]), Schutz der landschaftlichen Natur (Schutz der Hünengräber, [n. l.]) Rettung der fries. Tier- und Pflanzenwelt, Volkskunst der beweglichen Hauseinrichtungen, Schutz der Sitten, Feste, Gebräuche u. Schutz der Heimatssprache Nachdem der Vorsitzende geschlossen hat, spricht Herr Dr. Nicolas dem Vorsitzenden seinen warmen Dank
77	aus, in den die Versammlung gern einstimmte. V. g. u. u. Riewerts, Koopmann, Mungard Vorstandssitzung am 3. Dez. nachm. 3 Uhr im Landschaftlichen Hause zu Keitum Der Vorstand ist ordnungsmäßig unter Angabe der Tagesordnung berufen. Von den 6 Vorstandsmitgliedern sind 4 erschienen. 1. Der Vorstand beschließt an der Scheune des Heimatmuseums eine Wohnung für den Kustos herzustellen, bestehend aus Wohnstube, Küche u. Schlafzimmer, Keller, Speisekammer u. Nebenraum [n. l.]. Für die Sammlung werden durch diesen Umbau 2 schöne Zimmer gewonnen. Der Kustos hinaus auf dem 800 M [n. l.]. Herr Hoffmann wird mit Peter [n. l.] die Ausführung beaufsichtigen.
78	2. Stellungnahme zu einem von dem Sylter Verein in Altona geplanten Sylter Wörterbuch Die Veranstalter dieses Planes sollen darauf aufmerksam gemacht werden, daß die Söl'ring Foriining auch die Herausgabe des Mungard'schen Wörterbuches auf dessen Schreibweise festgelegt hat. Der Vorsitzende soll dahin streben, eine Einigung herbeizuführen 3. Antrag des Verkehr-Büros in Westerland auf Gewährung von Museums-Freibillets für Extra-Fahrten nach Sylt. Dem Antrag soll insofern entgegengekommen werden, daß solche Gäste nur halben Eintrittspreis zahlen. 4. Vorbereitung des Heimatfestes Es soll eine Kommission gebildet werden, die die Vorbereitung des Heimatfestes in die Hand nimmt. Die Herrn Carl Meyer u. Jens Hoffmann sind bereit, in diese Kommission einzutreten. Herr Georg Busse soll zum Eintritt in diese Kommission aufgefordert werden 5. Herausgabe von Postkarten. Es sollen von 4 Innenaufnahmen
79	des altfriesischen Hauses in verschiedenen Tönen je 2.000 Stück Postkarten hergestellt werden für 20 M das Tausend. V. g. u. u. Riewerts, Carl Meyer, Koopmann, Hoffmann

Blatt	Inhalt
	Vorstandsversammlung am Mittwoch den 3. Feb. 09 nachm. 3½ Uhr im Landschaftlichen Hause zu Keitum Der Vorstand ist ordnungsgemäß geladen unter Angabe der Tagesordnung. Erschienen sind 4 Herren. Tagesordnung 1. Rechtsstreit mit der Firma Block&Schmidt Der Vorsitzende teilt mit, daß die Firma einen Rechtsanwalt genommen hat u.
80	mit der Klage droht. Es ward beschlossen, ohne Rechtsanwalt die Sache durchzufechten. 2. Feier des Petritages. Es wird beschlossen, die Feier wie sonst in Gestalt einer Familienunterhaltung zu bestellen. 3. Das insel-friesische Heimatblatt Herr Meyer berichtet von den Plänen des gewählten Komitees. 4. Wörterbuch u. Lesebuch Der Vorsitzende berichtet über den guten Fortgang des Druckes des Wörterbuches 5. Sonstiges: Es soll eine Postkarte herausgegeben werden mit dem Bilde des Kustos Pater Selmer u. zwar 1.000 Stück. V. g. u. u. Riewerts, Koopmann, Carl Meyer, Hoffmann
81	(Abschrift) Außerordentliche Generalversammlung am 2. Mai 1909 im Landschaftl. Hause Die Versammlung ist von dem stellvertretenden Vorsitzenden ordnungsmäßig berufen. Anwesend ca. 60 Mitglieder. Die Versammlung wird von Herrn Meyer eröffnet, indem er einen Überblick gibt, wie sich ungefähr nach den Beschlüssen des Vorstandes und des Festkomitees das Friesenfest abwickeln werde. 1. Es entspinnt sich zunächst über die Zeiteinteilung eine Debatte. Mit Bezug darauf wird beschlossen, daß der Anfang des Festes möglichst frühzeitig gesetzt werden soll 2. Über Erhebung eines Eintrittsgeldes werden Bedenken laut. Es soll der besonderen Kommission überlassen werden, eine Ermäßigung des Eintrittsgeldes u. s. w. eintreten zu lassen 3. Es wird angekündigt, die Fuhrwerksbesitzer aufzufordern, gratis von Westerland nach Keitum zu fahren. Es wird der Kommission überlassen, diese Sache zu regeln. 4. Antrag Meyer: Er bittet, die Söl'ring Foriining wolle die Garantie für einen voll. Fehlbetrag übernehmen. Der Antrag wird einstimmig angenommen.

Blatt	Inhalt
	5. Bildung der Kommissionen: a) Festkomitee, b) Empfangskomitee, c) Preißausschuss, d) Ausschmückungskommission, e) Theater-Kommission f) Festredner, g) Komitee für das Biiken 6. Antrag vom Vorstand: Jede Kommission nimmt eine Abschrift des Arbeitsplanes, erwählt einen Vorsitzenden der
82	Die Verhandlungen der betr. Kommission leitet. Der Antrag wird angenommen. 7. Verein: Kriegsverein u. Schützenverein werden hoffentlich zusagen, Norddörfer Feuerwehr nicht in corpore, wohl eine Dezitation. Militärverein: –. Ringreiterkorps: Nichts bindendes, ebenso der Rettungskorps. Turnverein sagt zu. Westerl. Liedertafel: nichts bindendes. Keitumer Liedertafel: sagt zu, mit [n. l.]. Keitumer Feuerwehr: [n. l.]. Morsumer Gesangsverein: unbestimmt. Westerl. Männergesangsverein: lehnt ab. Tinnumer [n. l.]: nichts bindendes. Morsumer Ringreiterkorps: wahrscheinlich. V. g. u. u. (gez.) C. Jörn i. V. (gez.) Dichnelt, Peter Löck, Sörnsen, M. Hagendefeldt, L. Laßen, H. Hansen, Carl Meyer Vorstandsversammlung am Freitag, den 7. Mai 09 im Landschaftlichen hause zu Keitum nachm. 5 Uhr Der Vorstand ist ordnungsgemäß unter Angabe der Tagesordnung berufen. Erschienen sind 7 Mitglieder. Punkt 1: Ordnung der prähistor. Sammlung durch einen Fachmann
83	Der Vorsitzende schlägt den Lehrer Kröger aus Bösdorf vor zur Vornahme der Ordnung vor. Vorschlag wird angenommen. Punkt 2. Besprechung über Wörterbuch, Friesenfest u. Museum Das Wörterbuch ist im Druck beinahe fertig. Zum 1. Juni soll es noch fertig. Auf Vorschlag des Vorsitzenden soll dem Drucker Herrn Meyer das vorhandene Geld für das Wörterbuch ausgezahlt werden Das Friesenfest wird zum 27. Juni 09 gefeiert. Der Vorstand gibt dem Festausschuss allerlei Anregungen für das Fest. Christian Jensen – Schleswig hat ein Manuskript angeboten. „Nordfriesland, ein Sprachgebiet – die Erhaltung des Friesentums im 19. Jhd." Der Vorstand ist gewillt, ihm 100 Mk. Honorus zu geben, wenn er ihnen freiläßt, den Satz nach Belieben zu kürzen u. zu veröffentlichen. III. Das Museum. Im Heimatmuseum ist die Scheune zur Wohnung des Kustos umgearbeitet worden. Dadurch sind 2 Zimmer gewonnen. Der Vorsitzende gibt Vorschläge

Blatt	Inhalt
84	zur Ausstattung derselben. Der Flur muss notwendig ausgestaltet werden und zwar durch die Bilderwände die im oberen östlichen Zimmer vorhanden sind. Der Vorstand beschließt, diese Arbeit noch vor Beginn der Saison zu vollenden. Herr Katzenstein übernimmt die Oberleitung dieser Arbeiten. V. g. u. u. Koopmann, B. Dirksen, Hoffmann, Carl Meyer, Katzenstein, Riewerts. Vorstandsversammlung am Mittwoch den 13. Oktober 09 nachm. 3 Uhr im Landschaftl. Haus zu Keitum. Der Vorstand ist ordnungsmäßig geladen unter Angabe der Tagesordnung. Erschienen sind 6 Herrn. Tagesordnung 1. Abrechnung über den Friesentag Der Kassierer legt die Abrechnung über das Friesenfest vor. [n. l.] von etwa 200 M. Die Summe soll bei der Sylter Spar- u. Löschkasse angeliehen und baldmöglichst
85	amortisiert werden. Es wird beschlossen, daß der Vorsitzende sich um Unterstützung an den Vergnügungsausschuss (Kapt. Lassen in Westerland) u. an die [n. l.] Sparkasse wenden sollen 2. Mitteilung Der Kassierer teilt mit, wie es um die Kasse der SF steht. Infolge des Umbaus u. Einrichtung des Heimatmuseums ist ein Defizit von etwa 500 M entstanden. Es liegt noch die Abrechnung über das Sylter Wörterbuch vor. Die ganze Auflage kostet 1.500,50 M, davon sind bezahlt 706,05M, sodaß eine Restsumme verbleibt von 794,45M. 3. Vorbereitung der Winterarbeit Der Vorsitzende schlägt vor, bei der Einkassierung der Mitgliederbeiträge das Lied: Uus Söl'ring Lön von C. P. Christiansen in [n. l.] gratis zu verteilen. Der Vorschlag wird angenommen. Der Schriftführer erinnert daran, zur Aufmunterung der Sylter Jugend zum schriftlichen Gebrauch ihrer Muttersprache [n. l.] zu erteilen.
86	Der Vorsitzende schlägt vor, während des Winters eine Statistik über den Stand der friesischen Sprache auf der Insel zu veranstalten. V. g. u. u. Riewerts, Koopmann, Carl Meyer, Hoffmann Vorstandsversammlung am Freitag, den 19. Nov. nachm. 5 Uhr im Landschaftl. Hause zu Keitum. Der Vorstand ist ordnungsgemäß geladen unter Angabe der Tagesordnung. Erschienen sind 5 Herren.

Blatt	Inhalt
	Tagesordnung: 1. Besichtigung der Neuerwerbungen im Heimats-Museum. Nachdem das geschehen, begibt sich der Vorstand ins Landschaftliche Haus. 2. Es wird zuerst Punkt 4 der Tagesordnung zur Sprache gebracht betr. Sylter Orthographie. Man ist allgemein der Ansicht, daß die Söl'ring Foriining sich weder für die Schreibweise Mungards noch für die nach Möller festlegen kann,
87	sondern erwartet eine Klärung dieser durch die Weiterentwicklung der sylter Muttersprache zur Schriftsprache. Daran künftig mitzuarbeiten, liegt mit im Arbeitsplan der Söl'ring Foriining, womit der Anfang durch die Herausgabe des Wörterbuches von Mungard gemacht worden ist. 3. Prüfung der Jahresrechnung 1908/09 I. Einnahmen 1. Kassenbestand M 681,65 2. Mitgliederbeiträge M 240,50 3. Zuwendungen M 110,00 4. Postkartenverkauf M 168,30 5. Eintrittsgelder M 2.768,90 6. Sonstige Einnahmen M 95, 10 Zusammen: M 4.064,45
88	II. Ausgaben 1. Museum u. altfr. Haus a. Zinsen u. Abtrag – M 839,00 b. Beaufsichtigung – M 213,00 c. Versicherung u. andere Abgaben – M 139,05 d. Laufende Unterhaltung – M 823,80 e. Ankäufe – M 306,78 Zusammen: M 2.330,63 2. Für Zwecke der Heimatskultur: 680,37 M 3. Für Zwecke der Propaganda (Postkarten): 668,00 M 4. Verwaltungskosten: 38,00 5. Jahresbeiträge an andere Vereine: 50,00 6. Sonstiges: 136,80 M Zusammen: 3.904,70 M Einnahmen: 4.064,45 M Ausgaben: 3.904,70 M Kassenbestand: 159,75 M Die Rechnung soll von den drei in Keitum wohnenden Herrn des Vorstandes nachgeprüft werden.

Blatt	Inhalt
89	Tagesordn. 4: Voranschlag 1909/10 I. Einnahmen 1. Kassenbestand 159,75 M 2. Mitgliederbeiträge 280,00 M 3. Zuwendungen: a. Jährlich: Tinnum III. Raten: 10 M Westerland III Raten: 100 M = 110,00 b. Einmalige: 290,00 4. Verkauf von Postkarten Schriften intern 200,00 5. Museums-Einnahmen 2.500,00 Zusammen: 3.499,75 Nachtrag 6: Anleihe bei Schlesw. Holst. Bank 350 M Anleihe bei Sparkasse in Keitum 550 M 900,00 = 4.399,75 M II Ausgaben: 1. Museum u. altfr. Haus a. Zinsen: 2.200 M zu 4½ % = 99,00 M 3.800 M zu 4½ % = 161,00 M 6.000 M zu 5 % pro ½ Jahr = 150,00 M 5.800 M zu 5 % pro ½ Jahr = 145,00 M 1.200 M zu 5 % = 60,00 M 350 M zu 5 % = 17,5 M = 632,50 M
90	Übertrag Zinsen 632,50 M b. Abträge von 3.800 M – 200,00 M von 6000 M – 200,00 M von 1.200 M – 100,00 M Zus. 500,00 M c. Beaufsichtigung 250 M

Blatt	Inhalt
	d. Versicherung u. andere Angaben 200 M e. Laufende Unterhaltung 1.200 M f. Ankäufe 600 M Total I. Gesamtausgaben für Museum: 3.382,50 M 3. Für Propaganda, Inserate etc. 150 M 4. Jahresbeiträge an andere Vereine: a. nordfr. Verein: 20 M b. Heimatschutz 10 M c. Baupflege Tondern: 20 M = 50 M = 4.132,50 M
91	Übertrag: 4.132,50 M 5. Verwaltungsunkosten: 60,00 M 6. Sonstiges a. außerordentlicher Abtrag an Schlesw. Holst. Bank Tondern 100 M b. Insgemein 107,25 M Gesamtsumme: 4.399,75 M Tagesordn. 5: Verschiedenes Der Vorsitzende schlägt als Tagesordnung für die Generalversammlung vor: a. Rechenschaftsbericht b. Kassenbericht c. Voranschlag d. Vorstandswahl f. Verschiedenes V. g. u. u. Riewerts, Koopmann
92	Ordentliche Generalversammlung am 28. November 09 nachmittags 3½ Uhr im Landschaftlichen Hause zu Keitum Die Versammlung ist vom Vorsitzenden ordnungsmäßig unter Veröffentlichung der Tagesordnung berufen. Anwesend sind 30 Mitglieder. Tages-Ordnung: 1. Rechenschaftsbericht des Vorsitzenden 2. Kassenbericht 3. Genehmigung des Voranschlags 1909/1910 4. Vorstandswahlen 5. Satzungsänderungen betr. Verwaltungsrat

Blatt	Inhalt
	6. Sonstiges Der Vorsitzende konstatiert die Beschlussfähigkeit der Versammlung und geht zu Punkt 1 der Tagesordnung auf den Stand der Heimatschutzbewegung in Deutschland, im Allgemeinen und in Nordfriesland und auf der Insel Sylt im besonderen ein. Das Museum sei nur ein Teil unserer Aufgaben, [n. l.] auch unsere Arbeit sehr an Zuspruch. Im Heimatsmuseum wurde letztes Jahr ein Umbau vorgenommen zur Gewinnung einer Wohnung für den Aufsichtsführenden. Die Kosten des Umbaus haben leider den Voranschlag überschreiten müssen. Die Sammlungen haben im letzten Jahre einen erheblichen Zuwachs erfahren. Zunächst waren die Hagenfeldtschen Sammlungen zu einem billigen Preis in den Besitz des Vereins gekommen durch Ankauf. Aber auch viele Schenkungen
93	sind zu verzeichnen. So z. B. die Bibliothek des Kapitäns Clemens aus Archsum. Sehr erwünscht wurden waren für das Museum auch alte Geräte, [n. l.] u. a. zum Reth-Dachdecken, [n. l.]. Es dürften noch [n. l.] Urkunden [n. l.]. Der Vorsitzende bittet, derart an den Gütern zu leisten und dem Verein zu überweisen. Die Einnahmen des altfriesischen Hauses waren 887,60 M gegen 1.016 M dem [n. l.], im Heimatsmuseum 1.881,30 M gegen 826 an Vorzinsen. Die Museen wurden besucht von 4.222 Personen (4.139 1908), von 211 Kindern (202 1908). Dies [n. l.] sehr befriedigend und den aktuellen Wert sehr hoch einzuschätzen.
	Dagegen habe dieses Jahr auch erhebliche finanzielle Opfer gefordert, die dem Ausfall des Kassenabschlusses ungünstig beeinflußt hätten. Von dem Friesenfest stehen noch eine Anzahl Festzeitungen zur Verfügung, die zu Agitationszwecken verwandt werden sollen. Zu dem Friesenfest sind zwei Bücher erschienen, deren Herausgabe mit Freuden zu begrüßen sei. Es sind das Mungardsche Wörterbuch, herausgegeben von der Foriining und das Möllersche Lesebuch, herausgegeben vom Sylter Verein aus Altona. Zur Förderung des Schriftgebrauchs der Sylter Sprache soll das Wörterbuch den Mitgliedern für den geringen Preis von 80 Pf. überlassen werden. Um [n. l.] bald über den Stand des [n. l.]
94	Sprache zu gewinnen [n. l.] vom Nordfriesischen Verein Erhebungen angestellt. An der Sammlung von [n. l.] wurde fleißig gearbeitet. Der Verein Baupflege für den Kreis Tondern habe mehrere Sylter Bücher herausgegeben, die der Versammlung vorliegen. [n. l.] ihre Aufmerksamkeit zuwenden der [n. l.] des Landschaftsbildes entgegenzuwirken. Der Vorsitzende regt die Herausgabe eines Monatsblattes an, das auf Sylt verbreitet werden soll, [n. l.] durch Lichtbilder aufklärend zu wirken. Vom Vorsitzenden werden in Sache unserer Bestrebungen etwa 300 Briefe versandt, an [n. l.], das Interesse an unserer Sache zu nutzen. Der Verein hat z. Zt. 376 Mitglieder. Im letzten Jahre sind 6 Mitglieder mit einem größeren Beitrag hinzugetreten. In der Besprechung über diesen Bericht wünscht Herr Mungard den [n. l.] und des Liederbuches zum [n. l.].

Blatt	Inhalt
	Herr Mungard regt an, die Sammlung um Stücke der Bandweberei zu vermehren und durch Unterricht diese alte Kunst neuzubeleben. Der Vorsitzende erwidert, daß auch [n. l.] Webstuhl [n. l.]
95	möchte. Der Verein müßte Webstühle, die jetzt von Flensburger Museum hergestellt wurden, an der Zahl verbreiten, damit sich der Hausfleiß auch die Vielzahl wieder zuwende. Der Vorstand wird berufen, diese Angelegenheit weiter zu verfolgen. Herr Johannsen fragt, an welche Stellung die Foriining zu den zwei verschiedenen Schreibweisen nimmt. Es ward hierzu die Protokollanm. Der letzten Vorstandssitzung verlesen, worüber auch schon [n. l.] Ansprache erfolgt. Der Vorsitzende, Herr Pastor Riewerts, erstattet hier mit zu Punkt 2 der Tagesordnung den Kassenbericht. Die Gesamteinnahme beträgt 4.064,45 M, die Gesamtausgabe 3.904,75 M. sodaß ein Kassenbehalt von 159,75 M verbleibt. Hierbei ist zu bemerken, daß das [n. l.]. Das Vermögen des Vereins beträgt [n. l.] 26.863,38 M, die Schulden 13.200 M. Herr Bürgermeister Dr. Frommhold ergreift als Vorsitzender des Verwaltungsrates das Wort. Der Verwaltungsrat sei zu dieser heutigen Sitzung [n. l.] beschlußfähig gewesen. Eine besondere Sitzung werde [n. l.]
96	der Abrechnung befassen. Er dankte dem Vorstande [n. l.] des Verwaltungsrats für die gute Erledigung der umfangreichen Arbeiten des verflossenen Jahres. Zu Punkt 3 wird vom Vorsitzenden der Voranschlag für 1909/10 vorgelegt und erläutert. Vorgelegt wird eine Künstler-[n. l.]-zeichnung aus dem Altfriesischen Hause von Kolbe; die Bilder sollen dem Museum verkauft werden. Der Voranschlag, welcher in [n. l.] Ausgaben mit 4.399,75 M bilanziert, wird von der Versammlung genehmigt. Punkt 4 Vorstandswahl. Den ausscheidenden Vorstandsmitgliedern Jens Hoffmann – Keitum und Dr. Nicolas – Westerland wurden einzeln mittels Stimmzettel wiedergewählt. Auf Herrn J. Hoffmann entfielen von 23 abgegebenen Stimmen 21 ([n. l.]). Auf Herrn Dr. Nicolas entfielen von 23 abgegebenen Stimmen 18 ([n. l.]). Punkt 5. Dem Antrag des Vorstandes gemäß wird einstimmig beschlossen, dem § 7 Abs. 1 folgenden Satz anzufügen: „Der Verwaltungsrat bildet … bereit erklären. Ist das nicht der Fall, soll die betr. Stadt- oder Gem.-Vertretung gebeten werden, einen anderen Herrn als ihre Vertreter in den Verwaltungsrat zu entsenden. Den Vorsitz hat …“. Nach Verlesung des Protokolls wird die Versammlung durch den Vorsitzenden geschlossen. Riewerts, Carl Meyer, Ad. Boysen, Diedrichsen
97	Dringliche Vorstands-Sitzung am Montag, den 27. Dez 09 Nachm. 3½ Uhr im Rathaus zu Westerland Die Sitzung ist vom Vorsitzenden rechtzeitig mit Angabe der Tagesordnung anberaumt worden.

Blatt	Inhalt
	Erschienen ist der ganze Vorstand. Herr Pastor Riewerts eröffnet die Sitzung um 3½ Uhr. Tagesordnung: Stellungnahme zu der Pressenotiz über Unterstützung der friesischen Sprachbewegung Der Vorsitzende teilt mit, was in den Zeitungen geschrieben ist über das Verbot fries. Sprachunterrichts seitens des preuß. Kulturministers u. wie die Sache aufs politische Gebiet [n. l.] ist. Es wird beschlossen an den Kultusminister einen aufklärenden Bericht zu schicken, in den Zeitungen Verwahrung einzulegen gegen die politische Ausbeutung unserer Bewegung u. [n. l.] Verhandlung mit dem Kreisschulinspektor zu erreichen
98	daß wie in den anderen Schulen der Insel so auch in Westerland das „Sölring Leesbok“ als Hilfsmittel im Unterricht verwendet wird. Ferner wird beschlossen, die Gebr. Hübbe als Urheber der Zeitungsnotiz zu ersuchen, in Zukunft derartige eingesandte Artikel wie in No. 587 der Hamb.-Nachrichten „Es fiel ein Reif“ nicht ohne Benehmen mit dem Vorstand der „Söl’ring Foriining“ zu veröffentlichen V. g. u. u. Carl Meyer, B. Dirksen, Hoffmann, Riewerts, Koopmann, Dr. Nicolas Vorstandssitzung am Montag, den 25. Apr. 1910 Nachm. 4 Uhr im Rathaus zu Westerland 1. Vom Rez.-Präsidenten liegt ein Schreiben vor, wonach dem Verein eine staatliche Beihilfe durch den Minister in Aussicht gestellt wird, falls der Verein seine Sammlung der Aufsicht des Vaterländ. Museums in Kiel unterstellt. Der Vorsitzende soll genauere Erkundungen einziehen, wie diese Aufsicht gedacht ist. 2. Der Schriftführer Herr Lehrer Koopmann ist nach Tondern verzogen. In ihm verliert
99	der Verein ein sehr rühriges Vorstandsmitglied. Als sein Nachfolger wird der Vorstand Herrn Christian Matzen in Wenningstedt der Generalversammlung vorschlagen. 3. Die Besichtigung der Museen soll für alle Insulaner an den Sonntagen vor Pfingsten frei sein. V. g. u. u. Riewerts, B. Dirksen, Hoffmann, Carl Meyer Vorstandssitzung am 4. Oktober 1910 Nachm. 4 Uhr, im Rathause zu Westerland Der Vorsitzende legt, da er nach Uetersen übersiedelt, sein Amt nieder. Die Neuwahl soll zunächst verschoben werden. Die Geschäfte übernimmt der zweite Vorsitzende.

Blatt	Inhalt
	2. Von dem Museumsdirektor Sauermann – Flensburg liegt erneut der Entwurf eines Vertrages zwischen der Stadt Flensburg und der Söl'ring Foriining vor betreffs Verwaltung des Museums. Der Vorstand lehnte den [n. l.] des Vertrages ab. 3. Der Beaufsichtigende des Altfriesischen Hauses soll für das [n. l.] des Hauses und für [n. l.] etc. verkauft man
100	einmalige Entschädigung von 50 Mark gegeben werden. 4. Der Vorstand erwirbt die restliche Auflage der Schrift „Aus den Tagen der Selbstständigkeit Sylts" von dem Vorsitzenden für 15 M. 5. Die Foriining nimmt zur Deckung der Drucklegung des Wörterbuches 700 M bei der städtischen Sparkasse in Westerland auf mit 100 M jährlicher Abtragsverpflichtung. Die Zinsen zahlt der Drucker Carl Meyer – Westerland. V. g. u. u. Riewerts, B. Dirksen, Carl Meyer, Hoffmann, Dr. Nicolas Vorstandssitzung am Montag, den 23. Januar 1911, im Rathaus zu Westerland 1. Es wird beschlossen, die Generalversammlung am 29. Januar d. J. nachmittags 3½ Uhr stattfinden zu lassen. Die Tagesordnung wird wie folgt festgesetzt: 1. Rechenschaftsbericht, 2. Rechnungsablage, 3. Voranschlag für 1911, 4. Vorstandswahl, 5. Petritag. Der Voranschlag wird [n. l.] und schließt an Einnahmen und Ausgaben mit 4.100 M ab. V. g. u. u. Carl Meyer, B. Dirksen, Hoffmann
101	Ordentliche Generalversammlung am 29. Januar 1911 nachmittags 3 Uhr im Landschaftlichen Haus in Keitum Die Versammlung ist vom Vorstand ordnungsmäßig unter Veröffentlichung der Tagesordnung berufen. Anwesend sind 25 Mitglieder. Tagesordnung 1. Bericht des Vorstands 2. Kassenbericht 3. Voranschlag 1911 4. Vorstands-Wahl 5. Sonstiges Der Herr Vorsitzende C. Meyer gab ausführlichen Bericht über das verflossene Vereinsjahr. Kassenbericht erstattete der Rechnungsführer Herr B. Dirksen.

Blatt	Inhalt
	Herr Bürgermeister Dr. Frommhold teilt als Vorsitzender des Verwaltungsrates mit, daß die Rechnungsablage geprüft und für richtig befunden sei. Die Einnahmen des Museums beliefen sich im Vorjahr auf 9.075,58 M, die Ausgaben betrugen 8.252,58. Hiermit war der Kassenbehalt 822,66. Dem Kassierer wird Entlastung erteilt. Sodann verlas Herr Bürgermeister Dr. Fr. den beigelegten Voranschlag, der genehmigt wurde.
o. P.	Voranschlag der Söl'ring Foriining e. V. für 1911 I. Einnahme 1. Kassenbehalt 850 2. Mitgliederbeiträge 240 3. Zuwendungen a. jährliche Tinnum IV. Rate 10 Westerland IV. Rate 100 = 110 M b. einmalige 100 M 4. Verkauf von Postkarten 200 5. Museums Einnahmen 2.600 = Mark 4.100,00 II. Ausgaben 1. Museum u. altfriesisches Haus a. Zinsen 2.200 zu 4¼ % = 93,50 3.600 zu 4¾ % = 171 5.600 zu 4¾ % = 267 1.000 zu 5 % = 50 350 zu 5 % = 17,50 = 599,00 b. Abträge 3.600 = 200 5.600 = 200 1.000 = 350 Schles. Holst. Bank = 350 = 850,00

Blatt	Inhalt
	Uebertrag = 1.449 c. Beaufsichtigung 250 d. Versicherung 200 e. Laufende Unterhaltung 300 f. Ankäufe u. dergl. 550 = 1.300 2. Zwecke der Heimatskultur a. Deckung des Defizits vom Friesentag 950 b. Wörterbuch 100 Sonstiges 20 = 1.070 3. Für Propaganda u. Drucksachen 150 4. Jahresbeiträge an andere Vereine 50 a. Nordfriesischer Verein 20 b. Baupflege Tondern 20 c. Heimatschutz 10 5. Verwaltungsunkosten 60 6. Insgemein 21 = 4.100
102	Zum 1. Vorsitzenden wurde Herr Pastor Reinhard gewählt. Herr Chr. Matzen wurde Schriftführer des Vereins. Zum Kassierer wurde Herr Boy Dirksen wiedergewählt. Herr Mungard begründete sodann seinen Antrag: Mitgliederversammlung wolle beschließen, daß die Jahresrechnung mit dem Voranschlag und den Belegen eine Woche lang im Vereinslokal den Mitgliedern zur Einsicht zugängig sein soll und bis spätestens 2 Tage nach Ablauf dieser Auslegewoche schriftlich an den Vorsitzenden gerichtete Notiz mit der Rechnung auf der Mitgliederversammlung verhandelt werden soll. Der Antrag wurde angenommen. Nach Vorschlag des Herrn 2. Vorsitzenden soll Herr Rektor Möller ersucht werden, einen 2. Bogen des Sylter Liederbuches zusammenzustellen. Der Petritag soll in gewohnter Weise veranstaltet werden. Carl Meyer, P. H. Appel.
103	*Leerseite*
104	Westerland, d. 6. April 1911 Zu der im Rathause anberaumten Vorstandssitzung der Sölring Foriining sind erschienen: Herr Bürgermeister Dr. Frommhold, Herr Pastor Reinhardt, Herr Hoffmann Dirksen u. C. Matzen u. Meyer.

Blatt	Inhalt
	Nach einigen einleitenden Worten des Herrn Bürgermeister eröffnet der Vorsitzende die Versammlung. Zunächst gelangt ein Brief der Frau [n. l.], in welchem dieselbe den Antrag auf Unterstützung [n. l.] Beihilfe zur Anfertigung u. Verkauf von Sitzen sellt. Der Antrag wird mit Nominierung abgelehnt, daß die Sache für Sylt aussichtslos sei. Dann gelangt das Friesenfest auf Föhr zur Sprache. Die Ansicht ist in diesem Punkt allgemein, daß man hier auch durch Schreiben an Personen die den Friesenfesttag zu interessieren suchen. Dahingehend wird von Herrn Meyer der Antrag gestellt, den neuen Webstuhl hier einzuführen. Es müßte eine geeignete Person einen Kursus des Webens zu erlernen hingeschickt werden. Herr Pastor Reinhardt will die Sache in die Hand nehmen u. nähere Erkundungen einziehen Punkt 3 ist ein Antrag des Vereins zur Pflege der Natur- und Landeskunde in Schleswig-Holstein, Hamb. u. Lübeck ihre diesjährige Generalversammlung in Keitum abzuhalten. Die Söl'ring Foriining erklärt sich bereit, die Tagung u. alles andere Erforderliche vorzubereiten
105	Vom Vorsitzenden wird der Vorschlag gemacht, eine Zeitung zu gründen, die den Zweck haben soll Heimatkunde und Heimatliebe bei der Jugend u. [n. l.] zu erhalten u. in einer Zahl herauszugeben, daß jeder Familie 1 Exemplar unenentgeldlich ausgehändigt werden soll. Vom Verein soll das Unternehmen [n. l.] unterstützt werden. Herr Carl Meyer bringt eine Angelegenheit die Herrn Andreas Hübbe betrifft zur Sprache. Es handelt sich um eine Sammlung im Betrag von 178 M wie um die Herausgabe eines Sölring Leidjebok: es wird beschlossen, Herrn Hübbe das Verlagsrecht des [n. l.] Buches streitig zu machen, Weitere Punkte standen nicht zur Verhandlung u. wurde die Versammlung geschlossen. Die erkrankte Verwalterin des Friesenhauses, Fr. Maria Hansen, soll seitens des Vereins eine noch festzusetzende Beihilfe ausgehändigt werden. V. g. u. Reinhardt, Carl Meyer, Hoffmann, B. Dirksen, C. Matzen
106	Keitum, den 25. Mai 1911 Die heutige ordnungsmäßig einberufene Vorstandssitzung ist von Herrn Vorsitzenden, den Herrn Dirksen, Hoffmann u. Matzen befugt. Zur Tagesordnung steht zunächst die Anstellung einer Person im altfriesischen Hause für die durch Krankheit vorläufig ausscheidende Frau Maria Hansen. Für diesen Posten hatte sich gemeldet: Frau Caroline Franzen, Frau Marie Lausten, Frau Erkel Holst, Frau Marie Jensen u. Frau Mattilde Hansen. Nach länger Berathung entschloß sich die Versammlung der Frau Car. Franzen für diesen Posten unter den mit Maria Hansen vereinbarten Bedingungen zu engagieren. Der Antritt soll alsbald erfolgen und zwar vorläufig auf 1 Jahr.

Blatt	Inhalt
	Maria Hansen hat die Wohnung spätestens am 15. Juni zu räumen. Der Vorstand bewilligt ihr eine Beihilfe von 50 Mark. Über die Theilnahme an der Generalversammlung des Vereins zur Pflege der Heimatkunde wird beschlossen, durch ein Inserat die Mitglieder des Vereins besonders einzuladen. Den hierweilenden Mitgliedern soll der Eintritt in das Museum u. in das Altfriesische Haus unentgeltlich gestattet sein. Über den Antrag des Herrn Advocatus Hübbe betreffend Drucklegung des neuen Liederbuches wird beschlossen, diesen Antrag abzulehnen. Sodann hat der Vorsitzende ein Buch des Nordschleswigschen Vereins für Hausweberei vor. Es soll diese auch bereits auf der Vorstandssitzung vom 6. April in Erwägung gezogen Sache bis zum Herbst verschoben werden u. um eine Beihilfe für diesen Zweck beim Herrn Oberpräsidenten nachgesucht werden. Die Kosten für den Webstuhl, Ausbildung pp würden a 350–400 Mark betragen.
107	V. g. u. Reinhardt, B. Dirksen, Hoffmann Sitzung der Söl'ring Foriining am 11. Oktober 1911 nachmittags 3 Uhr im Landschaftlichen Haus. Tagesordnung 1: Der Kassierer macht Mitteilungen über den finanziellen Ertrag des Jahres. Die näheren Angaben bleiben der Generalversammlung vorbehalten. 2. Der Voranschlag für 1912 wurde in groben Zügen durchberathen. 3. Die Vorbereitung der Generalversammlung wurde vorgenommen. 4. In der Besprechung über Neubesetzung des Wärterpostens im Museum wurde beschlossen, für die abgehende Frau Selmer, Frau Catharina Klein anzustellen. 5. Sonstiges. In der Webstuhlsache wurde beschlossen, dieselbe noch in diesem Herbst soweit zu führen, daß zum Winter die Webstühle in Betrieb gebracht werden. Ferner soll versucht werden, in den verschiedenen Ortschaften das Erlernen friesischer Melodien u. Lieder zu ermöglichen
108	Der Vorsitzende wird beauftragt, bei der königl. Eisenbahndirektion vorstellig zu werden nach Möglichkeit die Morsum-Heide bei Anlage der Bahn zu schonen. V. g. u. Hoffmann, Reinhardt, Carl Meyer, B. Dirksen. Vorstandssitzung der S. F. am Donnerstag den 30. Nov. 1911 im Lanschaftl. Haus in Keitum Tagesordnung 1. Die Rechnungen für 1910/11 werden geprüft und für richtig befunden.

Blatt	Inhalt
	Folgender Voranschlag wird aufgestellt: Einnahme: Kassenbehalt 980,40 M Mitgliederbeiträge 200,00 M Zuwendungen Westerland 5. Rate 100,00 M Postkosten: 200,00 P. Riewerts Schrift: 50,00 M Museumseinnahme: 2.700,00 M Sonstiges: 19,60 M = 4.250,00 M
109	Ausgaben Zinsen 560 M Abträge (einschließlich 100 M für Mungards Wörterbuch) 700 M Museum: Beaufsichtigung 250 M Versicherung, Steuern 170 M Laufende Unterhaltung 700 M Ankäufe 300 M = 1.420 M Für Zwecke der Heimatskultur: Beihilfe für Veröffentlichung friesischer Literatur 100 M Webkursus: 300 M Anschaffung von 2 Webstühlen: 250 M Sonstiges (unter anderem Beteiligung der Mitglieder am Friesenfest auf Föhr) 200 M Für Propaganda u. Drucksachen 150 M Verwaltungskosten 50 M Beiträge an andere Vereine 50 M Insgemein 70 M Kassenbestand 400 M = 4.250 M
110	3. Der Beschluss des Vorstandes vom 19. Nov. Betr. Sylter Orthographie wird erneuert. 4. Karl Jansen erhält für seine Bemühungen über Abdrucke von der Zeichnung eines altfr. Hauses ein Expl.: Kolbe: Altfr. Innenraum. Das Original der Zeichnung soll Frau Erk Jansen ausgeliefert werden.

Blatt	Inhalt
	5. Das Land beim Heimatsmuseum unter dem Kliff soll der Wärterin des Museums zur Benutzung überlassen werden. V. g. u. Keitum 30.11.11 Reinhardt, Dirksen, Hoffmann
111	Keitum, den 3. Dez. 1911 Die heutige Generalversammlung ist ordnungsgemäß berufen. Der Herr Vorsitzende eröffnet die Versammlung mit einer kurzen Begrüßung und dankt den Erschienenen für das zahlreiche Erscheinen. Es wird dann zu Punkt 1 der Tagesordnung geschritten, dem Geschäftsbericht. Es erhellt aus diesem, daß der Besuch des Museums und des Altfriesischen Hauses ein recht reger gewesen ist. Es sind 5.000 Menschen als Besucher in den beiden Häusern gewesen; den beiden Frauen die das Museum u. das Altfriesische Haus gezeigt wurde der Dank ausgesprochen; die Neuanschaffung konnte wegen wenig Angebot auch nur wenig vermehrt werden. Die Schaffung einer Friesischen Literatur muß einer späteren Zeit vorbehalten bleiben. Es soll darauf hingearbeitet werden eine einheitliche Schriftweise herbeizuführen. Die Veranstaltung, einen Webkursus einzurichten, konnte nach mehreren Versuchen in letzter Zeit verwirklicht werden u. wird gehofft, daß die Unternehmen von Erfolg gekrönt werden, da für die angefertigten Arbeiten ein reiches Absatzgebiet hier vorhanden sein dürfte. Das Material im Museum ist noch sehr lückenhaft, doch sollen bereits nach auswärts gegebene Sachen nachgemacht werden u. so das Museum vervollständigt werden; ebenfalls die Museumsbibliothek muß nach Kräften ausgebaut werden.
112	Dann soll die friesische Literatur dadurch gefördert werden, daß die Drucklegung die den Druckereien besondere Schwierigkeiten bereitet durch [n. l.] Beihilfen unterstützt wird Damit ist der Geschäftsbericht beendet u. Herr Vorsitzende fordert zur Debatte u. Vorschlägen auf. Herr Jens Mungard stellt den Antrag auf, Aufstellung z. Einrichtung von Aquarien u. erläutert seine Ideen wie sie vielleicht gerechtmäßig eingerichtet wären; ferner die Ergänzung der Literatur durch mögliche Beschaffung des Liedes [n. l.] von Jap. P. Hansen. Der Vorsitzende dankt für den Vorschlag und versucht namens des Vorstandes die Anträge in Erwägung zu ziehen. Zu Punkt II. Kassenbericht wird mitgetheilt, daß die Jahreseinnahmen 4.841 M 87 und die Jahresausgaben 3.861 M 40 verbleiben. Die Jahresrechnung ist nun vom Aufsichtsrat geprüft u. hat sich nichts erinnern gefunden. Dem Rechnungsführer wird Entlastung erteilt.

Blatt	Inhalt
	Punkt 3. Vorstandswahl. Es sollen der stellvertretende Vorsitzende u. der Schriftführer neu gewählt werden. Die Wahl des stellvertretenden Vorsitzenden ergab die Wiederwahl Carl Meyers mit 28 Stimmen, die des Schriftführers C. Matzen ebenfalls mit 28 Stimmen.
113	Zu Punkt 4 der Tagesordnung. Sonstiges: stellt Herr Jens Mungard den Antrag auf Beschaffung resp. Herstellung einer alten Hausmühle, Quarn genannt, wie diese vor 100 Jahren hier noch vereinzelt und vor 2 u. 3 hundert Jahren noch allgemein im Gebrauch waren. Die Aufstellung solle dann im Altfriesischen Hause geschehen. Der Vorstand wird diesen Antrag nach Möglichkeit auszuführen versuchen Weitere Anträge wurden nicht gestellt. Protokoll geschlossen. V. g. u. Reinhart, Möller Vorstandssitzung der Söl'ring Foriining am Mittwoch den 15. Mai 1912 3½ Uhr im Landschaftlichen Haus Tagesordnung: 1. Stellungnahme zum Bau eines Schuppens von Seiten des Löschverbandes vor dem Museum
114	2. Für friesische Bücher werden dem Jugendverein in Keitum 20 M bewilligt 3. Von der Websache wird berichtet, dass sie ihren guten Fortgang nimmt. 4. Mit der biologischen Anstalt in Helgoland soll über Bereicherung und Ansehen des Museums nach der naturwissenschaftlichen Seite hin in Verbindung getreten werden. 5. Theaterdichter Herold hat gebeten, ihm für ein Freilichttheater den Garten des altfriesischen Hauses zur Verfügung zu stellen. Der Vorstand steht der Sache wohlwollend gegenüber. Der Platz soll frei hergegeben werden, doch will der Vorstand Einfluss auf die Auswahl der Stücke haben und die Bühnenerrichtung eventuell für dörfliche Zwecke benutzen dürfen. V. g. u. u Keitum 15. Mai 1912 Carl Meyer, Möller, Reinhardt, Hoffmann Versammlung der Sölring Foriining am 20. September 1912 Zur Tagesordnung steht der Antrag von Nann Mungard wegen Betheiligung an der Gründung eines Vereins: Eilön Frisk Skreftenforiining mit dem Sitz auf Föhr.
115	Nach längerer Beratung wurde beschlossen, daß Herr Meyer als Deligierter nach Föhr für diese Versammlung zu entsenden sei; der Verein der Sache wohlwollend gegenüber stehe, das Nähere wird mit dem Deligierten zu besprechen sein. V. g. u.

Blatt	Inhalt
	Reinhardt Vorstandssitzung am Sonntag den 15. Dezember 3½ Uhr im Landschaftlichen Haus 1. Die Jahresabschlussrechnung für 1912, die vom Vorsitzenden und einem Beisitzer bereits geprüft und für richtig befunden sind, werden vorgelegt 2. Folgender Voranschlag wird aufgestellt:
116	Voranschlag 1913 Einnahme 1. Kassenbehalt 870,34 M 2. Mitgliederbeiträge 200,00 M 3. Verkauf von Postkarten 150,00 M 4. Einnahme aus den Museen 2.700,00 M 5. Zuwendungen und sonstige Einnahmen 250,66 M = 4.221,00 M Ausgaben I. Beide Museen 1) Zinsen für Hypotheken und Schulden 538,50 M 2) Schuldenabtragungen 600,00 M 3) Beaufsichtigung 250,00 M 4) Versicherung 177,64 M 5) Unterhaltung 400,00 M 6) Neuanschaffungen (incl. Druckschriften, Postkarten) 600,00 M = 2.566,14 M
117	II. Zwecke der Heimatskultur 600,00 M III. Reklame 130,00 M IV. Verwaltungskosten 50,00 M V. Beiträge an verwandte Vereine 75,00 M VI. Kassenbestand 600,00 M VII. Sonstige Ausgaben 199,86 M = 4.221,00 M

Blatt	Inhalt
	3) Ein Schreiben des Kommissars der Landesbrandkasse mit der Aufforderung die beiden der Foriining gehörenden weichgedeckten Museen mit Blitzableitung zu versehen, wird vorgelegt. Es wird beschlossen, keine Blitzableiter anzuschaffen.
118	4) Es wird beschlossen, den Mitgliedern bei der Einsammlung der Mitgliederbeiträge das Buch von Ottsen: die Insel Sylt zum ermäßigten Preis von 1 M zur Verfügung zu stellen. 5) Es wird beschlossen, für die Foriining einen Lichtbildapparat anzuschaffen. V. g. u. u. Keitum. 15.10.12 C. Matzen, Reinhardt, Dr. Nicolas, B. Dirksen, Hoffmann, Carl Meyer Generalversammlung Am Sonntag, den 15. Dezember, nachmittags 4½ Uhr, im Landschaftl. Hause zu Keitum. Tages-Ordnung: 1. Vorlegung der Jahresrechnung, 2. Voranschlag 1913, 3. Sonstiges. Die Versammlung wird vom Vorsitzenden Herrn Pastor Reinhardt eröffnet und die Beschlußfähigkeit festgesetzt, da die Versammlung von 24 Personen besucht ist. Der Vorsitzende gibt zunächst eine Übersicht über die Tätigkeit des Vereins im verflossenen 7. Geschäftsjahr. Zur Gründung des Inselfriesischen Schriftenvereins waren 2 Vorstands-
119	mitglieder noch [n. l.]. Es wird empfohlen, diesem Verein nach einem Jahresbeitrag sich anzuschließen und für die Drucklegung der Wörtersammlung einen einmaligen Beitrag zu leisten. Die Jahresrechnung schließt mit 5.302,65 M in Einnahmen und 4.432,31 M zu Ausgaben. Der Kursus der Handweberei war von 10 Damen besucht. Der Unterricht wurde von einer Lehrerin aus Flensburg erteilt. Es soll eine Sammlung von Webmustern angelegt werden, um die Ausarbeitungen der Weberei zu erleichtern. Es wird beantragt, einen Lichtbildapparat anzukaufen, der auch gemeinnützigen Vereinen leihweise überlassen werden soll. In der Verbreitung des Werkes von Ottsen, [n. l.] zu fördern und den Mitgliedern wiederum etwas zu [n. l.], soll das Buch den Mitgliedern mit 1 M statt des Ladenpreises von 3 M angeboten wird. Herr Nann Mungard wünscht einen höheren Beitrag für die Drucklegung der Wörtersammlung als die vorgesehenen 100 M. Es wird beschlossen, für 1912 100 M, für 1913 100 M bei

Blatt	Inhalt
120	zutragen und den inselfriesischen Schriftenverein mit einem Jahres-Mitgliedsbeitrag von 20 M sich anzugliedern. Der Vorsitzende erläutert die Einzelheiten der Jahresrechnung und legt sodann zu Punkt 2 der Tagesordnung den Voranschlag 1913 vor, gegen den Einwendungen nicht erhoben werden. Zu Punkt 3 werden dem Ausscheidenden Vorstandsmitglied Herrn Dr. Nicolas und J. Hoffmann wiedergewählt. Dieselben nehmen die Wahl an. Es wird beschlossen, die Gräber des Sylter Chronisten C. P. Hansen und seines Vaters Jap P. Hansen auf Kosten des Vereins in Ordnung halten zu lassen. Keitum, 15.12.12 V. g. u. Carl Meyer, J. Reinhardt, C. Matzen
121	Vorstandssitzung der Söl'ring Foriining, Keitum den 22. Mai 1913 Die Sitzung wird vom Vorsitzenden eröffnet u. legt derselbe ein Schreiben vom Vorsitzenden des Vereins von Föhr vor, worin unser Verein gebeten wird, am Vorabend ein Biikefeuer zum Zeichen der Solidarität an weithin sichtbarer Stelle zu entzünden. Es soll zu diesem Zweck Stroh eingesammelt u. etwa fehlendes gekauft werden. Ferner wird geboten zu der am Vorabend stattfindenden Thingsitzung 4 Friesenmänner zu den 12 Jungfersleuten um an der Sitzung mitzuwirken zu entsenden. Da ein Festprogramm von Föhr aus nicht vorliegt, glaubt der Vorstand positive Beschluße in der Angelegenheit nicht fassen zu können u. soll zum bestmöglichen Herbeiführung dieser ein Vorstandsmitglied auf Föhr fahren um an Ort und Stelle Besprechungen über das Fest wie [n. l.] abzuschließen. Herr Meyer u. Herr Pastor Reinhardt wollen dieses übernehmen. In der Postkartenangelegenheit wird beschlossen von 6 verschiedenen Sorten je 2.000 St. zu 18 M das Tausend in Rasterdruck durch Meyer zu beziehen; somit beschlossen. V. g. u. Reinhardt
122	Vorstandssitzung der Söl'ring Foriining, Westerland, den 15. Oktober 1913 Der Tagesordnungspunkt steht als Punkt 1: Stellungnahme zum 25jährigen Dichterjubiläum von Erich Johannsen. Vom Vorsitzenden wird der Antrag gestellt, das zu seinem Jubiläum aufzuführende Theaterstück in 1.000 Exemplaren drucken zu lassen, um jedem Mitglied 1 Exemplar aushändigen zu können u. 500 Exemplare dem Publikum zu schenken. Herr Carl Meyer will den Druck übernehmen zum Preise von ca. 92 M für 32 Druckseiten. Der Antrag wird angenommen.

Blatt	Inhalt
	Punkt 2 ist: Ankauf verschiedener Silbersachen. Zu dieser Angelegenheit wird beschlossen; von den angebotenen Sachen auszuwählen u. anzukaufen, wie denn überhaupt auch andere für das Museum in Betracht kommenden Sachen sofern solche preiswert anzukaufen. Über den letzten Punkt Vorbereitung der Generalversammlung wird beraten und beschlossen, diese auf den 16. Novbr. festzusetzen. Hiermit wird die Versammlung geschlossen. V. g. u. Carl Meyer
123	Vorstandssitzung am Sonntag den 16. November nachmittags 3 Uhr 1. Die Jahresrechnungen für 1912/13 die vom Vorsitzenden und von Herrn J. Hoffmann bereits geprüft und für richtig befunden sind, werden vorgelegt. Ausgaben 2. Folgender Voranschlag wird aufgestellt: A. Museenwesen: 1. Zinsen: 520 M 2. Schuldenabtrag: 600 M 3. Beaufsichtigung: 250 M 4. Versicherung: 180 M 5. Unterhaltung: 300 M 6. Neuanschaffung: 700 M = 2.550 M B. Zwecke der Heimatkultur: 800 M C. Reklame: 200 M D. Verwaltungskosten: 50 M E. Beiträge an verwandte Vereine: 70 M F. Kassenbestand: 400 M G. Etatsüberschreitungen: 130 M = 4.200 M
124	Einnahme 1. Kassenbestand 949,93 M 2. Mitgliederbeiträge 200 M 3. Einnahme aus den Museen 2.700 M 4. Postkartenverkauf 200 M 5. Zuwendungen und sonstige Einnahmen 150, 07 = 4.200 M V. g. u. Keitum, 16.11.13

Blatt	Inhalt
	Reinhardt, Carl Meyer Generalversammlung der Söl'ring Foriining am Sonntag, den 16. November 5 Uhr im Landsch. Haus 1. Der Vorsitzende berichtet über die Tätigkeit des Vorstandes über den Besuch der Museen über die Bereicherung der Museen, Das altfriesische Haus hat dennoch der Besucherzahl nach vor dem Museum einen großen Vorsprung errungen. Für die Museen sollen besonders Silber- und Schmucksachen und alte Handarbeit gesucht werden. Von Herrn Redakteur Meyer wird für die Zukunft ein auf besserem Papier gedrucktes Exemplar der Sylter Zeitung für die Beil. der S.F. zur Verfügung gestellt werden.
125	2. Die Jahresrechnung wird kurz erläutert. 3. Der Vorschlag wird vorgelegt und besprochen. 4. Die Wahl des Vorsitzenden und des Kassierers ergibt folgendes Resultat: P Reinhardt 9 Stimmen, C. Meyer 1 Stimme B. J. Dirksen 9 Stimmen u. H. Groot 1 Stimme Gewählt sind damit: P. Reinhard u. B. Dirksen, die die Wahl annehmen V. g. u. Keitum, 16.11.13 Möller, B. Dirksen, Reinhardt Keitum den 22. April 1914 Vorstandssitzung der SF Der Sylter Verein in Altona stellt den Antrag auf bessere Instandhaltung des Lornsen Denkmal. Dieser Verein macht sich anheischig jährlich 30 M für den obigen Zweck beizutragen. Der Verein vertritt die Ansicht, dass die ganze Anlage den heutigen Anforderungen nicht entspricht und glaubt durch eine zweckmäßige u. den hiesigen Ansprüchen entsprechende Einfriedigung der ganzen Anlage

Blatt	Inhalt
126	ein würdigeres [n. l.] geben zu können. Es wird daraufhin beschlossen, in Gemeinschaft mit dem Gemeindevorsteher Möller die jetzige Anlage zu besichtigen und an Ort und Stelle eine Änderung zu besprechen. Herr Gemeindevorsteher Möller ist mit dem Vorstand der S.F. der Ansicht, dass eine Einfriedung durch einen Steinwall dem Ganzen ein der Umgebung entsprechendes Aussehen geben würde u. soll der Gemeindevertretung im diesbezüglichen Protokoll zur Begutachtung u. Genehmigung vorgelegt werden mit der Bitte, auch fernerhin die für die Instandhaltung der Anlage ausgemachte Summe von 20 M zu bewilligen. Die Kosten der neuen Einfriedung pp übernimmt die S.F. V. g. u. C. Matzen, Reinhardt

7 Quellen- und Literaturverzeichnis

7.1 Quellenverzeichnis

7.1.1 Ungedruckte Quellen

Archiv der „Söl'ring Foriining", Keitum/Sylt (Archiv SF)

Brüyn, Rudolf, Chronik des Sylter Vereins Altona, Hamburg 1939

Korwan Katzenstein 1865–1942 Maler, Ausstellung 1993

Schriftwechsel 1900–1929

Söl'ring Foriining Entwicklungsgeschichte

Vereinsgeschichte SF Ordner 1

Vereinsgeschichte SF Ordner 2

Vereinsgeschichte SF Ordner 3

Archiv Museumsberg Flensburg

Verbände und Vereine II, Söl'ring Foriining II (Sylter Museum)

Landesarchiv Schleswig-Holstein, Schleswig (LASH)

Abt. 161: Amt Tondern, Nr. 1885

Sylter Archiv, Westerland/Sylt

Acten des Vereins Foriining for Söl'ring Spra'k ön Wiis

SF-T001: Sölring Foriining Museum

SF-T025: Sölring Foriining Pressesammlung 1905–1989

Sylter Verein Altona gegründet 05.07.1894

Sylter Verein von 1817

7.1.2 Gedruckte Quellen

HOEG, Hans (Hrsg.), Nann Peter Mungard: Der Friese Jan. Lebenserinnerungen eines Sylter Kapitäns, hrsg. von Hans Hoeg, Leck 1989.

JANUS, Reinhold (Hrsg.), Sieben Jahre auf Sylt. Tagebücher des Inselfriesen Christian Peter Hansen 1865–1871. Berichte im Altonaer Mercur 1865–1868 (Quellen und Forschungen zur Geschichte Schleswig-Holsteins, 109), Neumünster 1998.

PANTEN, Albert (Hrsg.), Selbstbiografie von C. P. Hansen in Keitum auf Sylt nebst Anmerkungen, in: Dörte AHRENS, Albert PANTEN u. Ommo WILTS (Hrsg.), C. P. Hansen. Ein Leben für Sylt, Husum 2015, S. 11–24.

SCHMIDT, Hermann/REINHARDT, Andreas (Hrsg.), 2 Briefe C. P. Hansens an den Vorstand des 1879 gegründeten Niebüller Friesenvereins, in: DIES., C. P. Hansen. Der Chronist der Insel (Heimatkundliche Schriften des nordfriesischen Vereins, 2), Husum [1979].

STEENSEN, Thomas, Die friesische Bewegung in Nordfriesland im 19. und 20. Jahrhundert. Bd. 2: Dokumente (Quellen und Forschungen zur Geschichte Schleswig-Holsteins, 90), Neumünster 1986.

Zeitungen

Hamburger Fremdenblatt

17.07.1900, Erhaltung und Förderung der friesischen Sprache

Hamburger Nachrichten

19.12.1909, Es ist ein Reif...

Husumer Nachrichten

17.07.1909, Literarisches.

Nordfriesische Rundschau

18.11.1930, 25-Jahr Feier der Söl'ring Foriining e. V.

Sylter Intelligenz-Blatt

11.07.1900, Inselnachrichten
14.07.1900, Inselnachrichten
07.11.1905, Inselnachrichten
08.11.1905, Inselnachrichten
11.11.1905, Sylter Museum
18.11.1905, Ein Sylter Museum
23.12.1905, Inselnachrichten
29.12.1905, Inselnachrichten
27.06.1908, Eröffnung des Sylter Museums
20.04.1910, Eingesandt
23.04.1910, Eingesandt
14.05.1910, Eingesandt

Sylter Nachrichten

02.07.1994, Aus Liebe zu ihrer Heimat

09.04.2019, „Für Sylt absolut unentbehrlich"

Sylter Rundschau

28.03.1963, Die Lesebibliothek des „Sylter Vereins"

04.04.1963, Die Lesebibliothek des „Sylter Vereins", 2. Fortsetzung

08.04.1963, Die Lesebibliothek des „Sylter Vereins", 4. Fortsetzung

06.10.1969, Sylter Vereinsleben vor 100 Jahren

Sylter Spiegel

06.07.1994, Sorgfältige Chronik gibt Aufschluß über die Geschichte

Sylter Zeitung

07.11.1905, Sylter Museum.

04.12.1908, Söl'ring Foriining (Wie steht es mit dem Sylter Museum?)

05.12.1908, Die Söl'ring Foriining in ihrer Bedeutung für Sylt

17.03.1910, Erklärung der Söl'ring Foriining zu dem Artikel des Herrn theol. Helliesen über die Behandlung der friesischen Sprache in der Schule

01.05.1926, Vom Sylter Verein zu Altona

Sylter Land und Leute. Heimatbeilage der Sylter Zeitung

11.1930, 25 Jahre im Dienste Sylter Eigenkultur. 1. Die Söl'ring Foriining, was sie war und ist

7.2 Literaturverzeichnis

Ahrens, Dörte, Der Eindruck war ein über Erwarten günstiger. Franz Korwans kulturelles Engagement auf der Insel Sylt, in: Franz Korwan (1865–1942), hrsg. von der Söl'ring Foriining e. V., Keitum 2015, S. 75–85.

Dies., Die Sammlung C. P. Hansens, in: Dies., Albert Panten u. Ommo Wilts (Hrsg.), C. P. Hansen. Ein Leben für Sylt, Husum 2015, S. 80–88.

Dies./Jahnke, Marion/Lappoehn, Sven, Altfriesisches Haus seit 1640: Sylter Wohnkultur des 18./19. Jahrhunderts/Ual Hüs sent 1640: Sölring Uunkultuur fan't 18./19. Jaahönert, 2. Aufl. Keitum 2020.

Alter, Peter, Nationalismus. Ein Essay über Europa (Einsichten, 1), Stuttgart 2016.

ÅRHAMMAR, Nils, Die syltringer Sprache, in: Margot HANSEN u. Nico HANSEN (Hrsg.), Sylt. Geschichte und Gestalt einer Insel, Itzehoe 1967, S. 189–220.

BARTELS, Dietrich, Menschliche Territorialität und Aufgabe der Heimatkunde, in: Wolfgang RIEDEL (Hrsg.), Heimatbewußtsein. Erfahrungen und Gedanken. Beiträge zur Theoriebildung, Husum 1981, S. 7–13.

BAUSINGER, Hermann, Heimat und Identität, in: DERS. u. Konrad KÖSTLIN (Hrsg.), Heimat und Identität. Probleme regionaler Kultur. 22. Deutscher Volkskunde-Kongreß in Kiel vom 16. bis 21. Juni 1979 (Studien zur Volkskunde und Kulturgeschichte Schleswig-Holsteins, 7), Neumünster 1980, S. 9–24.

DERS., Auf dem Weg zu einem neuen, aktiven Heimatverständnis, in: Der Bürger im Staat 33 (1983), S. 211–216.

DERS., Heimat in einer offenen Gesellschaft. Begriffsgeschichte als Problemgeschichte, in: Will CREMER u. Ansgar KLEIN (Hrsg.), Heimat. Analysen, Themen, Perspektiven (Diskussionsbeiträge zur politischen Didaktik, 294/1), Bonn 1990, S. 76–90.

BERGMANN, Klaus, Agrarromantik und Großstadtfeindschaft (Marburger Abhandlungen zur Politischen Wissenschaft, 20), Meisenheim a. G. 1970.

BÖNISCH, Dana/RUNIA, Jil/ZEHSCHNETZLER, Hanna, Einleitung: Revisiting ‚Heimat', in: DIES. (Hrsg.), Heimat Revisited. Kulturwissenschaftliche Perspektiven auf einen umstrittenen Begriff, Berlin/Boston 2020, S. 1–19.

BOOYSEN, Jens, Beschreibung der Insel Silt in geographischer, statistischer und historischer Rücksicht, Schleswig 1828, ND Schleswig 1976.

BOSL, Karl, Heimatschutzbewegung und Denkmalpflege im 20. Jahrhundert. Festvortrag beim 25. Bayerischen Heimattag am 2. Juli 1989 auf der Harburg, in: Mitteilungen des Verbandes Bayerischer Geschichtsvereine 14 (1990), S. 3–10.

BREMEN, Silke v., Feuer für die Walfänger: Sylter Traditionen, in: Hans JESSEL (Hrsg.), Das große Sylt Buch, Hamburg 2009, S. 318–323.

BUDDE, Gunilla, Geschichtswissenschaft, in: Marie Isabel MATTHEWS-SCHLINZIG u. a. (Hrsg.), Handbuch Brief. Von der Frühen Neuzeit bis zur Gegenwart, Bd. 1: Interdisziplinarität – Systematische Perspektiven – Briefgenres, Berlin/Boston 2020, S. 61–80.

CHRISTIANSEN, Julius, Sylt in agrarhistorischer Hinsicht, Diss. Univ. Hamburg 1925.

COSTADURA, Edoardo/RIES, Klaus, Heimat – Ein Problemaufriss, in: DIES. (Hrsg.), Heimat gestern und heute. Interdisziplinäre Perspektiven (Histoire, 91), Bielefeld 2016, S. 7–23.

DANNENBERG, Gerd, Schicksal hinter goldenen Lettern. Die Predigertafeln von Keitum, [o. O.] 1987.

DITT, Karl, Raum und Volkstum. Die Kulturpolitik des Provinzialverbandes Westfalen 1923–1945 (Veröffentlichungen des Provinzialinstituts für westfälische Landes- und Volksforschung des Landschaftsverbandes Westfalen-Lippe, 26), Münster 1988.

DERS., Die deutsche Heimatbewegung 1871–1945, in: Will CREMER u. Ansgar KLEIN (Hrsg.), Heimat. Analysen, Themen, Perspektiven (Diskussionsbeiträge zur politischen Didaktik, 294/1), Bonn 1990, S. 135–154.

DÖRING, Carla Elisabeth, Das kulturgeschichtliche Museum. Geschichte einer Institution und Möglichkeiten des Selbstverständnisses, dargestellt am Beispiel „Heimatmuseum", Diss. Univ. Frankfurt a. M. 1977.

EGGER, Simone, Heimat, in: Brigitta SCHMIDT-LAUBER u. Manuel LIEBIG (Hrsg.), Begriffe der Gegenwart. Ein kulturwissenschaftliches Glossar, Wien 2022, S. 133–141.

ENGELBRECHT, Jörg, Romantik und Revolution, in: Joseph Anton KRUSE (Hrsg.), „Das letzte Wort der Kunst". Heinrich Heine und Robert Schumann zum 150. Todesjahr. Begleitband zur Ausstellung „Das Letzte Wort der Kunst". Heinrich Heine und Robert Schumann zum 150. Todesjahr in der Kunsthalle Düsseldorf und im Heinrich-Heine-Institut (12. März–11. Juni 2006), Stuttgart 2006, S. 19–32.

FEDDERSEN, Christian, Fünf Worte an die Nordfriesen, Flensburg 1845.

GOLLWITZER, Heinz, Der kulturgeschichtliche Ort der Heimatbewegung gestern und heute, in: Westfälische Forschungen. Mitteilungen des Provinzialinstituts für Westfälische Landes- und Volksforschung des Landschaftsverbandes Westfalen Lippe 27 (1975), S. 12–21.

GRIMM, Jacob/GRIMM, Wilhelm, Deutsches Wörterbuch, Bd. 4,2, Leipzig 1877.

GRUNSKY, Konrad, Nordfriesische Wohnkultur zwischen Küche und Alkoven, in: Thomas STEENSEN (Hrsg.), Das große Nordfriesland-Buch, Hamburg 2000, S. 300–309.

HAHM, Konrad, Heimatschutz und Heimatpflege, in: Der deutsche Heimatschutz. Ein Rückblick und Ausblick, hrsg. von der GESELLSCHAFT DER FREUNDE DES DEUTSCHEN HEIMATSCHUTZES, München 1930, S. 88–95.

HANSEN, Christian Peter, Der Fremdenführer auf der Insel Sylt. Ein Wegweiser für Badende in Westerland, Mögeltondern 1859, ND Schleswig 1980.

DERS., Die nordfriesische Insel Sylt, wie sie war und wie sie ist. Ein Handbuch für Badegäste und Reisende, Leipzig 1859.

DERS., Chronik der friesischen Uthlande, 2. Aufl. Garding 1877, ND Wiesbaden 1972.

DERS., Sagen und Erzählungen der Sylter Friesen, nebst einer Beschreibung der Insel Sylt als Einleitung und einer Karte der Insel Sylt als Zugabe, Garding 1875, ND Wiesbaden 1972.

DERS., Das Nordseebad Westerland auf Sylt und dessen Bewohner, 2. Aufl. Garding [1891].

HASELBACH, Werner, Der „Sylter Verein von 1817“, in: Jahresbericht 1994, hrsg. von der SÖL'RING FORIINING E. V., Keitum 1995, S. 43–45.

HAVERKAMP, Ludwig, Die wirtschaftlichen und sozialen Wandlungen auf der nordfriesischen Insel Sylt. Eine nationalökonomische Studie, Diss. Univ. Berlin 1908.

HINRICHS, Hinrich Reinert, Chronik betreffend der Insel Sylt. Vorzeit und Gegenwart. 1843 und Fortsetzung samt einer Lebensbeschreibung (Nordfriisk Instituut, 112) Bredstedt 1992.

INGWERSEN, Jürgen u. a., Heimat bedeutet, Verantwortung zu übernehmen. Der Vorstand der Sölring Foriining blickt zurück auf ein erfolgreiches Jahr mit vielen Veränderungen, in: Jahresbericht 2018, hrsg. von der SÖLRING FORIINING E.V., Keitum 2019, S. 4–6.

JÄGER, Jens, Das vernetzte Kaiserreich. Die Anfänge von Modernisierung und Globalisierung in Deutschland, Ditzingen 2020.

JAHN, Andrea, Franz Korwan-Katzenstein und sein gesellschaftliches und politisches Wirken auf Sylt, in: Franz Korwan (1865–1942), hrsg. von der SÖL'RING FORIINING E. V., Keitum 2015, S. 65–72.

JENSEN, Christian, Der Fremdenführer im C. P. Hansen'schen Museum in Keitum auf Sylt, Wyk 1887.

DERS., Die nordfriesischen Inseln Sylt, Föhr, Amrum, Helgoland und die Halligen vormals und jetzt. Mit besonderer Berücksichtigung der Sitten und Gebräuche der Bewohner, 2. Aufl. Lübeck 1927.

DERS., Regionales Bewußtsein 1817–1864: Ansatz zu einer friesischen Bewegung, in: Thomas STEENSEN (Hrsg.), Das große Nordfriesland-Buch, Hamburg 2000, S. 212–217.

JESSEL, Hans, „Legt Seebäder an und eure Möwen und Seeschwalben werden goldene Flügel bekommen!“: Sylts jüngere Geschichte, in: DERS. (Hrsg.), Das große Sylt Buch, Hamburg 2009, S. 158–169.

JESSEL, Hubertus, Volkskundlicher Wert und sprachliche Gestalt der Sagensammlung von Christian Peter Hansen (Nordfriisk Instituut, 185), Bredstedt 2006.

KLATT, Ekkehard, Naturschutz auf Sylt: heute und morgen. Jahresbericht 2018, in: Jahresbericht 2018, hrsg. von der SÖLRING FORIINING E. V., Keitum 2019, S. 16–19.

KLUETING, Edeltraud: Heimatschutz, in: Diethart KERBS u. Jürgen REULECKE (Hrsg.), Handbuch der deutschen Reformbewegung 1880–1933, Wuppertal 1998, S. 47–57.

KNAUT, Andreas, Ernst Rudorff und die Anfänge der deutschen Heimatbewegung, in: Edeltraud KLUETING (Hrsg.), Antimodernismus und Reform. Zur Geschichte der deutschen Heimatbewegung, Darmstadt 1991, S. 20–49.

KOEHN, Henry, Die Nordfriesischen Inseln. Die Entwicklung ihrer Landschaft und die Geschichte ihres Volkstums, 4. Aufl. Hamburg 1954.

KORFKAMP, Jens, Die Erfindung der Heimat. Zu Geschichte, Gegenwart und politischen Implikaten einer gesellschaftlichen Konstruktion, Diss. Univ. Berlin 2006.

KRAUSSE, Erika, Vorbemerkung. Der Brief als wissenschaftshistorische Quelle, in: DIES., Der Brief als wissenschaftshistorische Quelle (Monographien zur Geschichte der Biowissenschaften und Medizin, 8), Berlin 2005, S. 1–28.

KROHN, Hugo, Die Bevölkerung der Insel Sylt (Studien und Materialien, 14), Bredstedt 1984.

KUNZ, Harry/STEENSEN, Thomas, Das neue Sylt Lexikon, 2. Aufl. Neumünster 2007.

KUSCHERT, Rolf, Die frühe Neuzeit, in: Geschichte Nordfrieslands (Nordfriisk Instituut, 136), hrsg. vom NORDFRIISK INSTITUUT, Heide 1995, S. 103–204.

LAPPOEHN, Sven, Bericht der Geschäftsführung, in: Jahresbericht 2021, hrsg. von der SÖLRING FORIINING E. V., Keitum 2022, S. 6–8.

LASSEN, Hans, Das Sylter Heimatmuseum in Keitum, Keitum [o. J.].

MAGNUSSEN, Stefan, Kreis Nordfriesland, in: Oliver AUGE (Hrsg.), Vom preußischen Erlass zum kommunalpolitischen Zukunftsprojekt: 150 Jahre Kreise in Schleswig-Holstein. Festgabe zum Jubiläum am 22. September 2017, Kiel 2017, S. 170–193.

MATTHIESEN, Hinrich, Mein Sylt, Hamburg 2007.

MÖLLER, Boy Peter, Söl'ring Leesbok: Lesebuch in Sylter Mundart, Altona 1909.

MUNGARD, Nann, For Sölring Spraak en Wiis. Eine Sammlung von Sylter Wörtern, wie sie zu Anfang des zwanzigsten Jahrhunderts auf Sylt gesprochen und vordem gebraucht worden sind, Keitum 1909.

MÜNZING, Joachim, Die Jagd auf den Wal. Schleswig-Holsteins und Hamburgs Grönlandfahrt, Heide 1978.

NEUMEYER, Michael, Heimat. Zu Geschichte und Begriff eines Phänomens (Kieler geographische Schriften, 84), Diss. Univ. Kiel 1992.

NEWIG, Jürgen, Die Entwicklung von Fremdenverkehr und Freizeitwohnwesen in ihren Auswirkungen auf Bad und Stadt Westerland auf Sylt (Schriften des Geographischen Instituts der Universität Kiel, 42), Kiel 1974.

OESAU, Wanda, Schleswig-Holsteins Grönlandfahrt auf Walfischfang und Robbenschlag vom 17.–19. Jahrhundert, Glückstadt/Hamburg/New York 1937, ND Glückstadt/Hamburg/New York 1979.

OESTREICH, Hans, Der Fremdenverkehr der Insel Sylt. Sozioökonomische und raumplanerische Probleme des Fremdenverkehrs an der deutschen Nordseeküste dargestellt am Beispiel der Insel Sylt – Planung und Realität in Erholungsgebieten (Studien und Materialien, 9), Bredstedt 1976.

Opitz, Eckardt, „Ein dür und mager Eilandt“: Die Geschichte Sylts vom Mittelalter bis 1855, in: Hans Jessel (Hrsg.), Das große Sylt Buch, Hamburg 2009, S. 108–123.

Panten, Albert, C. P. Hansen als Chronist, in: Dörte Ahrens, Albert Panten u. Ommo Wilts (Hrsg.), C. P. Hansen. Ein Leben für Sylt, Husum 2015, S. 42–61.

Pessler, Wilhelm, Das Heimat-Museum im deutschen Sprachgebiet als Spiegel deutscher Kultur, München 1927.

Pfleiderer, Heinrich, Die Heilkräfte des Meeres und des Meeresklimas, in: Margot Hansen u. Nico Hansen (Hrsg.), Sylt. Geschichte und Gestalt einer Insel, Itzehoe 1967, S. 137–146.

Pflüger, Alwin, 75 Jahre Söl'ring Foriining. Zur Geschichte des Sylter Heimatvereins, in: Nordfriesland 14 (1980) H. 4, S. 126–129.

Quedens, Georg/Stöver, Hans-Jürgen, Sylt wie es früher war, [Hamburg 1978].

Quedens, Georg, Walfang und Seefahrt – die „Goldene Zeit“, in: Thomas Steensen (Hrsg.), Das große Nordfriesland-Buch, Hamburg 2000, S. 180–189.

Ders., Heringsfischer, Walfänger und Handelsseefahrer: Sylter auf See, in: Hans Jessel (Hrsg.), Das große Sylt Buch, Hamburg 2009, S. 130–137.

Reeken, Dietmar v., Heimatbewegung, Kulturpolitik und Nationalsozialismus: Die Geschichte der „Ostfriesischen Landschaft“ 1918–1949 (Abhandlungen und Vorträge zur Geschichte Ostfrieslands, 75), Aurich 1995.

Riedel, Karl Veit, Tagespresse und Volkskunde, in: Beiträge zur deutschen Volks- und Altertumskunde 11 (1967), 7–33.

Riewerts, Friedrich, Aus den Tagen der Selbständigkeit Sylts. Vortrag, gehalten auf dem Jahresfest des Nordfriesischen Vereins am 4. September 1907, Westerland 1907.

Ders., Ein nordfriesisches Heimat-Museum auf Sylt, in: Mitteilungen des Nordfriesischen Vereins für Heimatkunde und Heimatliebe 5 (1908/09), S. 85–90.

Ringbeck, Birgitta, Dorfsammlung – Haus der Heimat – Heimatmuseum. Aspekte zur Geschichte einer Institution seit der Jahrhundertwende, in: Edeltraud Klueting (Hrsg.), Antimodernismus und Reform. Zur Geschichte der deutschen Heimatbewegung, Darmstadt 1991, S. 288–319.

Ritz, Joseph Maria, Heimatmuseen und Heimatforschung, in: Der deutsche Heimatschutz. Ein Rückblick und Ausblick, hrsg. von der Gesellschaft der Freunde des deutschen Heimatschutzes, München 1930, S. 95–98.

Römer, Alexander, Die Sölring Museen, in: Mitteilungen der Gesellschaft für Schleswig-Holsteinische Geschichte 99 (2020), S. 30–36.

RUDORFF, Ernst, Ueber das Verhältniß des modernen Lebens zur Natur, in: Preußische Jahrbücher 45 (1880), S. 261–276.

SCHATTKE, Walter, Das Reetdach. Natürliches Wohnen unter sanftem Dach – von der Urzeit bis heute, 2. Aufl. Schleswig 1985.

SCHLAG, Christian, Heimat- und Dorfmuseen, in: Das Land. Zeitschrift für die sozialen und volkstümlichen Angelegenheiten auf dem Lande 19 (1905), S. 341–344.

SCHLEE, Ernst, Altes und neues Sylt: das geistige Bild der Insel, in: Margot HANSEN u. Nico HANSEN (Hrsg.), Sylt. Geschichte und Gestalt einer Insel, Itzehoe 1967, S. 147–189.

SCHMIDT, Hermann, Vom Fischfang der Sylter in vergangenen Tagen, Flensburg 1942.

SCHMIDT-EPPENDORF, Peter, Sylt. Memoiren einer Insel. Dokumente, Chroniken, Berichte aus 1001 Jahr (Nordfriisk Instituut, 32), Husum 1977.

SCHMITZ, Rainer, Heimat. Volkstum. Architektur. Sondierungen zum volkstumsorientierten Bauen der Heimatschutz-Bewegung im Kontext der Moderne und des Nationalsozialismus (Architekturen, 64), Bielefeld 2022.

SCHMOLL, Friedemann, Orte und Zeiten, Innenwelten, Aussenwelten. Konjunkturen und Reprisen des Heimatlichen, in: Edoardo COSTADURA u. Klaus RIES (Hrsg.), Heimat gestern und heute. Interdisziplinäre Perspektiven (Histoire, 91), Bielefeld 2016, S. 25–46.

SCHULZ, August, Ansprache, gehalten am 13. August 1902 in der Gründungs-Versammlung des Nordfriesischen Vereins, in: Mitteilungen des Nordfriesischen Vereins für Heimatkunde und Heimatliebe 1 (1903/04), S. I–V.

SPEITKAMP, Winfried, Die Verwaltung der Geschichte. Denkmalpflege und Staat in Deutschland 1871–1933 (Kritische Studien zur Geschichtswissenschaft, 114), Göttingen 1996.

DERS., Geschichtsvereine – Landesgeschichte – Erinnerungskultur, in: Mitteilungen des Oberhessischen Geschichtsvereins 88 (2003), S. 181–204.

STEENSEN, Thomas, Die friesische Bewegung in Nordfriesland im 19. und 20. Jahrhundert (1879–1945) (Quellen und Forschungen zur Geschichte Schleswig-Holsteins, 89), Bd. 1, Neumünster 1986.

DERS., Nordfriesland im 19. und 20. Jahrhundert, in: Geschichte Nordfrieslands (Nordfriisk Instituut, 136), hrsg. vom NORDFRIISK INSTITUUT, Heide 1995, S. 205–435.

DERS., Geschichte Nordfrieslands in der Neuzeit, in: Horst Haider MUNSKE (Hrsg.), Handbuch des Friesischen, Tübingen 2001, S. 686–697.

DERS., Die Gründung der Söl'ring Foriining und einige Grundzüge ihrer Entwicklung, in: Festschrift „100 Jahre Söl'ring Foriining". Jahresbericht 2005, hrsg. von der SÖL'RING FORIINING E. V., Keitum 2006, S. 9–12.

DERS., Im Zeichen einer neuen Zeit. Nordfriesland 1800 bis 1918 (Geschichte Nordfrieslands, 4), 3. Aufl. Bredstedt 2005.

DERS., Für Heimatkunde und Heimatliebe. Wie 1902 der Nordfriesische Verein entstand und wer ihn gründete (Nordfriesland im Gespräch, 8), Bredstedt 2012.

DERS., Nordfriesland. Menschen von A–Z, Husum 2020.

STEIGERWALD, Jelena, Denkmalschutz im Grenzgebiet. Eine Analyse der Wissensproduktion und der Praktiken des Denkmalschutzes in der deutsch-dänischen Grenzregion im 19. Jahrhundert (Kieler Werkstücke, Reihe A: Beiträge zur schleswig-holsteinischen und skandinavischen Geschichte, 40), Frankfurt a. M. u. a. 2015.

STITZ, Wiebke, Das Fazit lautet: staubig und wenig aufregend. Die Sölring Foriining geht nach den Ergebnissen einer repräsentativen Umfrage neue Wege, in: Jahresbericht 2018, hrsg. von der SÖLRING FORIINING E. V., Keitum 2019, S. 68–73.

STÖVER, Hans-Jürgen, Westerland auf Sylt. Das Bad im Wandel der Zeiten, Husum 1980.

THIES, Maria-Gesine/BREMEN-JESSEL, Silke v., Museen in Keitum. Museumsführer zu den Museen Altfriesisches Haus und Sylter Heimatmuseum, Keitum 1995.

THOLUND, Jakob, Quo vadis, Sylt? Quo vadis, Nordfriesland? Ansprache zum 75jährigen Jubiläum der Söl'ring Foriining, in: Nordfriesland 14 (1980) H. 4, S. 121–126.

DERS., Biikebrennen, Boßeln und Rummelpott – Sitten und Brauchtum, in: Thomas STEENSEN (Hrsg.), Das große Nordfriesland-Buch, Hamburg 2000, S. 322–325.

VOIGT, Harald, Geschichte der Insel Sylt, in: Margot HANSEN u. Nico HANSEN (Hrsg.), Sylt. Geschichte und Gestalt einer Insel, Itzehoe 1967, S. 34–81.

DERS., Die Nordfriesen auf den Hamburger Wal- und Robbenfängern 1669–1839 (Studien zur Wirtschafts- und Sozialgeschichte Schleswig-Holsteins, 11), Neumünster 1987.

DERS., Konjunkturen durch Fremdenverkehr an schleswig-holsteinischen Küsten von den Anfängen im 19. Jahrhundert bis zum Ersten Weltkrieg, in: Jürgen BROCKSTEDT (Hrsg.), Wirtschaftliche Wechsellagen in Schleswig-Holstein vom Mittelalter bis zur Gegenwart (Studien zur Wirtschafts- und Sozialgeschichte Schleswig-Holsteins, 20), Neumünster 1991, S. 265–293.

VONDUNG, Klaus, Zur Lage der Gebildeten in der wilhelminischen Zeit, in: DERS. (Hrsg.), Das wilhelminische Bürgertum. Zur Sozialgeschichte seiner Ideen, Göttingen 1976, S. 20–33.

VOSGERAU, Heiko/LUBOWITZ, Frank, Zwischen Dänemark und Preußen – zwischen Nationalismus und Modernisierung: Schleswig-Holstein

1815–1920, in: Jann Markus Witt u. Heiko Vosgerau (Hrsg.), Schleswig-Holstein von den Ursprüngen bis zur Gegenwart, Hamburg 2002, S. 271–316.

Voss, Erich/Voss, Erika, Die Stavenbesitzer und ihre Familien im alten Keitum (1709–1875), Keitum 1987.

Wedemeyer, Manfred/Voigt, Harald, Westerland. Bad und Stadt im Wandel der Zeit. Zum 125jährigen Bad- und 75jährigen Stadtjubiläum, Westerland 1980.

Wedemeyer, Manfred, C. P. Hansen – Der Lehrer von Sylt. Eine Biographie des Heimatkundlers und Malers, Schleswig 1982.

Ders., Ein Urphänomen: Sylt, in: Hans Jessel (Hrsg.), Das große Sylt Buch, Hamburg 2009, S. 414–439.

Weirup, Holger, Küstenschutz an der Ostküste. Jahresbericht 2018, in: Jahresbericht 2018, hrsg. von der Sölring Foriining e. V., Keitum 2018, S. 11–13.

Wenk, Hans-Günther, Die Natur- und Kulturlandschaft der Insel Sylt, in: Margot Hansen u. Nico Hansen (Hrsg.), Sylt. Geschichte und Gestalt einer Insel, Itzehoe 1967, S. 82–114.

Wielandt, Gondel, Die Lassens von Sylt. Eine Chronik der Insel und ihrer Menschen, 8. Aufl. Hamburg 1985.

Wilts, Ommo, Die nordfriesische Lexikographie, in: Horst Haider Munske (Hrsg.), Handbuch des Friesischen, Tübingen 2001, S. 353–366.

Ders., Die Verschriftung des Nordfriesischen, in: Horst Haider Munske (Hrsg.), Handbuch des Friesischen, Tübingen 2001, S. 305–313.

Ders., „Di Sölring Spraak auriit wü ek!“: Das Friesische, in: Hans Jessel (Hrsg.), Das große Sylt Buch, Hamburg 2009, S. 324–329.

Winger, Annemarie/Lassen, Hans, Das Altfriesische Haus in Keitum, Keitum [um 1977].

Zehschnetzler, Hanna, Dimensionen der Heimat bei Herta Müller (Gegenwartsliteratur – Autoren und Debatten), Berlin/Boston 2021.

Zondergeld, Gjalt Reinder, Separatismus und Regionalismus in den Niederlanden seit 1814, in: Jürgen P. Nautz u. Joachim F. E. Bläsing (Hrsg.), Staatliche Intervention und gesellschaftliche Freiheit. Staat und Gesellschaft in den Niederlanden und Deutschland im 20. Jahrhundert (Kasseler Forschungen zur Zeitgeschichte, 5), Melsungen 1987.

KIELER WERKSTÜCKE

Reihe A: Beiträge zur schleswig-holsteinischen und skandinavischen Geschichte

Hrsg. von Oliver Auge

Band 1 Kai Fuhrmann: Die Auseinandersetzung zwischen königlicher und gottorfischer Linie in den Herzogtümern Schleswig und Holstein in der zweiten Hälfte des 17. Jahrhunderts. 1990.

Band 2 Ralph Uhlig (Hrsg.): Vertriebene Wissenschaftler der Christian-Albrechts-Universität zu Kiel (CAU) nach 1933. Zur Geschichte der CAU im Nationalsozialismus. Eine Dokumentation, bearbeitet von Uta Cornelia Schmatzler und Matthias Wieben. 1991.

Band 3 Carsten Obst: Der demokratische Neubeginn in Neumünster 1947 bis 1950 anhand der Arbeit und Entwicklung des Neumünsteraner Rates. 1992.

Band 4 Thomas Hill: Könige, Fürsten und Klöster. Studien zu den dänischen Klostergründungen des 12. Jahrhunderts. 1992.

Band 5 Rüdiger Wurr / Udo Gerigk / Uwe Törper / Alfred Sielken: Türkische Kolonie im Wandel. Ausländersozialarbeit und Ausländerpädagogik in Schleswig-Holstein (Bandhrsg.: Kai Fuhrmann und Ralph Uhlig). 1992.

Band 6 Torsten Mußdorf: Die Verdrängung jüdischen Lebens in Bad Segeberg im Zuge der Gleichschaltung 1933–1939 (Bandhrsg.: Kai Fuhrmann und Ralph Uhlig). 1992.

Band 7 Thorsten Afflerbach: Der berufliche Alltag eines spätmittelalterlichen Hansekaufmanns. Betrachtungen zur Abwicklung von Handelsgeschäften. 1993.

Band 8 Ralph Uhlig: *Confidential Reports* des Britischen Verbindungsstabes zum Zonenbeirat der britischen Besatzungszone in Hamburg (1946–1948). Demokratisierung aus britischer Sicht. 1993.

Band 9 Broder Schwensen: Der Schleswig-Holsteiner-Bund 1919–1933. Ein Beitrag zur Geschichte der nationalpolitischen Verbände im deutsch-dänischen Grenzland. 1993.

Band 10 Matthias Wieben: Studenten der Christian-Albrechts-Universität im Dritten Reich. Zum Verhaltensmuster der Studenten in den ersten Herrschaftsjahren des Nationalsozialismus. 1994.

Band 11 Volker Henn / Arnved Nedkvitne (Hrsg.): Norwegen und die Hanse. Wirtschaftliche und kulturelle Aspekte im europäischen Vergleich. 1994.

Band 12 Jürgen Hartwig Ibs: Die Pest in Schleswig-Holstein von 1350 bis 1547/48. Eine sozialgeschichtliche Studie über eine wiederkehrende Katastrophe. 1994.

Band 13 Martin Höffken: Die "Kieler Erklärung" vom 26. September 1949 und die "Bonn-Kopenhagener Erklärungen" vom 29. März 1955 im Spiegel deutscher und dänischer Zeitungen. Regierungserklärungen zur rechtlichen Stellung der dänischen Minderheit in Schleswig- Holstein in der öffentlichen Diskussion. 1994.

Band 14 Erich Hoffmann / Frank Lubowitz (Hrsg.): Die Stadt im westlichen Ostseeraum. Vorträge zur Stadtgründung und Stadterweiterung im Hohen Mittelalter. Teil 1 und 2. 1995.

Band 15 Claus Ove Struck: Die Politik der Landesregierung Friedrich Wilhelm Lübke in Schleswig-Holstein (1951–1954). 1997.

Band 16 Hannes Harding: Displaced Persons (DPs) in Schleswig-Holstein 1945–1953. 1997.

Band 17 Olav Vollstedt: Maschinen für das Land. Agrartechnik und produzierendes Gewerbe Schleswig-Holsteins im Umbruch (um 1800–1867). 1997.

Band 18 Jörg Philipp Lengeler: Das Ringen um die Ruhe des Nordens. Großbritanniens Nordeuropa-Politik und Dänemark zu Beginn des 18. Jahrhunderts. 1998.

Band 19 Thomas Riis (Hrsg.): Tisch und Bett. Die Hochzeit im Ostseeraum seit dem 13. Jahrhundert. 1998.

Band 20 Alf R. Bjercke: Norwegische Kätnersöhne als königliche Dragoner. Eine Abhandlung über den Dragonerdienst in Norwegen und die Grenzwache in Schleswig-Holstein 1758–1762. 1999.

Band 21 Niels Bracke: Die Regierung Waldemars IV. Eine Untersuchung zum Wandel von Herrschaftsstrukturen im spätmittelalterlichen Dänemark. 1999.

Band 22 Lutz Sellmer: Albrecht VII. von Mecklenburg und die Grafenfehde (1534–1536). 1999.

Band 23 Ernst-Erich Marhencke: Hans Reimer Claussen (1804–1894). Kämpfer für Freiheit und Recht in zwei Welten. Ein Beitrag zu Herkunft und Wirken der "Achtundvierziger". 1999.

Band 24 Hans-Otto Gaethke: Herzog Heinrich der Löwe und die Slawen nordöstlich der unteren Elbe. 1999.

Band 25 Henning Unverhau: Gesang, Feste und Politik. Deutsche Liedertafeln, Sängerfeste, Volksfeste und Festmähler und ihre Bedeutung für das Entstehen eines nationalen und politischen Bewußtseins in Schleswig-Holstein 1840–1848. 2000.

Band 26 Joseph Ben Brith: Die Odyssee der Henrique-Familie (Bandhrsg.: Björn Marnau und Ralph Uhlig). 2001.

Band 27 Karl-Otto Hagelstein: Die Erbansprüche auf die Herzogtümer Schleswig und Holstein 1863/64. 2003.

Band 28 Annegret Wittram: Fragmenta. Felix Jacoby und Kiel. Ein Beitrag zur Geschichte der Kieler Christian-Albrechts-Universität. 2004.

Band 29 Sönke Loebert: Die dänische Vergangenheit Schleswigs und Holsteins in preußischen Geschichtsbüchern. 2008.

Band 30 Hans Gerhard Risch: Der holsteinische Adel im Hochmittelalter. Eine quantitative Untersuchung. 2010.

Band 31 Silke Hinz: Hochzeit in Kiel. Wandel im Hochzeitsgeschehen von 1965 bis 2005. 2011.

Band 32 Sönke Loebert / Okko Meiburg / Thomas Riis: Die Entstehung der Verfassungen der dänischen Monarchie (1848–1849). 2012.

Band 33 Franziska Nehring: Graf Gerhard der Mutige von Oldenburg und Delmenhorst (1430–1500). 2012.

Band 34 Simon Huemer: Studienstiftungen an der Christian-Albrechts-Universität zu Kiel. Private Bildungsförderung zwischen Stiftungsnorm und Stiftungswirklichkeit. 2013.

Band 35 Marina Loer: Die Reformen von Windesheim und Bursfelde im Norden. Einflüsse und Auswirkungen auf die Klöster in Holstein und den Hansestädten Lübeck und Hamburg. 2013.

Band 36 Alexander Otto-Morris: Rebellion in the Province: The Landvolkbewegung and the Rise of National Socialism in Schleswig-Holstein. 2013.

Band 37 Oliver Auge (Hrsg.): Hansegeschichte als Regionalgeschichte. Beiträge einer internationalen und interdisziplinären Winterschule in Greifswald vom 20. bis 24. Februar 2012. 2014.

Band 38 Julian Freche: Die Eingemeindungen in die Stadt Kiel (1869–1970). Gründe, Probleme und Kontroversen. 2014.

Band 39 Martin Göllnitz: Karrieren zwischen Diktatur und Demokratie. Die Berufungspolitik in der Kieler Theologischen Fakultät 1936 bis 1946. 2014.

Band 40 Jelena Steigerwald: Denkmalschutz im Grenzgebiet. Eine Analyse der Wissensproduktion und der Praktiken des Denkmalschutzes in der deutsch-dänischen Grenzregion im 19. Jahrhundert. 2015.

Band 41 Caroline Elisabeth Weber: Der Wiener Frieden von 1864. Wahrnehmungen durch die Zeitgenossen in den Herzogtümern Schleswig und Holstein bis 1871. 2015.

Band 42 Oliver Auge (Hrsg.): Vergessenes Burgenland Schleswig-Holstein. Die Burgenlandschaft zwischen Elbe und Königsau im Hoch- und Spätmittelalter. Beiträge einer interdisziplinären Tagung in Kiel vom 20. bis 22. September 2013. 2015.

Band 43 Frederieke Maria Schnack: Die Heiratspolitik der Welfen von 1235 bis zum Ausgang des Mittelalters. 2016.

Band 44 Oliver Auge / Norbert Fischer (Hrsg.): Nutzung gestaltet Raum. Regionalhistorische Perspektiven zwischen Stormarn und Dänemark. 2017.

Band 45 Gwendolyn Peters: Kriminalität und Strafrecht in Kiel im ausgehenden Mittelalter. Das Varbuch als Quelle zur Rechts- und Sozialgeschichte. 2017.

Band 46 Jens Boye Volquartz: Friesische Händler und der frühmittelalterliche Handel am Oberrhein. 2017.

Band 47 Karen Bruhn: Das Kieler Kunsthistorische Institut im Nationalsozialismus. Lehre und Forschung im Kontext der „deutschen Kunst". 2017.

Band 48 Lisa Kragh: Kieler Meeresforschung im Kaiserreich. Die Planktonexpedition von 1889 zwischen Wissenschaft, Wirtschaft, Politik und Öffentlichkeit. 2017.

Band 49 Oliver Auge / Martin Göllnitz (Hrsg.): Mit Forscherdrang und Abenteuerlust. Expeditionen und Forschungsreisen Kieler Wissenschaftlerinnen und Wissenschaftler. 2017.

Band 50 Martin Schürrer: Die Schauenburger in Nordelbien. Die Entwicklung gräflicher Handlungsspielräume im 12. Jahrhundert. 2017.

Band 51 Klaus Kuhl: Die revolutionären Ereignisse in Kiel aus Sicht eines Ingenieurs der Germaniawerft. Das Tagebuch Nikolaus Andersens, verfasst in den Jahren 1917–1919 Edition und Textanalyse. 2018.

Band 52 Stefan Magnussen / Daniel Kossack (eds.): Castles as European Phenomena. Towards an international approach to medieval castles in Europe. Contributions to an international and interdisciplinary workshop in Kiel, February 2016. 2018.

Band 53 Oliver Auge / Jens Boye Volquartz (Hrsg.): Der Limes Saxoniae. Fiktion oder Realität? 2019.

Band 54 Oliver Auge / Jan Habermann / Frederieke Maria Schnack (Hrsg.): Der letzte Welfe im Norden. Herzog Abrecht I. ‚der Lange' von Braunschweig (1236–1279): Ein ‚großer' Fürst und seine Handlungsspielräume im spätmittelalterlichen Europa. 2019.

Band 55 Jann-Thorge Thöming: Bahnhofsmission Büchen. Ein Spalt im Eisernen Vorhang. 2020.

Band 56 Knut-Hinrik Kollex: Karriere und Karriereknick. Der Arktisforscher Karl Gripp (1891–1985) zwischen Weimar, Weltkrieg und Wiederaufbau. 2020.

Band 57 Oliver Auge / Caroline Elisabeth Weber (Hrsg.): Pflichthochzeit mit Pickelhaube. Die Inkorporation Schleswig-Holsteins in Preußen 1866/67. 2020.

Band 58 Oliver Auge / Stefan Magnussen (Hrsg.): Schwabstedt und die Bischöfe von Schleswig (1268 bis 1705). Beiträge zur Geschichte der bischöflichen Burg und Residenz an der Treene. 2021.

Band 59 Jan Ocker: Arbeit, Friede, Brot? Die agrarische Kultivierung des Truppenübungsplatzes Lockstedt (1920–1930). 2022.

Band 60 Stefan Brenner: Im Fahrwasser regionaler Hansestädte. Dithmarschen in den Konfliktfeldern des westlichen Ostseeraums (1500–1559). 2022.

Band 61 Sinje Bogg Brockmann: Ein Heimatverein für Sylt. Die Entstehung der „Söl'ring Foriining" (1905) im Zuge der Heimatbewegung des 19. und frühen 20. Jahrhunderts. 2023.

Reihe B: Beiträge zur nordischen und baltischen Geschichte

Hrsg. von Martin Krieger

Band 1 Rainer Plappert: Zwischen Zwangsclearing und Entschädigung. Die politischen Beziehungen zwischen der Bundesrepublik Deutschland und Schweden im Schatten der Kriegsfolgefragen 1949–1956. 1996.

Band 2 Volker Seresse: Des Königs "arme weit abgelegenne Vntterthanen". Oesel unter dänischer Herrschaft 1559/84–1613. 1996.

Band 3 Ingrid Bohn: Zwischen Anpassung und Verweigerung. Die deutsche St. Gertruds Gemeinde in Stockholm zur Zeit des Nationalsozialismus. 1997.

Band 4 Saskia Pagell: Souveränität oder Integration? Die Europapolitik Dänemarks und Norwegens von 1945 bis 1995. 2000.

Band 5 Ulrike Hanssen-Decker: Von Madrid nach Göteborg. Schweden und der EU-Beitritt Estlands, Lettlands und Litauens, 1995–2001. 2008.

Band 6 Katrin Leineweber: Schwedische Einwanderer zwischen Akkulturationsprozess und *cultural maintenance* in Seattle/Washington State, 1885–1940. 2021.

Reihe C: Beiträge zur europäischen Geschichte des frühen und hohen Mittelalters

Hrsg. von Andreas Bihrer

Band 1 Martin Rheinheimer: Das Kreuzfahrerfürstentum Galiläa. 1990.

Band 2 Oliver Berggötz: Der Bericht des Marsilio Zorzi. Codex Querini-Stampalia IV 3 (1064). 1990.

Band 3 Thomas Eck: Die Kreuzfahrerbistümer Beirut und Sidon im 12. und 13. Jahrhundert auf prosopographischer Grundlage. 2000.

Band 4 Andreas Bihrer: Visio monachi de Eynsham. Die Vision des Mönchs von Eynsham. Die kartäusische Redaktion des Spätmittelalters (Fassung E). Einleitung und Edition. 2019.

Reihe D: Beiträge zur europäischen Geschichte des späten Mittelalters

Hrsg. von Werner Paravicini

Band 1 Holger Kruse, Werner Paravicini, Andreas Ranft (Hrsg.): Ritterorden und Adelsgesellschaften im spätmittelalterlichen Deutschland. Ein systematisches Verzeichnis. 1991.

Band 2 Werner Paravicini (Hrsg.): Hansekaufleute in Brügge. Teil 1: Die Brügger Steuerlisten 1360–1390, hrsg. von Klaus Krüger. 1992.

Band 3 Les Chevaliers de l'Ordre de la Toison d'or au XVe siècle. Notices bio-bibliographiques publiées sous la direction de Raphaël de Smedt. 1994. 2. Auflage 2000.

Band 4 Werner Paravicini (Hrsg.): Der Briefwechsel Karls des Kühnen (1433–1477). Inventar. Redigiert von Sonja Dünnebeil und Holger Kruse. Bearbeitet von Susanne Baus u.a. Teil 1 und 2. 1995.

Band 5 Werner Paravicini (Hrsg.): Europäische Reiseberichte des späten Mittelalters. Eine analytische Bibliographie. Teil 1: Deutsche Reiseberichte, bearb. von Christian Halm. 1994. 2., durchgesehene und um einen Nachtrag ergänzte Auflage 2001.

Band 6 Rainer Demski: Adel und Lübeck. Studien zum Verhältnis zwischen adliger und bürgerlicher Kultur im 13. und 14. Jahrhundert. 1996.

Band 7 Anne Chevalier-de Gottal: Les Fêtes et les Arts à la Cour de Brabant à l'aube du XVe siècle. 1996.

Band 8 Stephan Selzer: Artushöfe im Ostseeraum. Ritterlich-höfische Kultur in den Städten des Preußenlandes im 14. und 15. Jahrhundert. 1996.

Band 9 Werner Paravicini (Hrsg.): Hansekaufleute in Brügge. Teil 2. Georg Asmussen: Die Lübecker Flandernfahrer in der zweiten Hälfte des 14. Jahrhunderts (1358–1408). 1999.

Band 10 Jean Marie Maillefer: Chevaliers et princes allemands en Suède et en Finlande à l'époque des Folkungar (1250–1363). Le premier établissement d'une noblesse allemande sur la rive septentrionale de la Baltique. 1999.

Band 11 Werner Paravicini, Horst Wernicke (Hrsg.): Hansekaufleute in Brügge. Teil 3. Prosopographischer Katalog zu den Brügger Steuerlisten 1360–1390. Bearbeitet von Ingo Dierck, Sonja Dünnebeil und Renée Rößner. 1999.

Band 12 Werner Paravicini (Hrsg.): Europäische Reiseberichte des späten Mittelalters. Eine analytische Bibliographie. Teil 2: Französische Reiseberichte, bearbeitet von Jörg Wettlaufer in Zusammenarbeit mit Jacques Paviot. 1999.

Band 13 Nils Jörn, Werner Paravicini, Horst Wernicke (Hrsg.): Hansekaufleute in Brügge. Teil 4. Beiträge der Internationalen Tagung in Brügge April 1996. 2000.

Band 14 Werner Paravicini (Hrsg.): Europäische Reiseberichte des späten Mittelalters. Eine analytische Bibliographie. Teil 3. Niederländische Reiseberichte. Nach Vorarbeiten von Detlev Kraack bearbeitet von Jan Hirschbiegel. 2000.

Band 15 Werner Paravicini (Hrsg.): Hansekaufleute in Brügge. Teil 5. Renée Rößner: Hansische Memoria in Flandern. Alltagsleben und Totengedenken der Osterlinge in Brügge und Antwerpen (13. bis 16. Jahrhundert). 2001.

Band 16 Werner Paravicini (Hrsg.): Hansekaufleute in Brügge. Teil 6. Anke Greve: Hansische Kaufleute, Hosteliers und Herbergen im Brügge des 14. und 15. Jahrhunderts. 2011.

Band 17 Sonja Dünnebeil (Hrsg.): Die Protokollbücher des Ordens vom Goldenen Vlies. Teil 4: Der Übergang an das Haus Habsburg (1477 bis 1480). Vorwort von Werner Paravicini. 2016.

Band 18 Valérie Bessey / Jean-Marie Cauchies / Werner Paravicini (éds.) Les ordonnances de l'hôtel des ducs de Bourgogne. Volume 3: Marie de Bourgogne, Maximilien d'Autriche et Philippe le Beau 1477–1506. 2018.

Band 19 Valérie Bessey / Sonja Dünnebeil / Werner Paravicini (Hrsg.) Die Hofordnungen der Herzöge von Burgund. Band 2: Die Hofordnungen Herzog Karls des Kühnen 1467–1477. 2020.

Reihe E: Beiträge zur Sozial- und Wirtschaftsgeschichte

Hrsg. von Gerhard Fouquet

Band 1 Thomas Hill / Dietrich W. Poeck (Hrsg.): Gemeinschaft und Geschichtsbilder im Hanseraum. 2000.

Band 2 Gabriel Zeilinger: Die Uracher Hochzeit 1474. Form und Funktion eines höfischen Festes im 15. Jahrhundert. 2002.

Band 3 Sascha Taetz: Richtung Mitternacht. Wahrnehmung und Darstellung Skandinaviens in Reiseberichten städtischer Bürger des 16. und 17. Jahrhunderts. 2004.

Band 4 Harm von Seggern / Gerhard Fouquet / Hans-Jörg Gilomen (Hrsg.): Städtische Finanzwirtschaft am Übergang vom Mittelalter zur Frühen Neuzeit. 2007.

Band 5 Gerhard Fouquet (Hrsg.): Die Reise eines niederadeligen Anonymus ins Heilige Land im Jahre 1494. 2007.

Band 6 Sven Rabeler: Das Familienbuch Michels von Ehenheim (um 1462/63–1518). Ein niederadliges Selbstzeugnis des späten Mittelalters. Edition, Kommentar, Untersuchung. 2007.

Band 7 Gerhard Fouquet / Gabriel Zeilinger (Hrsg.): Die Urbanisierung Europas von der Antike bis in die Moderne. 2009.

Band 8 Dietrich W. Poeck: Die Herren der Hanse. Delegierte und Netzwerke. 2010.

Band 9 Carsten Stühring: Der Seuche begegnen. Deutung und Bewältigung von Rinderseuchen im Kurfürstentum Bayern des 18. Jahrhunderts. 2011.

Band 10 Sina Westphal: Die Korrespondenz zwischen Kurfürst Friedrich dem Weisen von Sachsen und der Reichsstadt Nürnberg. Analyse und Edition. 2011.

Band 11 Ulf Dirlmeier: Menschen und Städte. Ausgewählte Aufsätze. Herausgegeben von Rainer S. Elkar, Gerhard Fouquet und Bernd Fuhrmann. 2012.

Band 12 Anja Voßhall: Stadtbürgerliche Verwandtschaft und kirchliche Macht. Karrieren und Netzwerke Lübecker Domherren zwischen 1400 und 1530. 2016.

Band 13 Ulrike Förster: Selbstverständnis im Spannungsfeld zwischen Diesseits und Jenseits. Die Lübecker Ratsherrenwitwen Telse Yborg (gest. vor 1442), Wobbeke Dartzow (gest. 1441/42) und Mette Bonhorst (gest. 1445/46). 2017.

Band 14 Maria Seier: Ehre auf Reisen. Die Hansetage an der Wende zum 16. Jahrhundert als Schauplatz für Rang und Ansehen der Hanse(städte). 2017.

Band 15 Gerhard Fouquet / Marie Jäcker / Denise Schlichting (Hrsg.): Kindheiten und Jugend in Deutschland (1250–1700). Ein Quellenlesebuch. Mit einem Beitrag von Lorena Rüffer. 2018.

Reihe F: Beiträge zur osteuropäischen Geschichte

Hrsg. von Ludwig Steindorff und Martina Thomsen

Band 1 Peter Nitsche (Hrsg.), unter Mitarbeit von Ekkehard Klug: Preußen in der Provinz. Beiträge zum 1. deutsch-polnischen Historikerkolloquium im Rahmen des Kooperationsvertrages zwischen der Adam-Mickiewicz-Universität Poznań und der Christian-Albrechts-Universität zu Kiel. 1991.

Band 2 Rudolf Jaworski (Hrsg.): Nationale und internationale Aspekte der polnischen Verfassung vom 3. Mai 1791. Beiträge zum 3. deutsch-polnischen Historikerkolloquium im Rahmen des Kooperationsvertrages zwischen der Adam-Mickiewicz-Universität Poznań und der Christian-Albrechts-Universität zu Kiel, unter Mitarbeit von Eckhard Hübner. 1993.

Band 3 Peter Nitsche (Hrsg.): Die Nachfolgestaaten der Sowjetunion. Beiträge zur Geschichte, Wirtschaft und Politik. Herausgegeben unter Mitarbeit von Jan Kusber. 1994.

Band 4 Stephan Conermann / Jan Kusber (Hrsg.): Die Mongolen in Asien und Europa. 1997.

Band 5 Randolf Oberschmidt: Rußland und die schleswig-holsteinische Frage 1839–1853. 1997.

Band 6 Rudolf Jaworski / Jan Kusber / Ludwig Steindorff (Hrsg.): Gedächtnisorte in Osteuropa. Vergangenheiten auf dem Prüfstand. 2003.

Band 7 Ulrich Kaiser: Realpolitik oder antibolschewistischer Kreuzzug? Zum Zusammenhang von Rußlandbild und Rußlandpolitik der deutschen Zentrumspartei 1917–1933. 2005.

Band 8 Annelore Engel-Braunschmidt / Eckhard Hübner (Hrsg.): Jüdische Welten in Osteuropa. 2005.

Band 9 Martin Aust / Ludwig Steindorff (Hrsg.): Russland 1905. Perspektiven auf die erste Russische Revolution. 2007.

Band 10 Sven Freitag: Ortsumbenennungen im sowjetischen Russland. Mit einem Schwerpunkt auf dem Kaliningrader Gebiet. 2014.

Reihe G: Beiträge zur Frühen Neuzeit

Hrsg. von Olaf Mörke

Band 1 Rolf Schulte: Hexenmeister. Die Verfolgung von Männern im Rahmen der Hexenverfolgung von 1530–1730 im Alten Reich. 2000. 2., ergänzte Auflage 2001.

Band 2 Jan Klußmann: Lebenswelten und Identitäten adliger Gutsuntertanen. Das Beispiel des östlichen Schleswig-Holsteins im 18. Jahrhundert. 2002.

Band 3 Daniel Höffker / Gabriel Zeilinger (Hrsg.): Fremde Herrscher. Elitentransfer und politische Integration im Ostseeraum (15.-18. Jahrhundert). 2006.

Band 4 Volker Seresse (Hrsg.): Schlüsselbegriffe der politischen Kommunikation in Mitteleuropa während der frühen Neuzeit. 2009.

Band 5 Björn Aewerdieck: Register zu den Wunderzeichenbüchern Job Fincels. 2010.

Band 6 Tatjana Niemsch: Reval im 16. Jahrhundert. Erfahrungsräumliche Deutungsmuster städtischer Konflikte. 2013.

Band 7 Martin Pabst: Die Typologisierbarkeit von Städtereformation und die Stadt Riga als Beispiel. 2015.

Reihe H: Beiträge zur Neueren und Neuesten Geschichte

Hrsg. von Christoph Cornelißen

Band 1 Lena Cordes: Regionalgeschichte im Zeichen politischen Wandels. Die Gesellschaft für Schleswig-Holsteinische Geschichte zwischen 1918 und 1945. 2011.

Band 2 Birte Meinschien: Michael Freund. Wissenschaft und Politik (1945–1965). 2012.

Band 3 Stefan Bichow: Die Universität Kiel in den 1960er Jahren. Ordnungen einer akademischen Institution in der Krise. 2013.

www.peterlang.com

www.ingramcontent.com/pod-product-compliance
Ingram Content Group UK Ltd.
Pitfield, Milton Keynes, MK11 3LW, UK
UKHW041829290926
8980IPUK00002B/160

9 783631 903988